世界一わかりやすい

HTML & CSS

改訂
2版

コーディングと
サイト制作の教科書

株式会社マジカルリミックス：赤間公太郎、狩野咲、鈴木清敬　著

技術評論社

はじめに

本書を手にしているみなさんは、これからwebデザインについての勉強を一から始める、または基本的な知識を再確認したい、といった目的や目標があることと思います。

インターネットはすでに私たちの生活の一部であり仕事や日常において欠かせないツールです。パソコンの前に座って行っていたインターネットは、スマートフォンやタブレット端末の登場で場所の制約がなくなり、いつでもどこでも情報が取得できるようになりました。さらには音声スピーカーや家電など、あらゆるものがインターネットにつながり、IoTが日常に溶け込んでいます。つまり「インターネット」という言葉自体が特別な意味を持たなくなってきていると感じます。AI活用の定着化で、さらに進化は止まらず、私たちの想像を超える、便利で豊かな環境をもたらしてくれることでしょう。産業として、インターネットを中心とする技術がますます発展していきます。

テクノロジーは常に進化しますが、1つだけ変わらないものがあります。それが、「基本」や「根幹」の部分です。HTMLが誕生して30年以上の月日が流れていますが、基本となる考え方や技術は変わっていません。情報発信の要として「webサイト」はまだまだ欠かせないものであり、この先も必ず必要とされるでしょう。

本書はwebサイト制作における「基本」の部分を常に大切に考え、フォーカスした内容で執筆されました。応用を行うには基礎の確立が必須です。ビジネス、スポーツ、勉強、どんなことでも「基礎」ができていなければ、良い結果を生むことはありません。基礎部分をしっかりと押さえることが大事です。

本書は全15章構成で、専門学校などの履修環境（15コマ）に合わせています。一定のペースで学習することにより、より深い理解度が得られるようにしました。

本書を手にしたみなさんが、webの基礎知識を習得し、ステップアップできるよう願っています。

著者を代表して
2022年1月
赤間公太郎

Lessonパート

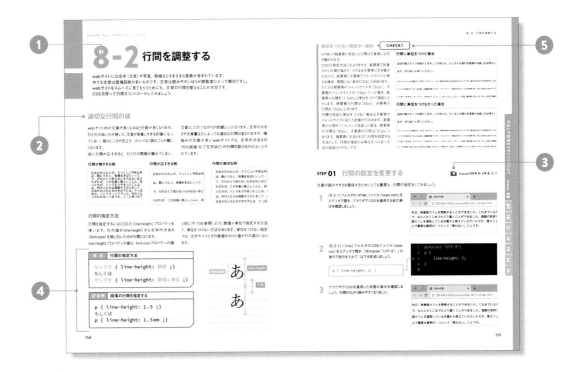

① 節

Lessonはいくつかの節に分かれています。基本的な知識の解説をおこなうものと、記述や操作の手順を段階的にSTEPで区切っているものがあります。

② STEP／見出し

STEPはその節の作業を細かく分けたもので、より小さな単位で学習が進められるようになっています。STEPによっては実習ファイルが用意されていますので、開いて学習を進めてください。文法や概要解説の節は見出しだけでSTEP番号はありません。

③ 実習ファイル

その節またはSTEPで使用する実習ファイルの名前を記しています。該当のファイルを開いて、記述や操作を行います（ファイルの利用方法については、P.006を参照してください）。

④ 書式と記述例

HTMLパートでは要素（タグ）の、CSSパートではルールセットの書式と記述例を掲載しています。書式に関するCSSのプロパティや値は、書式の近くに表形式で紹介しています。

⑤ コラム

解説を補うための2種類のコラムがあります。

CHECK!

Lessonのコード記述や操作手順の中で注意すべきポイントを紹介しています。

COLUMN

Lessonの内容に関連して、知っておきたいテクニックや知識を紹介しています。

本書は、WordPressの導入からはじめて独自テーマ作成まで習得できる初学者のための入門書です。
ダウンロードできるレッスンファイルを使えば、実際に手を動かしながら学習が進められます。
さらにレッスン末の練習問題で学習内容を確認し、実践力を身につけることができます。
なお、本書では基本的に画面をmacOSで紹介していますが、Windowsでもお使いいただけます。

■ 練習問題パート ■

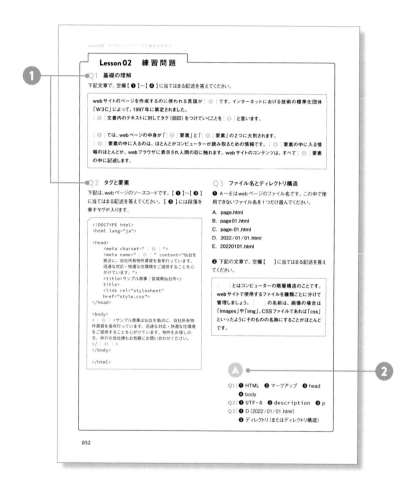

① Q（Question）

問題にはLessonで学習したことの復習となる課題を用意しました。ソースコードや問題文の空欄を埋める穴埋め問題と、正しい解答を選ぶ選択形式の問題の2種類があります。

② A（Answer）

練習問題の空欄を埋める用語やコードの一部、選択問題の解答を記しています。練習問題でつまずいたら、Lessonに戻って該当する節を確認し、再度チャレンジしてみてください。

キー表記について

本書ではMacを使って解説をしています。掲載したソフトの画面とショートカットキーの表記はmacOSのものになりますが、Windowsでも（小さな差異はあっても）同様ですので問題なく利用することができます。ショートカットで用いる機能キーについては、MacとWindowsは以下のように対応しています。本書でキー操作の表記が出てきたときは、Windowsでは次のとおり読み替えて利用してください。

Mac		Windows
⌘ command	=	Ctrl
option	=	Alt
Return	=	Enter
Control ＋クリック	=	右クリック

レッスンファイルのダウンロード

1 ウェブブラウザを起動し、下記の本書ウェブサイトにアクセスします。

https://gihyo.jp/book/2022/978-4-297-12547-9

2 書籍サイトが表示されたら、[本書のサポートページ] のリンクをクリックしてください。

■ 本書のサポートページ
サンプルファイルのダウンロードや正誤表など

3 レッスンファイルのダウンロード用ページが表示されます。下記のIDとパスワードを入力して [ダウンロード] ボタンをクリックしてください。

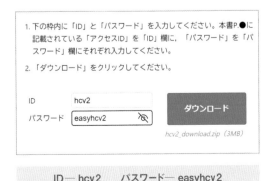

1. 下の枠内に「ID」と「パスワード」を入力してください。本書P.●に記載されている「アクセスID」を「ID」欄に，「パスワード」を「パスワード」欄にそれぞれ入力してください。
2. 「ダウンロード」をクリックしてください。

| ID | hcv2 |
| パスワード | easyhcv2 |

ダウンロード

hcv2_download.zip（3MB）

ID— hcv2　　パスワード— easyhcv2

4 Macでは、ダウンロードされたファイルは、自動的に展開されて「ダウンロード」フォルダに保存されます。WindowsのMicrosoft Edgeではダウンロード後に [ファイルを開く] のリンクをクリックすると、保存したフォルダが開きます。

5 Windows 11では保存されたZIPファイルが展開された状態でエクスプローラーに表示されます。

ダウンロードの注意点

● インターネットの通信状況によってうまくダウンロードできないことがあります。その場合はしばらく時間をおいてからお試しください。
● Macで自動展開されない場合は、ダブルクリックで展開できます。

本書で使用しているレッスンファイルは、小社 Web サイトの本書専用ページよりダウンロードできます。
ダウンロードの際は、記載のIDとパスワードを入力してください。
IDとパスワードは半角の小文字で正確に入力してください。

ダウンロードファイルの内容

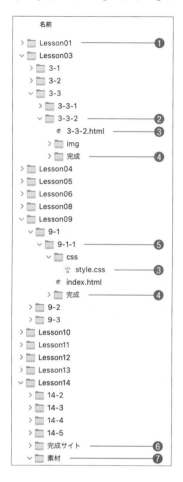

ダウンロードした ZIP ファイルを展開すると、
「hcv2_download」というフォルダになります。

❶ Lessonごとにフォルダが分かれています。学習するLessonのフォルダ
を開いてファイルを利用してください。実習ファイルのないLesson（02、
07、15）は、フォルダそのものがありません。

❷ HTMLパートのLessonフォルダには、HTMLファイルと「完成」フォル
ダが格納されています。画像※を使用する学習では「img」フォルダがありま
す。

❸ 学習に沿ってコードを記述するファイルです。

❹ STEPの最後まで記述を終えた完成ファイルが格納されています。読者
自身で記述したコードにエラーがある場合などに、完成ファイルと比較する
ことで記述ミスを見つけることができます。

❺ CSSパートのLessonフォルダには、HTMLパートと同様のファイルや
フォルダに加え、CSSファイルが格納された「css」フォルダがあります。

❻ Lesson14およびLesson15で参照するwebサイトのデータが格納さ
れています。フォルダ内の詳細については、P.293をご覧ください。

❼ Lesson14のwebサイト制作実習で利用するテキストや画像などの「素
材」ファイルが格納されています。詳細についてはP.293をご覧ください。

※本書の実習ファイルとして提供している写真などの画像ファイルの著作権は、すべて
本書の著作権者に帰属しています。本書の学習を目的とした範囲でのみ、使用を許諾
しております。上記の目的以外での利用や配布は固く禁じます。

macOSの「書類」フォルダ　　Windowsの「ドキュメント」フォルダ

レッスンファイルの保存先

左ページの手順でダウンロードし展開したフォルダは、
macOSでは「書類」フォルダ、Windowsでは「ドキュメン
ト」フォルダに保存してください。読者ご自身で保存先を
選んだ場合は、本書解説内の該当部分を読み替えて学
習を進めてください。

CONTENTS

wwwや
webサイト制作の
基本を理解しよう

An easy-to-understand guide to HTML & CSS

Lesson 01

webサイトを作るには、ページのデザインをしたりプログラム言語を記述したりと、頭を使いながらコンピューターの操作を行いますが、そのためには、とりまく技術や関連する情報を知識として頭に入れておかなくてはいけません。webサイトを閲覧するために必要なアプリケーションや技術を見ていきましょう。

1-1 webサイトが表示される仕組み

私たちが普段あたりまえのように利用するwebサイトですが、
さまざまな技術が活用されwebページを表示しています。
webサイトを閲覧する仕組み、
webサイトとして情報を発信する仕組みについて学んでいきましょう。

webサイトを閲覧するブラウザ

ブラウザとはコンピューターやスマートフォンに搭載されている、インターネットを閲覧するためのソフトウェアのことを指します。代表的なブラウザは、Windowsには「Microsoft Edge」が標準搭載されています。MacやiPhoneでは「Safari」が標準です。Androidでは「Google Chrome」が標準搭載されています。

さらに、標準搭載されているブラウザ以外にも「Firefox」といったブラウザベンダーが開発したものも存在します。webサイトを閲覧する、という目的においては、基本的にはどのブラウザを利用してもそれほど大きな違いはありません。

コンピューターの操作に慣れているユーザーは、自分の好みで、標準搭載以外のブラウザをインストールし利用することも多々あります。

webブラウザにはさまざまな種類が存在する

webサイトのデータを配信するのはサーバー

サーバーとはオンライン上にデータを置いておくための、高性能のコンピューターのことを指します。サーバーにもいろいろな種類があり、「データサーバー」「メールサーバー」「DNSサーバー」などが存在します。

インターネット上にホームページを公開するには「webサーバー」を利用します。webサイトは、HTMLやCSSといったプログラム言語で書かれたファイルで成り立っています。これらのファイルはパソコンで作ることが一般的ですが、そのパソコンの中にデータを置いておくだけではホームページは公開されません。

公開するためには、誰でも閲覧できるオンラインの領域に、データをアップロードする必要があります。そのオンラインの領域がwebサーバーなのです。

webサイトのデータを格納するのがwebサーバー

ドメインはホームページのアドレスを表すもの

インターネットをしていると、ホームページのアドレスが「○○○.com」や「○○
○.co.jp」などのわかりやすい文字列で表記されることに気づきます。これらの文字
列のことをドメインといいます。
ドメインはまったく同じものが2つと存在することはなく、すでにどこかで使われている
ドメインは利用することができません。

アドレスが数字だけではわかりにくい

そもそも、本来のインターネットの住所（アドレス）というの
は、数字をピリオドで区切る4つの数字の構成（例…
192.121.134.31）で構成されています。これをIPアド
レスと言い、コンピューターやサーバーなどに割り振られ
ている番号なのです。
この無意味な数字の羅列ではホームページの名前と内
容が一致せずに覚えづらいものであるため、多くの場合、
ドメインを利用してホームページが表示されます。
「DNS（Domain Name System）サーバー」が、ドメイン
とIPアドレスをひも付けて表示させています。

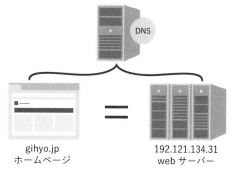

gihyo.jp
ホームページ ＝ 192.121.134.31
webサーバー

DNSサーバーがドメインとIPアドレスをリンクさせている

webページが表示される仕組み

ブラウザにwebページが表示されるまでには、サーバーと
のあいだで何度もデータが送受信されています。
表示されるまでの流れは、まずドメイン名（URL）を入力す
るとDNSサーバーに問い合わせがなされます。そして
DNSサーバーが行き先のIPアドレスを取得してコン
ピューターに返してくることで、接続先のwebサーバーに
アクセスします。アクセスされたwebサーバーはURLに
掲載されている情報（テキストや画像、CSSファイルなど）
を閲覧しているコンピューターに返します。受信したコン
ピューターの画面にはそのデータがwebページとして表
示されます。

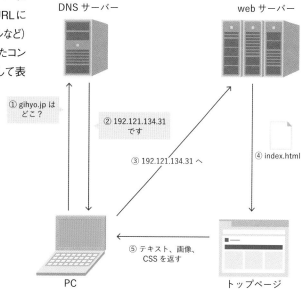

DNSサーバー　　　　　　　　webサーバー

① gihyo.jpは
　どこ？

② 192.121.134.31
　です

③ 192.121.134.31 へ

④ index.html

⑤ テキスト、画像、
　CSSを返す

PC　　　　　　　　　　トップページ

1-2 webサイト制作の キーワード

webにおける技術は日々めまぐるしいスピードで進化しています。
今もまさに、新たな技術やデザインが取り入れられています。
時代が変われば、web制作の手法にも変化が起こります。
現在の技術的なトレンドについて見ていきましょう。

多様化するインターネット環境

近年では「インターネットをする＝ブラウザを通して情報を取得する」以外に、たとえば「ゲーム機でネット対戦をする」「テレビでインターネットをする」「家電をインターネットにつなぐ」など、必ずしもパソコンやスマートフォンの画面でwebページを閲覧することだけがインターネットではなくなってきました。

インターネットの閲覧や、情報の取得方法が多様化してきたといえます。webデザイナーは、コンピューターやスマートフォンの四角い画面だけではなく、さまざまなデバイスを通して情報が快適に取得できるように、設計・デザインをしていかなければなりません。

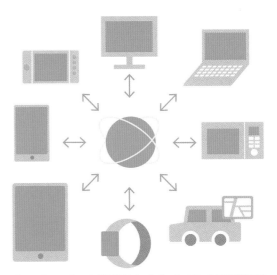

パソコンやスマートフォンだけではなく、インターネットにつながる環境はさまざまある

モバイルファースト

インターネットは、パソコンの普及とともに急速に私たちの身近な存在となりました。
そしてテクノロジーが進化し、近年ではスマートフォンの利用者が急増して、パソコンよりもさらに身近な存在となりました。
旧来、インターネットといえばパソコンの前に座って行うものでしたが、現在ではスマートフォンやタブレット端末で場所を問わずに行う人が多くなっています。

スマートフォンから利用しやすいwebサイト

利用環境に変化が起きれば、当然webサイトの在り方にも変化が起きます。パソコン専用のwebサイトよりも、スマートフォンで快適に利用できるwebサイトが求められるようになりました。こういった背景もあり、「モバイルファースト」という言葉がよく聞かれるようになりました。
たとえば飲食店を探してwebサイトを閲覧するとします。この場合、パソコンの画面に向かって検索するよりも、街を歩きながら自分が行きたい店を現在地から探すことも多いでしょう。その際、webサイトがモバイルに対応していなかったり、スマートフォンで情報が取得しにくい状態であった場合、きっとユーザーはそのwebサイトから離れてしまいます。

ユーザー視点が大切

ユーザーのニーズや状況（スマートフォンからのアクセスもその1つ）に合わせて、必要なコンテンツや作り方を設計する…これらはすべてユーザー視点です。ユーザーのシチュエーションや環境を第一に考え、webサイトを構築していくことがモバイルファーストの根本的な観念なのです。

モバイルフレンドリー

モバイルフレンドリーとは2015年4月21日に、Googleが全世界で実装したアルゴリズムです。スマートフォンに対応したwebページに検索順位が優遇され、スマートフォン未対応のページが順位の引き下げに影響するというものです。

Googleはユーザーの環境や利便性を大切にしていることから、時代にあったwebサイトであることを求めています。Googleは「モバイル フレンドリー テスト」というwebサイトを公開しており、ページのURLを入力するとそのwebサイトがスマートフォンに対応しているかどうか、また未対応の場合の改善点をチェックすることができます。

https://search.google.com/test/mobile-friendly?hl=ja

「モバイル フレンドリー テスト」では、入力したwebページがモバイルに対応しているかどうかチェックすることができる

webサイト利用者の閲覧環境を想定する

webサイトを作成する際、あらかじめサイト利用者の閲覧環境を想定します。たとえば企業間取引のようなwebサイトであれば、取引先や見込み客はビジネス環境における新旧さまざまなパソコンを使って閲覧をすることが考えられます。

閲覧環境は予測するだけではなく、アクセス解析をチェックしたり、インターネット上で業種ごとのリサーチデータを活用する場合があります。

ブラウザ	集客		行動			
	ユーザー ↓	新規ユーザー	セッション	直帰率	ページ/セッション	平均セッション時間
	1,835 全体に対する割合 100.00% (1,835)	1,704 全体に対する割合 100.12% (1,702)	2,226 全体に対する割合 100.00% (2,226)	65.18% ビューの平均 65.18% (0.00%)	2.07 ビューの平均 2.07 (0.00%)	00:02:24 ビューの平均 00:02:24 (0.00%)
1. Safari	717 (39.05%)	672 (39.44%)	896 (40.25%)	68.19%	2.01	00:02:18
2. Chrome	622 (33.88%)	583 (34.21%)	749 (33.65%)	63.68%	2.07	00:02:23
3. Internet Explorer	217 (11.82%)	196 (11.50%)	250 (11.23%)	57.60%	2.46	00:03:24
4. Android Webview	69 (3.76%)	60 (3.52%)	85 (3.82%)	65.88%	1.92	00:02:12
5. Firefox	57 (3.10%)	56 (3.29%)	64 (2.88%)	57.81%	1.83	00:02:29
6. Safari (in-app)	57 (3.10%)	49 (2.88%)	64 (2.88%)	78.12%	1.59	00:01:03
7. Edge	55 (3.00%)	51 (2.99%)	62 (2.79%)	67.74%	1.79	00:01:28
8. Android Browser	17 (0.93%)	16 (0.94%)	18 (0.81%)	66.67%	2.78	00:02:55
9. Samsung Internet	12 (0.65%)	10 (0.59%)	16 (0.72%)	56.25%	3.75	00:03:51
10. Opera	7 (0.38%)	7 (0.41%)	12 (0.54%)	50.00%	2.17	00:02:59

1-3 webサイトに使用される言語

webサイトの基本となる言語はHTMLです。
HTMLで文書に構造的な意味を与えたのち、CSSで装飾やレイアウトを施します。
このほかにもwebサイトを構成するための言語がいくつも存在します。
代表的なものを見ていきましょう。

HTMLとバージョン

1993年	HTML 1.0
1995年	HTML 2.0
1997年	HTML 3.2、4.0
1999年	HTML 4.01
2014年	HTML 5.0
2016年	HTML 5.1
2017年	HTML 5.2
2021年	HTML Living Standard

HTML（HyperText Markup Language）とは、文書をwebページとして表示させるために用いる言語です。HTMLはwebデザイナーが習得する基本の言語です。Lesson 02より詳しく解説します。

HTMLにはいくつかのバージョンがあります。そのバージョンによって利用できる要素や属性に差があり、記述のルールなどが異なります。2017年12月14日に勧告されたバージョンが、「HTML 5.2」です。草案からはじまり、勧告に至るまで新たな要素や属性が追加されたり、廃止されたり、または意味や役割が変更されたりしながらバージョンアップを繰り返してきました。2021年5月以降は、WHATWGが策定しているHTMLの規格である「HTML Living Standard」が標準となりました。

このほかにも「HTML 4.01」や「XHTML 1.0」など、いくつかのバージョンが存在しますが、すでに過去のものであり、これから学習すべきは「HTML 5」や「HTML Living Standard」をベースとしたバージョンとなります。しかし世の中には、HTML 4.01やXHTMLで作られたwebサイトが数多く存在します。webデザイナーは、新しくwebサイトを作るだけではなく、過去に作られたものを編集することも多いため、過去のバージョンについても少なからず知見を持つ必要があります。

COLUMN
HTMLの記述ルールは誰が決める？

HTMLのバージョンや仕様は、web技術の標準化団体であるWorld Wide Web Consortium（W3C）とWeb Hypertext Application Technology Working Group（WHATWG）によって策定されています。W3Cのwebサイトは全編が英語で書かれていますが、HTMLに関する仕様やルールなどが記載されています。

https://www.w3.org/standards/webdesign/htmlcss.html

CSSとバージョン

CSS（Cascading Style Sheets）とは、webページの見た目や構造などのスタイルを指定するための言語です。HTMLだけでは、どうしても簡素な表示となってしまう情報に対して、色をつけたりレイアウトを施して、使い勝手を向上させるために用います。世の中のwebサイトは、ほぼすべてがCSSによって何らかの装飾がなされています。

CSSには、「CSS1」「CSS2」「CSS3」という3つのバージョンが存在します。数字が大きいほど新しいバージョンを表します。

webブラウザの種類やバージョンによっては、新しいCSSが有効にならないなどのバラツキがありましたが、現在はブラウザのサポート状況も向上したため、積極的に新しいバージョンのCSSを利用できるようになりました。主流のバージョンは「CSS3」です。

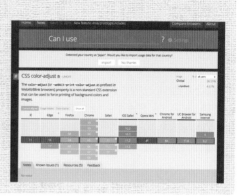

JavaScript

JavaScriptはプログラミング言語のひとつです。HTMLやCSSと並んでとてもよく使われます。私たちが普段利用するwebサイトには、何かしらのJavaScriptが使われていることがほとんどです。JavaScriptができることは大小さまざまなのですが、ひとことで言えば、「webサイトにふるまいを与える」のが役割です。

サイトに動的な機能を与える

たとえば複数枚の画像がスライドして切り替わったり、メニューを開くときになめらかなアニメーション効果を与えたりすることができます。主にデザインをリッチにしたり、使い心地を向上させる目的で利用されます。JavaScriptはクライアントサイド（Webサイトを閲覧しているブラウザ）がコードを受け取り、そのうえで動作します。

複数の画像がスライドショーで切り替わるJavaScriptの例

jQuery

JavaScriptはとても身近な言語ですが、高度で複雑な処理をするためには、高いレベルで技術を習得しなければいけません。ですが「ゼロから書く」のではなく「すでに用意されたものを利用する」ことで、特に深い知識を得なくても取り入れることが可能です。

代表的なものが「jQuery」というライブラリです。jQueryはそもそもJavaScriptで書かれており、すでにあらゆる処理の記述がなされている「スターターキット」のようなものです。プログラムの基盤としてjQueryを利用することにより、複雑なアニメーションや表示エリアの切り替えなどが、ほとんど手間をかけずに導入できます。

多くのwebサイトでは、jQueryが導入されています。

jQueryを利用すると、画像をスライドして表示させることも簡単にできる

PHP

PHP（Hypertext Preprocessor）とは、動的に web ページを作るためのプログラミング言語のことです。PHP は HTML に埋め込むことができるため、web 制作の現場ではよく利用されています。

先述の JavaScript がクライアントサイドで動作するのとは逆に、PHP はサーバーサイド（web サーバー上で、PHP が実行できる環境）で動作します。手元のパソコン上でプログラムを書いたとしても、実行させるにはプログラムが動作する環境の準備が必要になります。

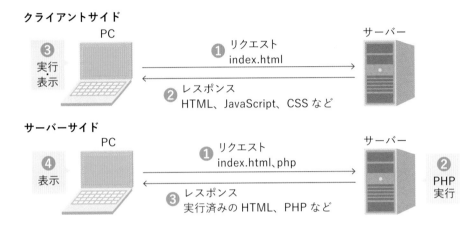

PHP の利用例

PHP の利用例としてはメールフォームが挙げられます。名前や住所などの各入力項目は HTML で作成しますが、HTML には入力された値を受け取ってサーバーに送信したり、サーバー上で受け取ったデータを処理するなどの機能がありません。この部分に PHP を利用して、入力されたデータのやり取りを行います。

COLUMN

WordPress も PHP で作られている

世界的に人気の CMS（コンテンツ管理システム）である「WordPress」は、その基本システムが PHP で書かれています。PHP は web サイトで一部の機能として利用するほか、web 上で動作するアプリケーションの開発など、さまざまな用途で利用されます。

1-4 コーディングに必要な アプリケーション

webページのデータはテキストで構成されています。
文字を入力できるエディタさえあれば、webページは誰でも簡単に作成することができます。
Windowsであれば「メモ帳」、macOSでは「テキストエディット」など、
OSに標準搭載されているテキストエディタでも作成することができます。

web制作に特化したテキストエディタ

OS標準搭載のテキストエディタでもwebページは作成可能ですが、使用すること
はあまりおすすめできません。数多く存在する、web開発に特化したエディタを利用
することが一般的です。

コーディング専用エディタ

代表的なテキストエディタには、「Visual Studio
Code」「Sublime Text」などがあります。これら
に共通している機能として、たとえばHTMLや
CSSのコードを記述している際に、「コードヒント」
と呼ばれる関連する情報が表示されたり、間違っ
た記述をした場合に指摘してくれる機能などがあ
ります。
汎用的なテキストエディタではこれらの機能が備
わっていないため、ミスをしても気づかないことが
あります。このようなコーディング専用の機能が
あるだけでも、利用する価値は非常に高いもの
です。

この例では、必要な「=」が1つ抜けているため文法が狂ってしまった。エラーが出た際、
該当箇所の文字色が赤くなる

コードの冒頭文字「ba」と打つと、その文字からはじまる候補が一覧で表示される。リター
ンキーやクリックで選択すると、そのまま入力されるためスペルミスも起こりにくい

さらにプラグインと呼ばれる拡張機能を導入することで、より便利に自分好みにカスタマイズしていくこともできます。Visual Studio Code、Atom は無料で利用できるため、それぞれをインストールして試してみるのもよいでしょう。

Visual Studio Code
https://code.visualstudio.com/

Atom
https://atom.io/

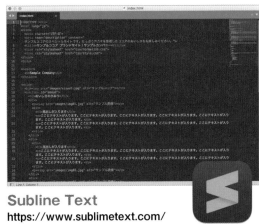

Subline Text
https://www.sublimetext.com/

サイト制作の
統合開発環境

昔ながらの開発環境であり有名なものが「Adobe Dreamweaver」です。先述したテキストエディタはコードを記述することに特化したものですが、Adobe Dreamweaver はさらに機能が詰め込まれた、高機能な総合開発環境です。

単にコードを書くだけではなく、作成途中のコンテンツをリアルタイムにプレビューで確認したり、関連するファイルを一括管理するなど、web 制作に特化したとても高機能なアプリケーションです。

Adobe Dreamweaver
https://www.adobe.com/jp/products/
dreamweaver.html

1-5 webサイトに使用される画像

webページの質や表現力を高めるには画像を活用します。
画像にはさまざまな形式があり、用途によって使い分けます。
また、画像を作成したり加工するには専用のアプリケーションを利用します。
web制作の現場でよく使われる画像形式やアプリケーションについて見ていきましょう。

4つの画像形式

コンピューターで扱う画像の種類は、色のついたドットの集合体である「ビットマップ」と、点の座標とそれを結ぶ線などの数値データから成り立つ「ベクター」の2種類に大別されます。

さらに画像ファイルにはいくつかの形式があり、扱う画像の内容に適したファイル形式を採用します。代表的なファイル形式は、「PNG」「JPG」「SVG」「GIF」の4種類です。

画像ファイル形式一覧

ファイル形式	色数	透明	用途
PNG	256色 フルカラー	○	通常の画像
JPG	フルカラー	×	写真
SVG	フルカラー	○	ロゴマーク イラスト
GIF	256色	○	色数の少ない画像

PNG形式

PNGはビットマップ形式の画像フォーマットです。webで使用する多くの画像ファイルではPNG形式がよく使われます。PNGには「PNG-8」「PNG-24」「PNG-32」の3種類があります。

PNG-8は256色までしか扱えませんが、画像の一部を完全に透明にすることができます。色数が少なく、複雑な透過が不要の場合はPNG-8を利用します。

PNG-24はフルカラー（1677万色）の色数を扱えます。写真などの色数の多いものに適していますが、ファイルサイズ自体が重いため写真データではJPG形式を利用することがほとんどです。

PNG-32はPNG-24をベースに透明にすることが可能な形式です。写真の一部を完全に透明にしたり、部分的な半透明も可能です。

PNG-8、24、32といくつも種類がありますが、保存する際の拡張子はどれも「.png」となります。PNGファイルを扱う際は、どの種類にするかなどを特別に意識しなくてもかまいません。ほとんどの場合、グラフィックアプリケーション側で最適なものが選ばれて保存されます。

PNG形式一覧

PNG形式	色数	透明	特徴
PNG-8	256色	○	軽い 部分的に透明
PNG-24	フルカラー	×	重い フルカラー写真など
PNG-32	フルカラー	○	重い 半透明にできる

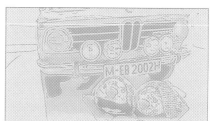

PNGは色数の少ないイラストから写真、半透明のグラフィックまで幅広く対応した画像形式

JPG形式

JPGはビットマップ形式の画像フォーマットです。フルカラー（1677万色）の色数を扱えます。そのため写真や色数の多いグラデーションを使用した画像などに利用されます。デジタルカメラやスマートフォンで写真を撮影した際の記録用フォーマットとして採用されていることがほとんどです。JPGには画像を圧縮してファイルサイズを軽減する、という特徴があります。「不可逆圧縮」という特性で、一度画像を圧縮してしまうと画質を元に戻せません。そのため画質を下げて保存をした場合、元の画質には戻せなくなるのです。JPGファイルを扱う際には、元データをバックアップするなどの配慮が必要です。

保存する際の拡張子は「.jpg」または「.jpeg」となります。どちらもファイルサイズや画質に違いはありませんが、「.jpg」が一般的です。

JPG形式は主に写真の形式に利用される。デジカメの撮影データのほとんどはJPG形式で記録される

GIF形式

GIF（Graphics Interchange Format）はビットマップ形式の画像フォーマットです。旧来のwebサイトでは、JPG形式と並んで広く使われてきました。GIF形式の特徴は、なんと言ってもそのファイルサイズの軽さにあります。
256色の色数を扱えますが、用途としてはイラストや単調な画像など、色数の少ないものに対して利用します。逆に、グラデーションや複雑なグラフィックの表現が苦手なため、そのような画像にはJPGやPNGを利用します。

GIF形式では、複数のGIF画像を1つのファイルの中に格納して、パラパラマンガのように表現する「GIFアニメ」を作ることもできます。

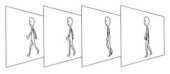

複数枚のGIFを1つにまとめると、連続して表示することができる

SVG形式

SVG（Scalable Vector Graphics）はベクター形式の画像フォーマットです。フルカラー（1677万色）の色数を扱えます。これまでwebサイトで広く使われてきたGIF、PNG、JPGといった形式とは異なり、XMLで記述される画像形式でテキストエディタでも編集可能なのが特徴です。XMLで構成されているからといって、テキストエディタで作る必要はありません。一般的には、IllustratorやSketch（macOSのみ）といったベクターデータを扱えるグラフィックアプリケーションで作成し、SVG形式に書き出すだけです。

SVG形式の利点は、ベクターデータのため、どんなに拡大しても画質が劣化することはありません。テキストベースの画像形式のため、そもそもデータサイズが軽いのも特徴です。webサイトの閲覧環境はパソコンをはじめ種類の異なるスマートフォンが多数あり、それぞれの画面サイズに適した画像を用意することは効率的ではありません。SVG形式ではこのような問題がクリアされ、1つのファイルでさまざまな環境に使い回すことができるようになります。
会社のロゴマークやサービスのブランドマーク、webサイト内で使われるアイコンイメージなどに適しています。SVG形式はよほど古いバージョンのブラウザやデバイスでなければ、問題なく利用することができます。

```
1 ▼ <svg id="logo" xmlns="http://www.w3.org/2000/svg" viewBox="0 0 153
     153">
2   <defs><style>.cls-1{fill:#c90000;}</style></defs>
     <title>logo</title>
3   <polygon class="cls-1" points="153 0 0 0 153 11.26 153 18.92
     133.31 25.54 116.26 66.41 11.13 96.85 11.13 68.49 84.09 107.01
     55.23 143.5 55.23 53.49 122.66 41.7 153 73 153 66.97 122.78 95.01
     101.74 110.38 153 153 153 153 0"/>
4   </svg>
```

SVGファイルをテキストエディタで開くと、その中身はテキストでXML言語で書かれていることがわかる

Illustratorで作成したアイコンをSVGファイルに書き出したもの

画像を加工するアプリケーション

web用の画像を作成するアプリケーションの定番といえばAdobe製品が挙げられます。インターネットが世間に浸透する以前からグラフィック作成ソフトの定番であり、その流れからweb制作の現場でも長年愛用されてきました。しかしながら、近年ではAdobe製品以外のアプリケーショ

ンもたくさんリリースされており、高価なものから無料のものまでさまざまです。必ずしも高価なソフトが優れているというものでもないため、いくつか試してみて自分に合ったものを利用してみましょう。人気のアプリケーションを見ていきます。

Adobe Photoshop

Adobe Photoshopは、昔からある定番のグラフィックアプリケーションです。2021年12月現在のバージョンは「CC 2022」で、月額利用料を支払って利用するサブスクリプション形式となっています。Photoshopではweb用のグラフィックを作成することはもちろん、写真の加工やCG作成など、幅広い用途のデザイン作成に活用されています。
扱う画像はビットマップが中心です。Photoshopで作成したファイルをPNGやGIF形式で書き出したりするほか、ベクターのSVG形式の作成も行うことができます。

Adobe Illustrator

Adobe Illustratorも、Photoshopと並んで利用される定番のグラフィックアプリケーションです。2021年12月現在のバージョンは「CC 2022」で、月額利用料を支払って利用するサブスクリプション形式となっています。
Illustratorでは主にベクターデータを扱います。ドットを描いていくビットマップ画像とは違い、パスと呼ばれる点と点を指定し、その中間を計算して線を引くといった使い方をします。その特性から、ロゴやアイコンなどのベクターデータ作成やイラスト作成に向いています。また、デザインカンプと呼ばれるwebページの全体像を作り上げる際にもよく利用されます。
印刷業界でも定番のアプリケーションですが、web制作にも親和性が高いため、webデザイナーはぜひ習得したいアプリケーションです。

デザインカンプ　CHECK!

webデザインを作成する際、まずはグラフィックアプリケーションでwebページ全体のレイアウトやデザイン作成をするケースが多々あります。これを「デザインカンプ」と呼びます。デザインカンプは仕上がりの見本のようなものであり、webページの全体像をHTMLで作る前段階でクライアントに見てもらうような用途に利用します。
以前はPhotoshopやIllustratorでカンプ作成を行うのが主流でしたが、最近ではAdobe XDというデザインカンプ作成ツールを使用するケースも多くなってきました。

Adobe XD

2017年にAdobeからリリースされた新しいアプリケーションが「Adobe XD CC」です。PhotoshopやIllustratorよりも、さらにwebサイト作成やアプリ画面作成に特化したツールです。

webサイトは、単にデザインだけではなく「UI（ユーザーインターフェース）」や「UX（ユーザーエクスペリエンス）」といった、画面の操作設計や、ユーザーが実際に操作する際の使い勝手・使いやすさも考えなければいけません。特にスマートフォンに対しては、ユーザーが迷わずに気持ちよく利用できる配慮が必要です。

Adobe XDは特にモバイルサイトに向けた画面設計を得意としており、画面幅の異なる各スマートフォンに対しても、伸縮性を考慮したレイアウトができたり、ページ間の遷移なども管理しながらwebサイトを作成していくことが可能です。

Sketch（macOSのみ対応）

Bohemian Coding社が開発・販売しているSketchは、Adobe XDの競合アプリケーションです。SketchはmacOSのみの対応ですが、UIやUXを設計するwebデザイナーには人気のアプリケーションです。

Sketchのライセンス費用は、「1年間のアップデートライセンスを99ドルで購入する」というものです。引き続きアップデートを受けるには、再度99ドルを支払い更新を行います。このとき、ライセンスを購入しなかった場合は、アップデートができなくなりますが、期限満了時のバージョンをずっと使い続けることができます。

Figma（フィグマ）

Figmaはwebブラウザ上で動作するカンプ作成ツールです。データはクラウドで展開されるため、自宅とオフィスなど、複数のテレワーク環境などでもデザイン作成を行うことができます。また、1つのファイルを複数人で編集することもできるので、デザイナーやディレクターなどのチームでプロジェクトに臨む際にも役立ちます。個人向けプランの場合、無料で使うことができるので試しに使ってみるのもよいでしょう。

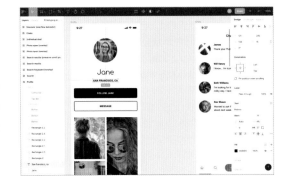

1-6 エディタの使い方を学ぶ

本書の学習は1-4で紹介した「Visual Studio Code」を使用して進めます。
ここではmacOSを基本としたダウンロード手順や使い方を主に解説しますが、
Windowsでの使い方もほぼ大差はありません。

Visual Studio Codeをインストールして学習環境を整える

Visual Studio Codeは、オープンソースのテキストエディタです。無料で提供されているにもかかわらず、web制作に関する機能が充実しており、プロのデザイナーにも広く使われています。HTMLやCSSを記述する際に、コードに色がついて視認性が向上したり、コードにエラーがあった場合にその箇所をハイライト表示するなどの機能が備わっています。
また「拡張機能」を利用すればVisual Studio Codeに便利な機能を追加して、自分好みのテキストエディタにカスタマイズすることもできます。拡張機能では、web制作を便利にする機能がたくさん用意されています。

COLUMN

オープンソース

オープンソースは、ソースコードを商用、非商用の目的を問わず利用、修正、頒布することを許可し、それを個人や団体が自由に利用できるソフトウェア開発手法です。

STEP 01 Visual Studio Codeのダウンロードとインストール

1 https://azure.microsoft.com/ja-jp/products/visual-studio-code/ にアクセスし、「Download now」のボタンをクリックします。Windows、Linux、macOSのダウンロードボタンが表示されます。ご使用の環境に該当するボタンをクリックすると、Visual Studio Codeの最新版をダウンロードします。

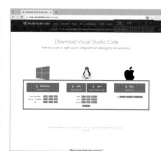

2 ダウンロードしたファイルを開き、コンピューターの手順に従ってVisual Studio Codeをインストールします。

macOSではzipファイルを解凍し、アプリケーションフォルダに移動しておく

3 macOSはアプリケーションフォルダ内にあるVisual Studio Codeアイコンをダブルクリックします。Windows10はWindowsメニューの［すべてのプログラム］、Windows11はスタートメニューの［すべてのアプリ］からVisual Studio Codeを起動します。

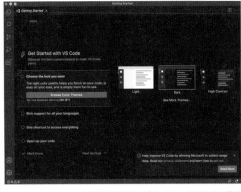

Visual Studio Codeを起動した状態。デフォルトの言語設定は英語になっている

STEP 02 言語を日本語に変更する

Visual Studio Codeの初期の言語設定は英語です。拡張機能をインストールして、言語を日本語に変更します。

1 Visual Studio Codeを開きます。画面左に表示されているメニューアイコンの上から5番目をクリックし、拡張機能を表示します。

2 左上の入力エリアに「Japanese Language Pack for Visual Studio Code」と入力❶して拡張機能を検索します。該当する項目を選び「Install」ボタンをクリック❷します。

3 拡張機能のインストールが完了すると、右下にダイアログが表示されます。「Change Language and Restart」ボタンをクリックして、再起動します。

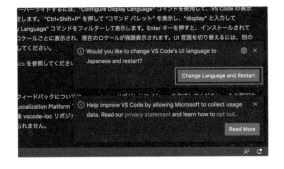

4 表示が日本語に変更されました。

STEP **03**　ファイルを管理する

Lesson 01 ▶ 1-6 ▶ 1-6-3

Visual Studio Codeでは、サイドバーで特定のフォルダの中身を管理することができます。本書で使用するレッスンフォルダを開いておけば便利ですし、実際のweb制作においては管理フォルダを指定すれば、編集可能の状態に素早くなります。

1 画面左上の書類アイコンをクリック❶し、[フォルダーを開く]をクリック❷します。本書ではmacOSは「書類」、Windowsでは「ドキュメント」フォルダに展開した「hcv2_download」を指定しています。

2 表示されたダイアログボックスの「はい、作成者を信頼します」をクリックします。サイドバーに指定したフォルダの中身が表示されました。

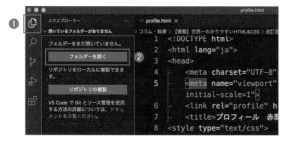

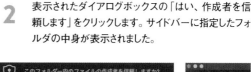

3 フォルダの左の▶をクリックすると、階層下のファイルやフォルダを開くことができます。

文字の表示サイズを調整するには　CHECK！

Visual Studio Codeのデフォルトの文字サイズは小さめの設定です。エディタの環境設定を整えていきましょう。画面の左下にある歯車アイコンをクリックし、[Editor:Font Size]の値を変えることで文字のサイズを拡大することができます。好みのサイズに整えましょう。

STEP **04**　操作環境を設定する

エディタの環境設定を整えていきましょう。画面の左下にある歯車アイコンをクリックし、[設定]から[よく使用するもの]を設定していきます。

半角・タブスペースの表示

エディタで空白(スペース)を表示するよう、[Editor:Render Whitespace]を「all」にします。

行の折返し

エディタで行が折り返すよう、[Editor:Word Wrap]を「on」にします。

STEP 05　拡張機能をインストールする

Visual Studio Codeはweb制作に必要な機能は十分に備わっていますが、便利な機能を追加してみましょう。拡張機能の表示についてはP.26の手順1を参照してください。

全角空白の表示

全角空白は空白で表示されてしまうため、見た目での区別がつきません。区別するための拡張機能をインストールしましょう。
左上の入力エリアに「zenkaku」と入力❶して拡張機能を検索します。該当する項目を選び「インストール」ボタンをクリック❷します。

改行の表示

改行を表示する拡張機能もインストールしましょう。左上の入力エリアに「Render Line Endings」と入力❶して拡張機能を検索します。該当する項目を選び「インストール」ボタンをクリック❷します。Visual Studio Codeを再起動すると、表示が反映されます。

コードの中の空白が、全角・半角・改行の区別がつくようになる

STEP 06　画面を分割表示する

Lesson01 ▶ 1-6 ▶ 1-6-6

Visual Studio Codeでは、画面を二分割して2つのファイルを同時に表示することができます。HTMLとCSSは同時に開いて編集することが多いため、どちらも表示してみましょう。

1 [表示]メニューから[エディターレイアウト]の[分割（左）]を選びます。コンピューターの画面サイズによっては[分割（上）]が便利な場合もあります。

2 画面が左右に分割されるので、編集したいファイルをクリックで開きます。このとき、「左」エリアに2つのファイルが開かれてしまうことがあるので、片方のタブ部分を「右」エリアにドラッグ＆ドロップで移動します。

3 これで2つのファイルを同時に編集できるようになりました。

STEP 07 編集したHTMLファイルをプレビューする

編集したHTMLファイルは保存したあとに、ドラッグ&ドロップでwebブラウザで確認することができますが、Visual Studio Codeには「自動保存」という機能が備わっています。編集した内容がブラウザにリアルタイムで表示される拡張機能も追加しましょう。

Lesson 01 ▶ 1-6 ▶ 1-6-7

1 画面の左下にある歯車アイコンをクリックし、[設定]から[Files:Auto Save]を「afterDelay」に設定します。

3 右下の[Go Live]をクリックします。

2 編集した内容がブラウザにリアルタイムで表示される拡張機能を追加します。左上から5番目のアイコンをクリックします。左上の入力エリアに「Live Server」と入力❶して拡張機能を検索します。該当する項目を選び「インストール」ボタンをクリック❷します。

4 プレビュー専用のGoogle Chromeが起動して、編集内容がリアルタイムに表示されるようになりました。試しに、この状態でテキストを編集したり削除してみると、すぐさま反映されます。

Google Chrome のインストール COLUMN

本書では学習で作成したHTMLやCSSを閲覧するのに、Google Chromeを使用します。コンピューターによっては標準でインストールされているものもありますが、インストールされていない場合は、インターネットからダウンロードしましょう。https://www.google.co.jp/chrome/ にアクセスし、「Chrome をダウンロード」ボタンを押してダウンロードします。インストール手順に従って自身のコンピューターにインストールしてください。原稿執筆時点でのバージョンは「96」です。

Lesson 01　練習問題

Q1　インターネットをするためのアプリケーション

コンピューターやスマートフォンでwebサイトを閲覧する際に必要なアプリケーションはwebブラウザです。代表的なwebブラウザを3つ挙げてください。

❶ Windowsに標準搭載されている ……………………………………[　　　　　]
❷ iOSやmacOSに標準搭載されている …………………………………[　　　　　]
❸ Androidに標準搭載されている …………………………………………[　　　　　]

Q2　HTMLとCSSのバージョン

HTMLやCSSにはバージョンが存在し、今でも新しい策定や見直しが行われています。2021年12月現在、主流のバージョンはいくつでしょう。

❶ 2021年5月以降WHATWGが策定したHTMLのバージョンは…[　　　　　]
❷ 現在主流で使われているCSSのバージョンは ……………………[　　　　]

Q3　webサイトを構成する言語

❶ webサイトは、HTMLとCSS以外にもさまざまな技術で成り立っています。JavaScriptもその1つですが、JavaScriptをベースに書かれた世界的に人気のライブラリの名称は?

❷ メールフォームに記述された内容をサーバーへ送信したり、受け取った情報を処理するにはサーバーサイドのプログラムが必要です。現在主流のサーバーサイドプログラミング言語は?

Q4　画像の形式

webサイトで使用する画像はいくつかの種類がありますが、次の利用用途に適した画像フォーマットを、「PNG」「JPG」「SVG」から選んでください。

❶ ロゴマーク ………………………………………………………[　　　　]
❷ 写真 ………………………………………………………………[　　　　]
❸ 透明部分がある画像 ……………………………………………[　　　　]

Q1：❶ Microsoft Edge　❷ Safari　❸ Google Chrome
Q2：❶ HTML Living Standard　❷ CSS3
Q3：❶ jQuery　❷ PHP
Q4：❶ SVG（またはPNG）　❷ JPG　❸ PNG

HTML
コーディングの
基本を学ぼう

An easy-to-understand guide to HTML & CSS

Lesson **02**

テキスト文書をHTMLとして機能させるには、タグと呼ばれるコードを文章中に書き入れていきます。実際に手を動かす前に、HTMLとはどんなものなのか、どういった歴史があるのかを学びましょう。また、HTMLの記述ルールについてや、タグにはどのような種類や役割があるのかも見ていきます。

2-1 HTMLとは

HTMLはwebページを作るための言語です。
HTMLはどのようなものなのか、
またバージョンや記述方法についても見ていきましょう。

HTMLを習得しよう

webサイトのページを作成するのに使われる言語がHTML（Hyper Text Markup Language）です。インターネットにおける技術の標準化団体「W3C」によって、1997年に策定されました。

HTMLはwebデザイナーが必ず習得しなければいけないプログラム言語です。数あるプログラム言語のひとつですが、計算式を伴う記述や条件分岐などはなく、習得難易度は比較的容易であるといえます。そのため、プロのweb制作者以外でも多くの人に利用されています。たとえば、ブログを公開している人が、より細かなレイアウト調整のためにHTMLを勉強するケースも多いものです。

HTMLの役割

webページはテキストファイルで作られており、使用する言語がHTMLです。HTMLのHT（ハイパーテキスト）は、「〜を超える」という意味です。つまり、「通常のテキストにはない機能を備えたテキスト」ということになります。HTMLの最大の特徴は「リンク」であり、このハイパーテキスト同士のつながりを「ハイパーリンク」と言います。
一般的に「リンクしてほかのページへ移動する」ということは、ハイパーリンクで文書同士がつながり、次のページへ移動して閲覧されるということなのです。

漠然と、ファイル同士をハイパーリンクでつなげるといっても、何もしないで勝手につながるわけではありません。HTML文書の中に特定の目印（タグ）をつけて、その部分をクリックすると目的のファイルへ移動するように設定します。この目印をつけることをマークアップといいます。
通常のテキストデータをコンピューターが読み取ると、そのデータの中で、どこが見出しでどこが段落、どこがリンクなのかを判別することができません。そこで、コンピューターが意味を読み取れるように、各部分の意味づけを細かくマーキングしておくのです。マークアップについては、次節（P.034）で詳しく解説します。

ハイパーリンク

![ハイパーリンク図]

独立するファイル同士のつながりが「ハイパーリンク」

マークアップ

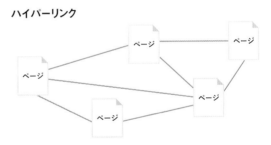

マークアップは、文書内のテキストに対して適切な役割と意味を付与する

HTMLのバージョン

現在web制作の現場で使われているバージョンは主に
「HTML 5.2」および、その流れをくむ「HTML Living
Standard」です。いずれも基本的な書き方はほぼ変わら
ないため、特に意識しなくても問題ありません。
また、過去には「HTML 4.01」や「XHTML 1.0」など
もありましたが、こちらも基本的な書き方、タグは共通して
います。ただし、タグの意味の解釈が異なったり、現在で
は廃止されたタグなどもありますので留意しておきましょう。

HTMLは最初の登場から、段階的な仕様変更や新たな策定を経て常に新
しくなっている。本書執筆時点での最新のバージョンはWHATWGが策定
している「HTML Living Standard」

HTMLの呼称 COLUMN

HTML 4.01の次期バージョンは、「HTML 5」となり
ました。新たな勧告がなされ、2017年12月にはHTML
5.2となっていますが、細かなバージョン部分は省略し
て、単に「HTML 5」と呼ぶ場合が多いものです。さら
に、HTML Living Standardの登場により、総称して
「HTML」と呼び、よりシンプルになりました。

HTMLのルールと宣言

HTMLのルールに従っていることを宣言する

テキスト文書をHTMLとして扱うには、「HTMLの記述
ルールに従って書いている」ということを1行目に明示す
る必要があります。それが「文書型宣言（DOCTYPE宣
言）」と呼ばれる記述です。
DOCTYPE宣言はHTMLのバージョンによって書き方
が異なりますが、HTML5系では右のように記述します。
この部分では、「**DOCTYPE**」部分を大文字で、「**html**」
部分は小文字で記述するのが通例です。

DOCTYPE宣言の記述

```
<!DOCTYPE html>
```

HTMLタグを記述する

2行目以降は「タグ」と呼ばれるHTML特有の目印を記
述していきます。基本的にタグは「開始タグ」と「終了タグ」
の2つをセットで記述します。開始タグの形式は、あらかじ
め決められているタグ名を「<」と「>」で囲みます。終了タ
グは、タグ名の直前に「/」を記述します。
はじめに記述するタグは「**html**」です。タグは開始と終了
をセットで扱いますから、同時にhtmlの終了タグも記述し
ます。さらに、htmlの開始タグの中に「**lang="ja"**」と
記述します。これは日本語のwebページであることをweb
ブラウザに伝えます。これが、HTMLファイルとしての基本
の型です。htmlタグで囲まれた部分に、さまざまなタグや
内容を記述していくことで、webページができあがります。

HTMLファイルの基本型

```
<!DOCTYPE html>
<html lang="ja">

</html>
```

htmlタグで囲まれた部分に記述される、さまざまなタグ例

```
<html lang="ja">
<h2>見出し</h2>
<p>段落</p>
<p><a href="">ハイパーリンク</a></p>
<ul>
    <li>箇条書きリスト</li>
    <li>箇条書きリスト</li>
</ul>
</html>
```

2-2 マークアップとは

文書内のテキストに対してタグ（目印）をつけていくことをマークアップと言います。
マークアップの必要性と効果について、深く学んでいきましょう。

コンピューターは テキスト情報を どう見ているのか

人間は文章の構造を読み取れる

右は、HTMLとして用意したファイルに書かれたテキストの例です。この文章を人間が読むと、「Jimdoベネフィットサポーター」の部分がタイトルで、その次のブロックは内容の箇条書きに当たる部分で、その次がキャッチコピー、次が説明文…といったように推測できます。これらは各項目間の空行や、内容の固まりを視認して感じる部分です。これまで慣例的に見てきた文書や、インターネットでの経験なども判断の一助になっています。

タイトル、ナビゲーション、見出し、説明が記述されたテキストファイル

```
<!DOCTYPE html>
<html lang="ja">
Jimdoベネフィットサポーター ──────── 文章の
                                        タイトル

サービス
無料テンプレート配布
制作実績                                 各ページ
お客様の声                               一覧
会社概要
お問い合わせ
リメイク

Jimdoでホームページをはじめる人のトータルサポート  段落
サービス

なるべく低予算でホームページをつくりたい
日々の更新は自分で行いたい               内容の
更新にはできるだけコストをかけないようにしたい  箇条書き
プロのデザインがほしい

企業のホームページ担当者は、こんな悩みを抱えているこ
とが多いと思います。でも「Jimdo（ジンドゥー）」という  内容
サービスを利用してホームページを制作すれば、こんな悩
みも解決

Jimdoベネフィットサポーターは、お客様と一緒にホー
ムページを作り、運営するための「準備」からお手伝いをし  内容
ます。まずはお気軽にご相談ください
</html>
```

コンピューターは文字の羅列として認識する

一方、このファイルをコンピューターはどのように見ているのでしょうか。機械的に判断をすると、タイトル・箇条書き・キャッチコピー・段落などの構造上の意味や区切りを知る術はありません。テキストの羅列＋空行での区切り程度の認識です。実際、webブラウザを通して見ると、以下のように表示されます。

情報に意味づけを行っていない状態では、このように平坦なひと続きのテキストとして認識されてしまうのです。

Jimdoベネフィットサポーター サービス 無料テンプレート配布 制作実績 お客様の声 会社概要 お問い合わせ リメイク Jimdoでホームページをはじめる人のトータルサポートサービス なるべく低予算でホームページをつくりたい 日々の更新は自分で行いたい 更新にはできるだけコストをかけないようにしたい プロのデザインがほしい 企業のホームページ担当者は、こんな悩みを抱えていることが多いと思います。でも「Jimdo（ジンドゥー）」というサービスを利用してホームページを制作すれば、こんな悩みも解決 Jimdoベネフィットサポーターは、お客様と一緒にホームページを作り、運営するための「準備」からお手伝いをします。まずはお気軽にご相談ください

意味づけされた情報の表示

HTMLタグや記述方法についてはこのあとのLessonから詳しく解説しますが、きちんと情報に意味づけをした状態では、以下のように表示されるようになります。見出しとなるテキストは大きく表示され、箇条書きになる部分は黒丸がついて、リストであることがわかりやすく表現されます。

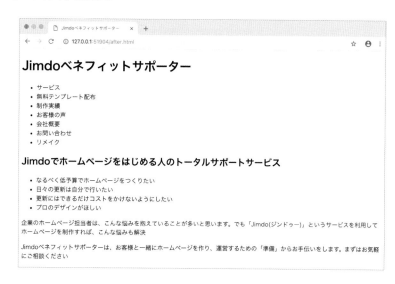

マークアップの意味と効果

文書を正しく解釈するための記述

マークアップは、ただ単にテキストデータをHTMLとして認識させるためのものではありません。平坦なテキストに正しい意味づけを行うことにより、人間や機械を問わず適切な情報を伝えられるようになります。マークアップはテクニック的なものではなく、そのテキストがどのような役割を持ち、どのようなまとまりで読まれるべきなのかなど、正しい解釈ができるようにするための記述なのです。

インターネットはさまざまな人が利用します。たとえば目が不自由でも、正しいマークアップが行われていれば、音声読み上げ機能により、そのwebページの中身は問題なく理解することができます。

検索の結果にも作用する

また、GoogleやYahoo!などの検索エンジンは、マークアップされたテキストを読み解き、そのページの中身や重要なテーマを判断しています。その結果、ユーザーが検索を行った際に返される検索結果の順位にも影響を及ぼします。

正しくマークアップされたHTML文書は、特別なデザインやレイアウトを施さなくても、内容の理解が容易になります。つまり、正しくマークアップすることが、質の高いHTMLを記述することなのです。webデザイナーは、まずこの正しいHTMLが書けるようにならなければいけません。

SEOと正しいHTMLの関係は CHECK!

SEO（Search Engine Optimization）とは、GoogleやYahoo!などの検索エンジンで検索をかけた際、表示される順位のランキングで上位をめざすときに使われる言葉です。上位表示のためのテクニックとして扱われがちですが、本来の意味は「検索エンジンに対してコンテンツを最適化させる」ということです。ユーザーのニーズ（検索）と、求める情報（webページ）をマッチングさせるのが検索エンジンの役割です。検索エンジンが理解しやすい正しいマークアップと、質の高い情報を掲載することで、SEOの効果が期待できます。

2-3 タグと要素と属性

タグは、HTMLの中のテキストにつけられる目印です。
タグの記述ルールと、あわせて使用する属性について学んでいきましょう。

タグの記述ルール

タグはすべて半角文字で記述する

HTMLの中身はタグと内容で構成されますが、タグ部分の記号と英数字は、すべて半角文字で記述するのが決まりです。タグ部分に全角文字が1つでも入った場合、エラーが起きてしまうので注意しましょう。また、タグ名は大文字で記述しても認識しますが、小文字で統一するのが通例です。

開始タグと終了タグのセット

タグは「開始タグ」と「終了タグ」の2つをセットで記述します。開始タグの形式は、あらかじめ決められているタグ名を「<」と「>」で囲みます。終了タグは、タグ名の直前に「/」を記述します。
たとえば、「<p>内容</p>」といったように開始と終了をセットで扱います。タグという箱の中に、内容が収められていると考えるとわかりやすいでしょう。タグは入れ物のようなものです。

要素とは

webページは要素で構成されている

HTMLの開始タグと終了タグはセットで扱われ、そしてその中には何かしらの内容が入ります。このセットを「要素」と言います。タグが目印なのに対して、要素は内容物を含んだひとまとまりのことです。右図の例では、段落を表すp（Paragraph・段落）タグを使った要素です。

また、タグは入れ子で記述することができます。入れ子とは、要素の中にまた要素を構成することです。webページの中身は、すべて何らかの要素が並んで、さらには入れ子になって構成されている必要があります（P.041参照）。

終了タグが必要のない要素もある

一部のタグ（metaやimgなど）では、空（から）要素と呼ばれる終了タグを持たないものも存在します。通常の要素は「ここからここまで」といったように範囲指定がなされますが、空要素は範囲で扱うものではなく、ピンポイントにその場に記述するものが対象です。たとえばimg要素（画像の挿入）は、ここからここまでといったような範囲での挿入ではなく、この場所に、というようにピンポイントに挿入します（P.054参照）。

> CHECK!
>
> **p要素**
>
> webページの大部分は段落で構成されています。リストや表組みなどに当てはまらないテキストに対しては、pタグを使用します。

属性とは

タグに性質を与える

HTMLのタグに対して、特定の「属性」をつけることができます。属性とは、個々のタグに対してなんらかの性質を与えるものです。そして属性を使用する場合、それに対する「値」もセットで記述します。

属性はそれぞれのタグに対して専用のものがあったり、すべてのタグに対して使える汎用的なものであったりとさまざまです。代表的な例を紹介しましょう。

たとえばaタグは指定した範囲に対してリンクを設定するもので、「**<a>**詳しくはこちら**</a>**」のように使用します。「詳しくはこちら」という文字列に対してリンクを張るわけですが、この状態ではリンク先がどこになるのかがわかりません。そこで属性と値を記述し、リンクを張ることを明示してリンク先を指定します。**href**という属性に対して、属性の値にリンクしたいアドレスやファイル名を記述します。

複数の属性を設定することも

1つのタグに対して複数の属性を設定することが可能です。先ほどのhref属性は「aタグからリンク指定と、その値」でしたが、これにブラウザでの開き方の指定を加えてみましょう。半角スペースで区切ったあと、「target属性」に対して属性の値に「**_blank**」を指定します。

これによりリンクをクリックした際に、ブラウザは新しいタブまたは新しいウィンドウでリンク先のページを開くようになります。

属性はすべてのタグに必ず使用するものではなく、それぞれのタグのルールに則って使用します。

文書構造を表すのに利用される主なタグ

文書構造を表すタグには、header・footer・main・nav・aside・section・articleが
あります。各タグで構成される要素は、webサイトの構造を指定する重要なものです。
それぞれどのように使われるのかを見ていきましょう。

① header 要素

header要素はページの上部に配置し、webサイト内のすべ
てのページにわたって共通化するエリアです。多くの場合、
サイト名やグローバルナビゲーション（P.087参照）などを含
んだ上部の部分を囲います。

② footer 要素

footer要素はページの下部に配置し、webサイト内のすべて
のページにわたって共通化するエリアです。header要素とは
対の存在です。ナビゲーションやコピーライトなどを含む場合
が多いです。

③ main 要素

main要素は、そのページのコンテンツ部分に対してひとつだ
け利用します。

④ nav 要素

nav要素は、webサイト全体を通して行き来するグローバル
ナビゲーションに対して利用します。ローカルナビゲーション
（同一カテゴリ内だけを移動するためのナビゲーション。P.087
参照）に対しては使いません。

⑤ aside 要素

aside要素は、本編のコンテンツから切り離して考えられるよ
うなものに対して使います。たとえばページ内のサイドバー部
分、ページ中にある広告もしくは関連するページへのリンクな
どです。本編の情報と関連性が薄いものに対して使うとよい
でしょう。

⑥ section 要素

section要素は、意味や機能のひとまとまりであることを示す
際に使用します。セクションは意味的なコンテンツのひとまと
まりなので、その部分の意味を表す見出し（h1〜h6要素の
いずれか）をつけます。見出しをつけることができない場合に
は、無理をしてsection要素は使わず、div要素（後述）で囲
むというのもひとつの手です。

⑦ article 要素

article要素は、webページ上で完全もしくは自己完結した構
造を表します。たとえば、雑誌や新聞の記事、ブログのエント
リーなどそれ単体でwebページから抜き出した場合に読み物
として成立するものに使います。

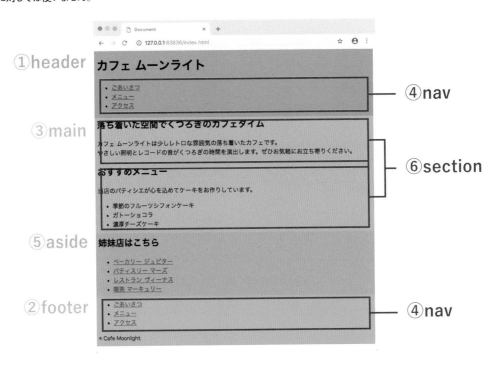

レイアウトや装飾に利用する主なタグ

これまでに解説したタグは、ページ内の文章構造を指定するものです。しかし文章構造とは関係なしにレイアウトや装飾を施すために利用するタグも存在します。

div要素

代表的なものがdivタグです。divタグはそれ自体に特に意味を持たず、見出しや段落などの各要素をひとまとめにする際に使用します。

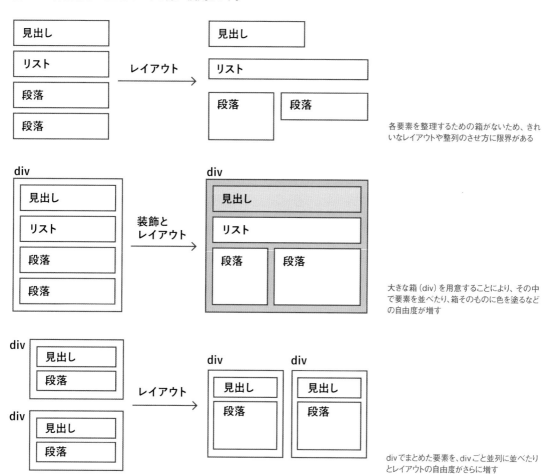

各要素を整理するための箱がないため、きれいなレイアウトや整列のさせ方に限界がある

大きな箱（div）を用意することにより、その中で要素を並べたり、箱そのものに色を塗るなどの自由度が増す

divでまとめた要素を、divごと並列に並べたりとレイアウトの自由度がさらに増す

span要素

文書中でピンポイントに装飾するにはspanタグを使用します。通常、HTMLタグにはそれぞれに意味があり、情報に対して適したものを使用します。しかし、実現したいデザインとタグの意味が合わない場合は、無理に意味のあるタグは使わずにspanタグを利用します。spanは何の意味も持たないタグです。

spanタグは、見出しや段落などの、内容の一部分に対して使用する。ブラウザでの表示やHTMLの意味づけに対しては一切変化がない無意味なタグだが、CSSで装飾やレイアウトを行うためだけに利用する

039

2-4 head要素とbody要素

HTML要素の中に記述する要素には大きく分けて2つあります。
head要素とbody要素です。head要素とbody要素は
どのような役割があるのか、それぞれ詳しく見ていきましょう。

head要素とbody要素それぞれの役割

HTMLでは、webページの中身が「head要素」と「body要素」の2つに大別されます。それぞれに役割があり、その役割にあわせた内容で構成されなければなりません。2つの大きな違いは、情報が視覚化されるかどうかにあります。

webページの基本情報が記述されるhead要素

head要素の中に入るのは、ほとんどがコンピューターが読み取るための情報です。webサイトを表示するために必要な文字コード（P.042参照）を指定したり、CSSファイルを参照する記述であったり、そのページ内容の要約を検索エンジンなどのコンピューターに伝える記述もあります。
そして、head要素に書かれているほとんどの情報は、私たちは目にすることはありません。しかし、ただ一つだけ視覚化されるものがあり、それが「title（タイトル）要素」です。webブラウザのタイトルバーやタブ部分に表示されるページタイトルのことです。

タイトル要素だけは視覚化される

ブラウザのタブにタイトルが表示される

webページのコンテンツが記述されるbody要素

一方、body要素の中に入る情報のほとんどが、webブラウザ内に表示されて人間の目に触れます。webサイトのコンテンツは、すべてbody要素の中に記述します。代表的な要素には見出しを表すh1〜h6要素、段落を表すp要素、リストを表すul要素・ol要素・dl要素などがあり、これらはすべてbody要素の中にしか記述できません。

body要素の子要素（後述）として、さまざまな要素が記述され、一つのwebページができあがっていきます。

さらに、body要素の中に入る各要素のほとんどが、CSSによってレイアウトを調整したり、装飾を施すことができます。各要素についてはこのあとの各Lessonで詳しく解説します。

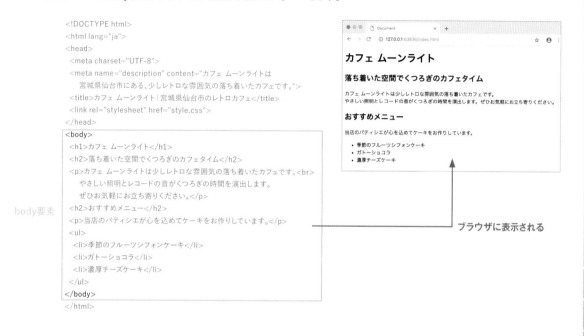

ブラウザに表示される

要素は入れ子で記述する

開始タグから終了タグまでの一連のセットである要素は、入れ子にして記述していきます。自身の要素から見て、すぐ内側に記述される要素を「子要素」と言います。HTML自体も大きな要素であり、その中には先述したとおりhead要素とbody要素があります。この2つはhtml要素の子要素、ということになります。HTML文書内では要素が何重にも入れ子になります。

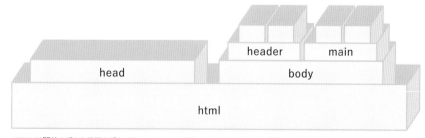

HTMLは開始タグから終了タグまでを1つのセットで扱い、さらにその中にタグのセットが記述される。
何重にも重なった箱のようなイメージ

2-5 head要素の中に入る要素

head要素の中身は、ほぼwebブラウザには表示されませんが、
webサイトの仕様をコンピューターが読み取る非常に大事な情報です。
head要素の中にはどのようなものが記述されるのか、
代表的な要素を見ていきましょう。

webページの仕様が記述されたmeta要素

メタデータとは「情報に関する情報」という意味です。少しややこしいですが、HTMLにおけるメタデータは、その文書に関するさまざまな情報を意味します。実際に記述する場合は、meta要素を使ってさまざまな指示を出したり、情報の提供を行います。

たとえば、「文字コードには○○を使って」や「このページの要約は○○」や「スマートフォンで見たときの表示を調整をして」などです。webサイトのhead要素には、こういったメタデータがたくさん指定されます。代表的なメタデータを紹介します。

文字コード

webページで扱われるテキストは、必ず何らかの文字コードが指定されています。文字コードは「文字符号化方式」といって、コンピューターが読み取る文字の種類や規格のようなものです。日本語の場合には、主に「UTF-8」「Shift_JIS」「EUC-JP」などがありますが、現在では特別な理由がない限りはUTF-8を採用します。meta要素の属性に **charset** を指定し、属性の値に文字コード名を記述します。

書 式	文字コードの指定方法

```
<meta charset="UTF-8">
```
charset属性　　　charset属性の値

文字コードの不一致で文字化けが起こる？

CHECK!

meta要素で指定した文字コードと、ファイルを保存する際の文字コードが一致していない場合、テキストが文字化けしてしまうことがあります。文字コードにUTF-8を指定した場合は、ファイルそのものの文字コードもUTF-8にしましょう。

指定と保存時の文字コードが異なると…

ページのコンテンツが文字化けして表示される

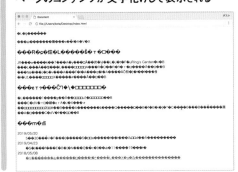

ページの概要を表すテキスト情報

webページにはさまざまな情報が記載されますが、その内容を端的にまとめたのがDescription（説明）です。その内容はどのように記述してもかまいませんが、「このページには、こういった内容が書かれています」といったような情報を記載しておくとよいでしょう。Googleの検索結果の表示にも利用されることがあります。そのページの内容が要約されている必要があります。しかし、Descriptionはム

リに指定しなくてもよい、という見解もあります。あくまで補足的なものとして考えましょう。

meta要素の属性に**name**を指定し、属性の値に**description**と記載します。さらに、content属性を追加し、属性の値に概要文を記述します。

書　式	ページ概要の指定方法

```
<meta name="description" content="ページの概要を表すテキスト情報">
```
name属性　　　name属性の値　　　content属性　　　　content属性の値

検索エンジンのクローラーの動きを制御する記述

GoogleやYahoo!などの検索エンジンではロボット「クローラー」がインターネット上を巡回しています。巡回して集めた情報はデータベースにインデックス（登録）され、検索結果の順位決めなどに使われます。その動きを制御できるmeta要素があります。

meta要素の属性にnameを指定し、属性の値にrobotsと記載します。content属性にはカンマ(,)区切りで複数

の指定を記述できます。一般的なwebページの場合はindexとfollowを記述します。indexとはクローラーにインデックスを許可する指定です。followはwebページ内にあるリンク先にアクセスを許可する指定です。反対に、検索結果に反映させたくないページを除外するのにも活用できます。

書　式	クローラー制御の記述方法

```
<meta name="robots" content="index, follow">
```
name属性　name属性の値　content属性　　content属性の値

スマートフォンに対応させる記述

webページをスマートフォンに対応させる場合、表示が最適になるよう記述をします。スマートフォンの画面サイズはメーカーや機種ごとにさまざまです。それぞれの端末ごとに適した表示になるような指定を行います。

meta要素の属性に**name**を指定し、属性の値に**viewport**と記載します。さらに、content属性を追加し、

属性の値に**width=device-width, initial-scale=1**を記述します。

なお、本書ではスマートフォン向けの作成解説は行っていませんが、この指定を記述しスマートフォン向けのCSSを書いていくことで、スマートフォン対応のwebサイトにすることができます。

書　式	マルチデバイス対応の記述方法

```
<meta name="viewport" content="width=device-width, initial-scale=1">
```
name属性　name属性の値　content属性　　　　　content属性の値

SNSと連携させる記述

FacebookやTwitterなどのSNSでwebページがシェアされた際、そのページのタイトルやURL、概要やアイキャッチ画像を指定したとおりに表示させる仕組があります。OGP（Open Graph Protocol）というもので、OGPが指定されていないページではSNS側でページ内の画像やテキストを自動でピックアップします。そのため意図しない画像やテキストが使われることがあります。近年のwebサイト運用にはSNSとの連携が必須なため、ページごとにOGPを指定することが多くなりました。

OGPに関する情報の記述方法は定型です。ひと通り入力しておくことにより、さまざまなSNSのシェアに対応できるようになります。

Facebookページでシェアする際、専用の画像やテキストがOGPにより用意されている

| 書 式 | **OGPの記述** |

```
<meta property="og:url" content="ページのURL">
```
property属性　property属性の値　content属性　　content属性の値

```
<meta property="og:title" content="ページのタイトル">
<meta property="og:description" content="ページの要約文">
<meta property="og:image" content="サムネイル画像のURL">
```

title要素でページのタイトルを指定する

webページにはそれぞれページごとにタイトルが存在します。head要素の中ではtitle要素を使ってページのタイトルを指定します。webブラウザのタイトルバーやタブ部分に表示されます。body要素の中で指定するタイトルとは別のものです。検索結果にも表示される重要な部分ですので、人間が見てもコンピューターが見ても、わかりやすく簡潔な表記で指定します。

| 書 式 | **title要素の書き方** |

```
<title>ページのタイトル</title>
```

タイトル要素は、webブラウザのタイトルバーやタブ部分に表示される

link要素で外部ファイルを参照する

link要素は記述するHTML文書と別の文書のリンク関係を指定します。link要素の用途は多くの場合、外部ファイルとして準備したCSSファイルを参照する際に利用します。rel属性の値にリンクタイプを指定することで、文書間の関係を設定します。さらに、href属性の値には、文書の置き場所（URL）を指定します。rel属性もlink要素に必須の属性です。

CSSファイルを参照する場合、rel属性に **stylesheet** を指定し、href属性にCSSのファイル名を指定します。

書 式	外部のCSSファイル参照の書き方

```
<link rel="stylesheet" href="ファイルの場所・ファイル名">
```
rel属性　　　rel属性の値　　　href属性　　　　　href属性の値

style要素でCSSを直接指定する

style要素はCSSの記述を直接、指定します。link要素で外部のCSSを参照した場合、ほかのページにも使い回すことができますが、style要素で指定した場合は記述したHTML文書にのみ適用されます。

書 式	style要素の書き方

スタイルシートの始まり
```
<style>
p { color: #ff0000; }
</style>
```
スタイルシートの終わり

script要素でスクリプトを書き込んだり、外部ファイルを参照する

script要素は、webページの中にJavaScriptを書き込んだり、外部のJavaScriptファイルを読み込んだりします。

プログラムを直接書き込む場合は、script要素の中に記述します。一方、外部のJavaScriptファイルを参照する場合には、src属性を指定し属性の値にスクリプトファイルのURLを指定します。この場合、内容は記述せずにscriptタグをすぐ閉じます。

直接書く場合

書 式	script要素の書き方

スクリプトの始まり
```
<script>
jQuery(document).ready(function()
{ });
</script>
```
スクリプトの終わり

スクリプトファイルにリンクさせる場合

書 式	外部のJavaScriptファイル参照の書き方

```
<script src="ファイルの場所・ファイル名"></script>
```
src属性　　　　　　src属性の値

2-6 webサイトを構成する ファイルの管理

webサイトはHTMLをはじめ画像やプログラムファイルなど、
さまざまなファイルで構成されています。そして、そのファイルを管理するために、
ファイル名やフォルダ名のつけ方、データの区分をきちんと行わなければ
なりません。web制作におけるファイルの扱い、命名ルールなどを見ていきましょう。

ファイルやフォルダの命名ルール

webサイトで扱うことのできるファイルには、HTMLのほか
にCSSやJavaScript、画像や動画、音声などさまざまな
ものがあります。そしてこれらのファイルはwebサイトの規
模によっては何十、何百もの数を扱うことになります。あ
らかじめ整理して管理することにより、のちのちの修正や

仕様変更にも柔軟に対応できるようになります。
webサイトは一度作ったら終わりではなく、内容を追加し
たり更新したりするものです。事前のファイル管理が大事
です。

webサイトを構成するファイルにはさまざまある

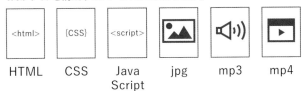

| HTML | CSS | Java Script | jpg | mp3 | mp4 |

半角英数字を使用する

webサイトを構成するデータを作る際には、すべ
てのファイル名に半角英数字を使用します。
webサイト用のデータは、コンピューターで作成
したあとにwebサーバーにアップロードします。
このwebサーバーは、全角文字や日本語のファ
イル名に対応していないことがほとんどです。
ページを表示することができなかったり、ファイ
ル破損のおそれもあるため、ファイル名やファイ
ルをまとめて格納したフォルダ名にも半角英数
字を使います。

ハイフンとアンダースコアも使える

使用できる文字の種類には「半角英数字」のほかに記号の「－（ハ
イフン）」と「＿（アンダースコア）」「．（ピリオド）」があります。全
角スペースや半角スペース、指定以外の記号は使用できません。
多くの場合は小文字を使います。大文字も利用可能ですが、大文
字小文字の取り違えや記述ミスに気をつけましょう。

○
半角英数の小文字
index.html
page.html
page01.html
20180401.html
ハイフン
記号の　－
page-01.html
アンダースコア
記号の　＿
page_01.html
ピリオド
記号の　．
jquery-3.5.1.min.js

△
大文字
INDEX.html

✕
全角英数
ｉｎｄｅｘ.html
日本語
インデックス.html
指定以外の記号
page#01.html
page*01.html
2018/04/01.html
全角・半角スペース
top　page.html
全角
top page.html
半角

ファイルは種類ごとに格納する

ファイルにはさまざまな種類がありますが、それらを一緒くたに扱ってしまうと、管理が大変です。ファイルの種類ごとにディレクトリ構造で分けて管理しましょう。ディレクトリとはコンピューターの階層構造のことで、Windowsやmacesで扱う「フォルダ」管理と同じようなものです。ディレクトリ名は先述のファイル名のルールさえ守れば、どのような名前をつけてもかまいません。慣例的に、画像の場合は「images」や「img」、CSSファイルであれば「css」といったようにそのものの名称（や略称）をディレクトリ名にすることがほとんどです。

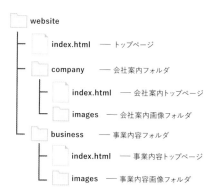

サイトマップを作ってwebページのファイル名を決める

webサイトを制作する際には、「サイトマップ」と呼ばれる全体の設計図を作成します。場当たり的に作るのではなく、きちんと計画を立ててサイトを作成するためです。その際、ページの数だけHTMLファイルを作ることになります。複数のページを作成する際のネーミングルールには、2つのアプローチがあります。

ディレクトリをページ名にする

「トップページ」「会社案内」「事業内容」「IR情報」「採用情報」といった、一般的な企業サイトのページ構成を例にします。トップページは「index.html」として最初の階層に作成します。会社案内は「company」というフォルダを作成し、その中に「index.html」として作成します。そうすることで、ページごとに個別のディレクトリで管理できるようになるため、それぞれのディレクトリに「images」フォルダを作って画像を管理するといったことができるようになります。

HTMLファイルをページ名にする

一方、ページ数の少ないwebサイトや、ランディングページのような1ページにコンテンツが集約されたものの場合、ディレクトリはこまかく分類せずに、一つのディレクトリでまとめて管理する場合があります。その場合は、トップページが「index.html」として、会社案内は「company.html」、事業内容は「business.html」といったように扱います。ただし、画像やCSSファイルなどの性質が異なるものは、ディレクトリを分けて管理しましょう。

ディレクトリ構造については、これが正解というものはありませんが、作成するwebサイトの規模、（複数人での）サイト管理体制、今後の更新計画などをふまえたうえで決定します。

ランディングページとは？

COLUMN

広義で「着地ページ」という意味のランディングページですが、検索エンジンなどを経由して最初に訪れたページのことを指します。しかし、webの現場ではもう一つの意味があります。1種類の商品やサービスを売るための、内容が凝縮された1枚の長いwebページです。有料広告を経由してアクセスされることが多いものです。

2-7 HTMLファイルを作成して保存する

エディタの Visual Studio Code を使って、
実際に HTML ファイルを作成してみましょう。

Visual Studio Code の起動から Chrome のプレビューまで

1 Visual Studio Code を起動して、[ファイル] メニューから [新規ファイル] を選びましょう。Visual Studio Code で扱うファイルは単体のウィンドウではなく、アプリケーションのフレーム内で 1 つだけ表示される仕様です（分割表示を利用すると、2 つのファイルを表示させることが可能。P.028）。

2 HTMLファイルとして扱うには、ファイル名に「.html」と拡張子をつけて保存します。先述のとおり、ファイル名は自由につけられますが、多くの場合「index.html」とするのが慣例です。保存場所も自由ですが、ファイルを管理する必要があるため、わかりやすくかつ整理しやすい状態を心がけましょう。本書の例ではmacOSを使っています。保存場所は「ユーザー」フォルダに「webdesign」フォルダをあらかじめ作成し、その中に保存しました。

3 ファイルにHTMLの基本となるコードを入力していきましょう。HTMLはプログラム言語のため、コードやスペース部分を全角文字で入力してしまうと、うまく動作しません。また、スペルミスにも気をつけましょう。

```
<!DOCTYPE html>
<html lang="ja">
<head>
    <meta charset="UTF-8">
    <title>テスト</title>
</head>
<body>
</body>
</html>
```

4　コードを入力したら上書き保存をしましょう。[ファイル]メニューから[保存]を選びます。

5　Visual Studio CodeではHTMLファイルをリアルタイムでプレビューするためには、フォルダごと開く必要があります。画面左上の書類アイコンをクリックし、[フォルダーを開く]をクリックします。index.htmlの保存場所である「webdesign」フォルダを開きます。

編集したファイルは閉じよう

CHECK!

Visual Studio Codeでは、以前に編集したファイルがそのまま開かれている場合があります。たくさんのファイルを開いていると、自分がどのファイルを編集しているのかがわからなくなってしまいます。慣れないうちは整理整頓のつもりで、編集しないファイルは閉じておきましょう。[ファイル]メニューから[エディターを閉じる]でファイルを閉じることができます。

6　サイドバーに指定したフォルダの中身が表示されました。右下の[Go Live]をクリックして、記述したファイルを確認します。ブラウザのChromeが起動して記述したHTMLの内容を表示します。ここではまだbody要素が空のため、ブラウザには何も表示されません。

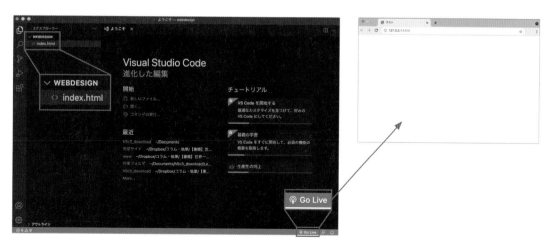

2-8 webサイトの全体像を見てみる

これから学習するHTMLやCSSは、すべてのwebサイトで使われています。
一つひとつのテクニックを学習するわけですが、その集大成がwebページとなります。
最終的な目標は「webページを作ること」ですが、実際の作業は
「webページを構成するためのパーツを作って組み合わせていくこと」がwebデザイナーの仕事です。

webサイトができるまで

webサイトはwebページの集合体

webサイトを作る、とひとことで言っても、その手法や作成手法はさまざまです。webページを作るには、PhotoshopやIllustratorなどのグラフィックアプリケーションで素材を作ったり、HTMLやCSSを書いたり、そもそもコンテンツの設計をするなど、やるべきことが多岐にわたります。これらを計画的に順序立てて行うことにより、はじめてきちんとしたwebページができあがるのです。こうしたページの集合体がwebサイトです。

設計からデザインまで

webサイトは、よく建築に例えられます。家を建てるには、まず設計図を作り全体の構造や部屋の配置を決定します。そうして基礎からできあがった間取りに対して、床や壁紙を貼ったり、設備を配置して完成していきます。webサイトにもまったく同じことが言えます。サイト全体のページや基本のレイアウトを設計し、その型に対して内容を入れ込んでいきます。
こういった事前準備を含めた設計からデザインに至るまで、実に多くの決めごとやステップを踏んで、webサイトはできあがっていきます。

webサイト制作のフロー

全体の構成を設計する（アーキテクト・ディレクター）

ディレクターなどが設計業務を行う。場当たりに作るのではなく、HTMLの仕様や対応するブラウザ、端末など、きちんと全体像を描いてから制作にのぞむ。そのほか、更新するシステムや利用するサーバーなども決定する

必要なページを考える（ディレクター）

環境面を含めた構成ができあがったら、そのwebサイトに必要なページなどを考える

文章や写真などの素材を準備する（ディレクター）

掲載に利用する文字原稿や写真はあらかじめ用意しておく。最初に用意できない場合は、「アタリ」という仮のダミーテキストや写真で代用し、最終的に差し替えを行う

ラフ画やモックアップ（試作）を作る（デザイナー）

デザインの方向性を決めるため、最初から完全なものを作らずに、途中段階までの試作を作る。「やっぱり違った」「思ったようにできない」など、不要なやり直しが出ないように、制作者と依頼者などですり合わせを行う

デザインを決定する（デザイナー）

Photoshop、Illustrator、XDといったグラフィックソフトを用いて、全体的なデザインを決定する

画像素材を作る（デザイナー）

デザインデータから、使用する画像素材をパーツで切り出したり、訴求するためのメインビジュアル、ヒーローイメージ、バナーといった画像素材を作成する

HTMLでコーディングする（コーダー・フロントエンドエンジニア）

テキストエディタやweb制作総合開発ソフトを使って、マークアップしていく。デザインデータを元に正しいHTMLを記述していく

CSSでスタイリングする（コーダー・フロントエンドエンジニア）

書き上がったHTMLに対して、レイアウトや装飾を加えていく。デザインデータがある場合、そのデザインを忠実に再現していく

JavaScriptで動きをつける（コーダー・フロントエンドエンジニア）

スクロールに追随するパーツや、マウスポインタを乗せたり、クリック（スマートフォンではタップ）したときに、アニメーションや開閉などのギミックをつける

サーバーにアップロードする

できあがったHTML・CSS・画像・JavaScriptなどのファイルを、サーバーにアップロードする。最終的な動作確認をして、公開

webページは、文書構造の集合体

webサイトの基礎的な設計ができたなら、次はHTMLやCSSで実際のページを作り上げていきます。普段何気なく活用しているwebサイトですが、改めて制作者の目線で見てみると、いろいろなことがわかります。

当たり前すぎて意識していませんが、webページにはタイトルをはじめ、ナビゲーションの機能や画像、商品の説明や広告などさまざまな情報で構成されています。

こういった個々の情報が一つひとつ組み合わさり、集合体としてwebページができあがるのです。個々の情報は、その情報の性質と合致したタグでマークアップされます。webページ内にあるすべての情報は、必ず何かしらのタグがつけられています。

「その情報に対してどのタグを付与するか」を正しく判断するのが、きちんとしたwebページを作るための第一歩です。

ページ内の情報はタグで意味づけられている

タグの種類や、デザインの適用方法については、このあとのレッスンで詳しく解説していきます。ここでは、webページにはどのようなタグが使われているのかをざっくり見てみましょう。どのような種類のタグが使われているのかがわかります。

051

Lesson 02 練習問題

Q1 基礎の理解

下記文章で、空欄【❶】〜【❹】に当てはまる記述を答えてください。

> webサイトのページを作成するのに使われる言語が〖 ❶ 〗です。インターネットにおける技術の標準化団体「W3C」によって、1997年に策定されました。
>
> 〖 ❶ 〗文書内のテキストに対してタグ（目印）をつけていくことを〖 ❷ 〗と言います。
>
> 〖 ❶ 〗では、webページの中身が「〖 ❸ 〗要素」と「〖 ❹ 〗要素」の2つに大別されます。
> 〖 ❸ 〗要素の中に入るのは、ほとんどがコンピューターが読み取るための情報です。〖 ❹ 〗要素の中に入る情報のほとんどが、webブラウザに表示され人間の目に触れます。webサイトのコンテンツは、すべて〖 ❹ 〗要素の中に記述します。

Q2 タグと要素

下記は、webページのソースコードです。【❶】〜【❸】に当てはまる記述を答えてください。【❸】には段落を表すタグが入ります。

```
<!DOCTYPE html>
<html lang="ja">

<head>
    <meta charset="〖 ❶ 〗">
    <meta name="〖 ❷ 〗" content="仙台を
拠点に、自社所有物件賃貸を長年行っています。
迅速な対応・快適な住環境をご提供することを心
がけています。">
    <title>サンプル商事｜宮城県仙台市</
title>
    <link rel="stylesheet"
href="style.css">
</head>

<body>
< 〖 ❸ 〗>サンプル商事は仙台を拠点に、自社所有物
件賃貸を長年行っています。迅速な対応・快適な住環境
をご提供することを心がけています。物件をお探しの
方、仲介の会社様もお気軽にお問い合わせください。
</ 〖 ❸ 〗 >
</body>

</html>
```

Q3 ファイル名とディレクトリ構造

❶ A〜Eはwebページのファイル名です。この中で使用できないファイル名を1つだけ選んでください。

A. page.html
B. page01.html
C. page-01.html
D. 2022/01/01.html
E. 20220101.html

❷ 下記の文章で、空欄【 】に当てはまる記述を答えてください。

> 〖 〗とはコンピューターの階層構造のことです。webサイトで使用するファイルを種類ごとに分けて管理しましょう。〖 〗の名前は、画像の場合は「images」や「img」、CSSファイルであれば「css」といったようにそのものの名称にすることがほとんどです。

Q1：❶ HTML　❷ マークアップ　❸ head
　　❹ body
Q2：❶ UTF-8　❷ description　❸ p
Q3：❶ D（2022/01/01.html）
　　❷ ディレクトリ（またはディレクトリ構造）

画像表示とリンclarkを
マークアップしよう

An easy-to-understand guide to HTML & CSS

Lesson 03

世の中のほとんどのwebサイトでは画像を使用しています。
文字だけではなく画像を使うことによって、情報が伝わりや
すくなります。また、リンクはwebページ同士をつなげる役
割を果たします。どちらもなくてはならない大事な要素です。
画像とリンクについて、しっかり学んでいきましょう。

3-1 画像を表示する

webページに掲載できる情報は、テキストだけではありません。
テキストだけでは表現しきれない内容や、感覚的に伝えたい情報などを
webページに掲載したい場合には、画像を使用するのが効果的です。
多くのwebサイトでは、テキストの補足情報として画像が使用されています。

画像を挿入する「img要素」

画像を挿入するには「img要素」を使用します。img要素は、src属性とalt属性を
セットで記述します。src属性は、画像ファイルが置いてある場所とファイル名を指
定します。alt属性は、画像の説明を記述します。

書 式	img要素の書き方

```
<img src="画像の場所・ファイル名" alt="画像の説明">
```
src属性　　　　src属性の値　　　　alt属性　　alt属性の値

img要素は内容を持たない空要素

img要素は終了タグがなく、内容を持ちません。たと
えば、h1要素だと開始タグ **<h1>** と終了タグ **</
h1>** のあいだに内容（テキストや画像）が入ります
が、img要素は **<img>** というタグ単体です。このよ
うに、内容を持たない要素を「空要素」と言います。

	開始タグ	内容	終了タグ
h1要素の場合	**<h1>**	見出しの文言	**</h1>**

	タグ
img要素の場合	**<img>**

STEP 01　画像をマークアップする

Lesson 03 ▶ 3-1 ▶ 3-1-1

実際にwebページに画像を表示させてみましょう。今回は猫の
画像を表示させます。学習用に用意されたHTMLファイルに
img要素を記述していきます。

1　[3-1-1] フォルダ内には [images] フォルダがあり、その中
に画像ファイル「ring.jpg」が入っています。

画像ファイル「ring.jpg」

2 [3-1-1] フォルダのHTMLファイル「3-1-1.html」をエディタで開きます。

3 `<body>`〜`</body>`のあいだに、以下を記述しましょう。

```
<body>
<img src="images/ring.jpg" alt=
"りんちゃん">
</body>
```

```
1  <!DOCTYPE html>
2  <html lang="ja">
3  <head>
4      <meta charset="UTF-8">
5      <title>画像を挿入する</title>
6  </head>
7  <body>
8  <img src="images/ring.jpg" alt="りんちゃん">
9  </body>
10 </html>
```

4 「images」フォルダに置かれた画像「ring.jpg」がブラウザで表示されました。

img 要素の属性

img 要素の属性について、詳しく見ていきましょう。まずは基本の2つの属性から解説していきます。

画像ファイルを指定する「src 属性」

表示する画像が保存されている場所とファイル名を指定します。この属性は必ず記述します。画像ファイルの場所とファイル名を示す文字列（パス）を記述することで、画像ファイルを呼び出すことができます。

COLUMN

パスとは？

ファイルの場所とファイル名を示す文字列を「パス」と言います。src 属性の値として記述する文字列もパスです。「/（スラッシュ）」を入れることで、フォルダの区切りを表します。たとえば「images/ring.jpg」というパスは、「images」という名前のフォルダに入っている画像「ring.jpg」を示します。パスについてはP.067から詳しく解説します。

画像をテキストで説明する「alt属性」

表示する画像の代わりになる言葉や説明文を指定します。何らかの理由によって画像が表示されないときに代わりのテキストとして表示されたり、音声読み上げ機能のあるブラウザでは画像の内容を音声で説明します。表示されたり読み上げられたりする文章を「代替（だいたい）テキスト」と言います。

STEP 02　画像の代わりの文字を表示する

 Lesson 03 ▶ 3-1 ▶ 3-1-2

alt属性を設定した場合と設定しなかった場合の違いを実際に体験してみましょう。

1 [3-1-2]フォルダのHTMLファイル「3-1-2.html」をエディタで開き、画像ファイルの場所の指定が間違っている状態を作ります。**`<body>`～`</body>`**のあいだに、以下のように記述します。

```
<body>
<img src="ring.jpg">
</body>
```

2 ブラウザで表示してみましょう。画像ファイルの場所の指定が間違っているため、何も表示されません。どんな画像を表示させたかったのかが、まったくわからない状態です。

3 **`<img src="ring.jpg">`**を、以下のとおりに書き変えてみましょう。

```
<body>
<img src="ring.jpg" alt="りんちゃん">
</body>
```

4 画像は表示されませんが、alt属性に設定した「りんちゃん」というテキストが代わりに表示されます。

COLUMN

代替テキストがないと検索エンジンは画像を理解できない

Googleなどの検索エンジンは、画像の見た目ではなくalt属性を読み取ることによって、何の画像が掲載されているかを理解しています。alt属性には画像の内容を書くようにしましょう。

たとえば、東京タワーの写真ならalt属性は「写真」ではなく「東京タワー」と書きます。夕日に照らされた東京タワーの場合は「東京タワーと夕日」のように具体的に書きましょう。しかし、「10月15日のよく晴れた日に、世界貿易センタービルから見た東京タワーと夕日」のように情報を詰め過ぎると、何を伝えたいのかわかりにくくなってしまいます。検索エンジンに伝わりやすいよう、簡潔にまとめましょう。

また「株式会社サンプル」という社名のロゴタイプの画像なら、alt属性は「ロゴタイプ」ではなく「株式会社サンプル」と記述します。

画像のサイズを指定するwidth属性・height属性

width属性は画像の横幅を指定し、height属性は画像の高さを指定します。属性の値には数字だけを記述します。単位は省略されますが、実際には「px」（P.155参照）と同様の表示サイズで指定されます。
実際の画像の大きさではない数値を指定することもできますが、元画像のサイズよりも大きい数値や縦横比率が異なる数値を入れると、画像は粗く表示されたり、ゆがんで表示されてしまいます。
また、width属性かheight属性どちらかの数値だけを記述した場合は、数値を記述しない属性は縦横比率を保ったなりゆきのサイズになります。

STEP 03 画像のサイズを指定する

 Lesson 03 ▶ 3-1 ▶ 3-1-3

先ほど記述したimgタグに、width属性とheight属性を設定してみましょう。

1 ［3-1-3］フォルダのHTMLファイル「3-1-3.html」をエディタで開き、width属性とheight属性を実際の画像サイズの数値に設定します。**\<body\>～\</body\>**のあいだを下記のように記述しましょう。

```
<body>
<img src="images/ring.jpg" alt="りんちゃん" width="640" height="420">
</body>
```

```
1   <!DOCTYPE html>
2   <html lang="ja">
3   <head>
4       <meta charset="UTF-8">
5       <title>画像を挿入する</title>
6   </head>
7   <body>
8   <img src="images/ring.jpg" alt="りんちゃん" width="640" height="420">
9   </body>
10  </html>
```

2 画像が拡大や縮小されずに元の大きさのまま表示されます。

3 今度は、width属性とheight属性に縦横比率が異なる数値を設定してみます。**\<body\>**
〜 **\</body\>** のあいだを下記のように書き変えます。

```
<body>
<img src="images/ring.jpg" alt="りんちゃん" width="500" height="500">
</body>
```

```
7     <body>
8     <img src="images/ring.jpg" alt="りんちゃん" width="500" height="500">
9     </body>
10    </html>
```

4 ブラウザで表示してみると、画像がゆがんでしまいました。このように正しく画像が表示されないため、縦横比率が異なる数値の指定は行わないようにしましょう。

5 最後に、width属性にだけ数値を設定してみましょう。
img要素のheight属性の記述を削除します。

```
<body>
<img src="images/ring.jpg" alt="りんちゃん" width="500" height="500">
</body>
```

```
7     <body>
8     <img src="images/ring.jpg" alt="りんちゃん" width="500">
9     </body>
10    </html>
```

6 幅が500px、高さがなりゆきのサイズで画像が表示されます。縦横比率は正しく表示されています。

3-2 リンクを設定する

「リンク」とは英語で、つなぐ・関連させるという意味の言葉です。
webにおいても根本的な意味は同じで、webページ同士をつなげたり、
ファイルを参照することを指します。簡単な記述ですが、
webやHTMLの仕組みを象徴する奥が深い要素です。しっかりと理解していきましょう。

ページやファイルをつなげる「a要素」

webページでは、指定された範囲をクリックする
ことでwebページやファイルを参照する仕組み
があります。この仕組みを「ハイパーリンク」と呼
びます。ハイパーリンク(リンク)を設定することを
「リンクをつなげる」や「リンクを張る」と言います。

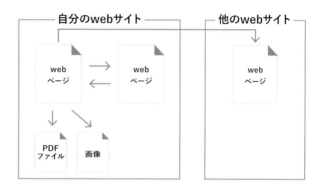

リンクをつなげるにはa要素を使用します。「アンカータグ」
とも呼ばれます。aタグにはhref属性を記述し、属性値に
はwebページやファイルの場所や名前を指定します。a
要素の開始タグと終了タグのあいだには、テキストを記述
したり、画像を挿入します。

リンクが設定されたテキスト

書 式	**a要素の書き方**

```
<a href="リンク先のパスやファイル名・URL">テキストや画像</a>
```
　　href属性　　　　　　　　href属性の値

STEP 01 リンク設定をマークアップする

Lesson 03 ▶ 3-2 ▶ 3-2-1

リンクを記述するHTMLファイルと同じフォルダに格納さ
れているHTMLファイルにリンクを張って、リンク表示とク
リック後の挙動を確認してみましょう。

1 [3-2-1]フォルダのHTMLファイル「index.html」を
エディタで開きます。

2 **`<body>`〜`</body>`** のあいだに、以下を記述しましょう。

```
<body>
<a href="gallery.html">作品紹介</a>
</body>
```

```
7   <body>
8   <a href="gallery.html">作品紹介</a>
9   </body>
10  </html>
```

3 ブラウザに表示された「作品紹介」をクリックしてみてください。リンク先のページが表示されます。

STEP 02　a要素の属性を確認する

Lesson 03 ▶ 3-2 ▶ 3-2-2

a要素につく属性について、詳しく見ていきましょう。

ページやファイルを指定するhref属性

href属性の値には、リンク先となるページやファイル名を指定します。この属性は必ず記述します。ローカル環境にあるwebページを参照するには、ファイルまでのパスを指定します。インターネット上にあるwebページを表示させる場合はURL（絶対パス）を記述します（絶対パスについてはP.073参照）。

表示方法を指定するtarget属性

リンクをクリックしたとき、リンク先を表示させるブラウザウィンドウの開き方を指定します。必須の属性ではありません。target属性を設定した場合と設定しなかった場合の違いを実際に体験してみましょう。

1 ［3-2-2］フォルダのHTMLファイル「3-2-2.html」をエディタで開き、**`<body>`〜`</body>`** のあいだに以下を記述します。

```
<body>
<a href="https://gihyo.jp/">技術評論社</a>
</body>
```

```
1   <!DOCTYPE html>
2   <html lang="ja">
3   <head>
4     <meta charset="UTF-8">
5     <title>リンクをつなげる</title>
6   </head>
7   <body>
8   <a href="https://gihyo.jp/">技術評論社</a>
9   </body>
10  </html>
```

2 リンクをクリックしてみてください。ウィンドウの表示が
リンク先のページに切り替わります。

3 `<a href="https://gihyo.jp/">` 技術評論社 `</a>` を、以下に書き変えて
みましょう。見た目の変化はありませんが、target属性に「`_blank`」を指定することで新
しいウィンドウ（またはタブ）でリンク先のページを表示します。

```
<body>
<a href="https://gihyo.jp/" target="_blank">技術評論社</a>
</body>
```

4 リンクをクリックしてみてください。新しいタブ（または
ウィンドウ）でページが表示されます。

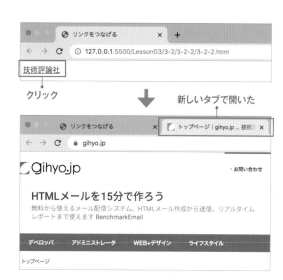

CHECK!

外部リンクは別ウィンドウで開く
指定にすることが多い

自分のwebページ以外へのリンクのことを「外部リン
ク」と呼びます。自分のwebページで外部リンクを
記述する場合、別ウィンドウ（またはタブ）で開くよう
に指定することが多いです。これには自分のwebサイ
トに留まってほしいという意図があります。外部リンク
を別ウィンドウで開くと、自分のwebページは元々見
ていたウィンドウで開いたままになるためです。

画像表示とリンクをマークアップしよう　Lesson 03 04 05 06 07 08 09 10 11 12 13 14 15

STEP 03　画像にリンクを設定する

Lesson 03 ▶ 3-2 ▶ 3-2-3

img要素をaタグで囲むことによって、画像からリンクをつなげられます。

1　[3-2-3] フォルダには [images] フォルダがあり、その中に「flower.jpg」が入っています。

画像ファイル「flower.jpg」

2　[3-2-3] フォルダのHTMLファイル「index.html」をエディタで開き、
<body>〜**</body>**のあいだに以下を記述しましょう。

```
<body>
<a href="gallery.html"><img src="images/flower.jpg" alt="フラワーアレンジメント"></a>
</body>
```

3　画像をクリックしてみてください。リンク先のページが表示されます。

→ クリック

CHECK!

Visual Studio Codeの
プレビュー機能が
うまく動作しないときは

Visual Studio Codeのプレビュー機能がうまく動作しないときは、フォルダーを開き直してみましょう。Visual Studio Codeのメニューから [ファイル] > [保存] の順にクリックして保存し、[ファイル] > 「フォルダーを閉じる」でフォルダを閉じます。その後に、[ファイル] > [開く]からフォルダーを開いてみてください。

STEP **04**　複数の要素にまとめてリンクを設定する　Lesson 03 ▶ 3-2 ▶ 3-2-4

複数の要素全体の範囲にリンクを設定したい場合は、div要素などで囲み、その外
側にリンクをつけます。ここでは画像と見出し、段落の要素すべてに一括でリンクを
設定してみましょう。

1 [3-2-4] フォルダのHTMLファ
イル「index.html」をエディタで
開き、ブラウザで表示します。

作品紹介

教室作品例をご紹介します。

2 複数の要素をまとめるため、まずはdiv要素でimg要素、h3要素、p要素を囲みます。

```
<body>
<div>
    <img src="images/flower.jpg" alt="フラワーアレンジメント">
    <h3>作品紹介</h3>
    <p>教室作品例をご紹介します。</p>
</div>
</body>
```

```
 7  <body>
 8  <div>
 9      <img src="images/flower.jpg" alt="フラワーアレンジメント">
10      <h3>作品紹介</h3>
11      <p>教室作品例をご紹介します。</p>
12  </div>
13  </body>
```

3 div要素全体にリンクを設定します。div要素の外側をaタグで囲みましょう。

```
<body>
<a href="gallery.html">
    <div>
        <img src="images/flower.jpg" alt="フラワーアレンジメント">
        <h3>作品紹介</h3>
        <p>教室作品例をご紹介します。</p>
    </div>
</a>
</body>
```

```
 7    <body>
 8    <a href="gallery.html">
 9      <div>
 10         <img src="images/flower.jpg" alt="フラワーアレンジメント">
 11         <h3>作品紹介</h3>
 12         <p>教室作品例をご紹介します。</p>
 13      </div>
```

4 画像もしくはテキスト部分をクリックしてみてください。
リンク先のページが表示されます。

画像かテキストを
クリック

さまざまなリンクの指定方法

href属性に指定の語句とメールアドレスを記述すると、クリック時にメールソフトが
起動します。指定の語句には電話をかけるための記述も存在します。スマートフォン
でリンクをタップした際に電話発信の挙動になります。

書　式	メールアドレス、電話番号へのリンクの書き方

```
<a href="mailto:info@sample.com">テキストや画像</a>
              メールアドレス
<a href="tel:0301234567">テキストや画像</a>
           電話番号
```

メールアドレスのリンクは「**mailto:**」に続けてメールアドレスを記述します。同様
に電話番号は「**tel:**」に続けて電話番号を記述します。電話番号はハイフンを途
中に挟まず、数字を連続で記述してください。

STEP 05　メールアドレスへリンクを張る

Lesson 03 ▶ 3-2 ▶ 3-2-5

1 [3-2-5] フォルダのHTMLファイル「3-2-5.html」をエディタで開き、**<body>**〜**</body>** のあいだに以下を記述しましょう。メールアドレスは任意のものでもかまいません。

```
<body>
<a href="mailto:info@sample.com">メールを送る</a>
</body>
```

```
1  <!DOCTYPE html>
2  <html lang="ja">
3  <head>
4    <meta charset="UTF-8">
5    <title>メールアドレス</title>
6  </head>
7  <body>
8  <a href="mailto:info@sample.com">メールを送る</a>
9  </body>
10 </html>
```

2 リンクをクリックしてみてください。メールソフトが起動し、宛先に指定したメールアドレス
が宛先欄に入った状態で新規メールが作成されます。

STEP 06　電話番号へリンクを張る

Lesson 03 ▶ 3-2 ▶ 3-2-6

1　[3-2-6] フォルダのHTMLファイル「3-2-6.html」をエディタで開き、**\<body>～\</body>** のあいだに以下を記述しましょう。電話番号は任意のものでもかまいません。

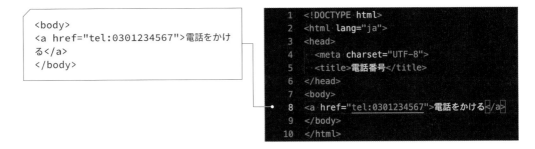

```
<body>
<a href="tel:0301234567">電話をかける</a>
</body>
```

```
1  <!DOCTYPE html>
2  <html lang="ja">
3  <head>
4    <meta charset="UTF-8">
5    <title>電話番号</title>
6  </head>
7  <body>
8  <a href="tel:0301234567">電話をかける</a>
9  </body>
10 </html>
```

2　パソコンのブラウザで閲覧している状態では、クリックしても電話はかかりませんが、スマートフォンでタップすると電話がかかります。

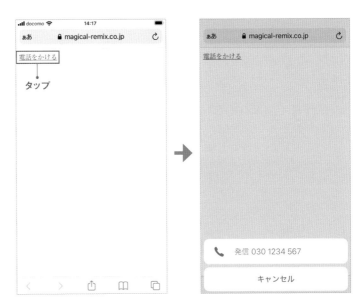

CHECK!

スマートフォンでは電話番号テキストは自動でリンクになる

単にテキストだけの電話番号の表記はリンクを指定しなくても、たいていのスマートフォンではタップすると電話をかけることができます。
href属性の値に「**tel:**」を指定する方法は、画像やボタン、特定の文字からリンクさせたいときに活用できます。

3-3 パスを指定する

画像で使うsrc属性、リンクで使うhref属性の値には、
webページやファイルなどの場所を指定します。指定方法には2種類あります。
リンクを設定するwebページを基準にして指定する「相対パス」と、URLで指定する「絶対パス」です。
少し複雑ですが、実際に手を動かしながら覚えていきましょう。

相対パスによるリンク先の指定

リンクを設定するwebページを基準にして、目的のファイルがどの場所にあるかを指定する方法を、「相対パス」と呼びます。

たとえばあなたはマンションに住んでいて、右隣の部屋には佐藤さんが住んでいたとします。佐藤さんの住まいの場所を聞かれたとき、「佐藤さんは私と同じマンションに住んでいて、部屋は右隣だ」と答えるのは、あなた自身を基準にした説明です。相対パスはこの考え方と同じで、パスを書き込むwebページを基準として、目的のファイルの場所を記述します。同じwebサイト内のページへリンクを張るときは、この方法を使います。

ディレクトリ構造とは

相対パスを記述する前に「ディレクトリ構造（ツリー構造）」を理解しましょう。ディレクトリ構造とは、パソコンのフォルダのように階層に分かれ、親子関係を持っている構造のことです。図に表すと枝分かれして構造が広がっていることがわかります。下図はこのあとの学習でも参照します。

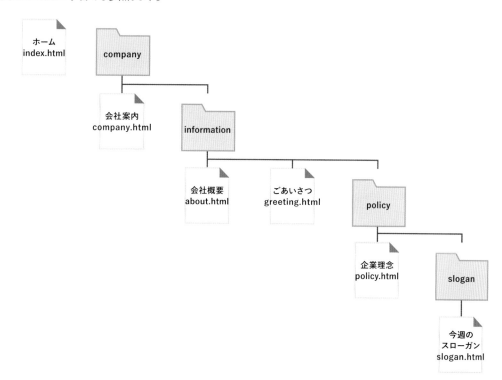

067

相対パスは、href属性またはsrc属性の値にファイル名とフォルダ名と「/」と「..」を組み合わせて指定します。「/」はディレクトリ（階層）、「../」で1つ上のディレクトリという意味を持ちます。同じフォルダにリンクしたいファイルが存在する場合はファイル名だけを記述します。1つ上のディレクトリのファイルの場合は、「../ファイル名」と記述します。

書 式　相対パスの書き方

```
<a href="ファイル名.html">テキストや画像</a>
        同じディレクトリにある場合
<a href="../ファイル名.html">テキストや画像</a>
        1つ上のディレクトリにある場合
<a href="フォルダ名/ファイル名.html">テキストや画像</a>
        同じディレクトリ内の別フォルダの中にある場合
<img src="ファイル名.jpg">
        同じディレクトリにある場合
<img src="../ファイル名.jpg">
        1つ上のディレクトリにある場合
<img src="フォルダ名/ファイル名.jpg">
        同じディレクトリ内の別フォルダの中にある場合
```

STEP 01　相対パスでリンク先を指定する

Lesson 03 ▶ 3-3 ▶ 3-3-1

リンクを設定するwebページと同じディレクトリのファイルにリンク

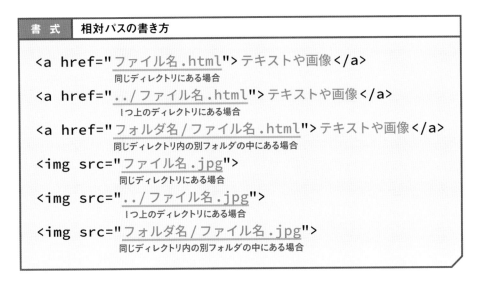

1　[3-3-1] ▶ [company] ▶ [information] フォルダのHTMLファイル「about.html」をエディタで開きます。

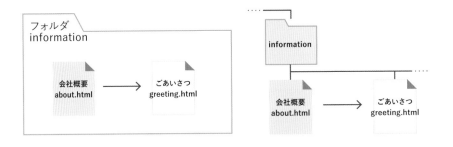

2 同じディレクトリの場合はファイル名のみを記述します。**`<body>`**〜**`</body>`** のあいだに、以下を記述しましょう。

```
<body>
<a href="greeting.html">ごあいさつ</a>
</body>
```

3 リンク文字の「ごあいさつ」をクリックしてみてください。同じディレクトリにあるリンク先ページが表示されます。

1つ上のディレクトリにあるファイルにリンク

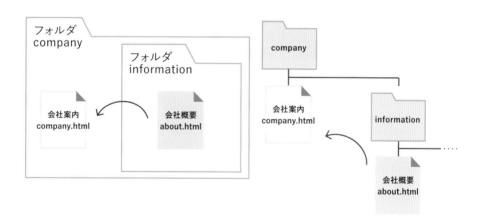

1 1つ上のディレクトリへのリンクは「**`../`**」に続けてファイル名を記述します。「ごあいさつ」を記述した前の行に、以下を記述しましょう。

```
<body>
<a href="../company.html">会社案内</a>
<a href="greeting.html">ごあいさつ</a>
</body>
```

2 リンク文字の「会社案内」をクリックしてみてください。
リンク先のページが表示されます。

2つ上のディレクトリにあるファイルにリンク

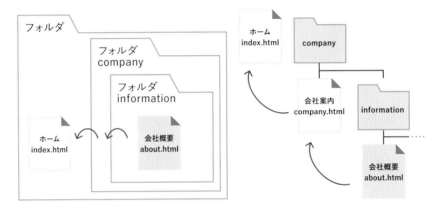

1 ディレクトリの差の分だけ「../」を記述し、最後に
ファイル名を記述します。「会社案内」を記述した前
の行に、以下を記述しましょう。

```
<body>
<a href="../../index.html">ホーム</a>
<a href="../company.html">会社案内</a>
<a href="greeting.html">ごあいさつ</a>
</body>
```

```
1  <!DOCTYPE html>
2  <html lang="ja">
3  <head>
4      <meta charset="UTF-8">
5      <title>会社概要</title>
6  </head>
7  <body>
8  <a href="../../index.html">ホーム</a>
9  <a href="../company.html">会社案内</a>
10 <a href="greeting.html">ごあいさつ</a>
11 </body>
12 </html>
```

2 リンク文字の「ホーム」をクリックしてみてください。リ
ンク先のページが表示されます。

同じディレクトリのフォルダ内にあるファイルにリンク

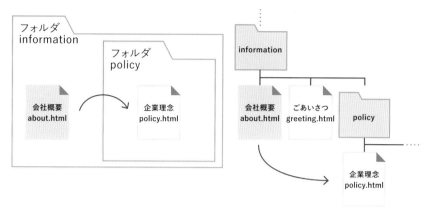

1 フォルダ名の後ろに「**/**」を入れ、ファイル名を記述します。「ごあいさつ」を記述した次の行に、以下を記述しましょう。

```
<body>
<a href="../../index.html">ホーム</a>
<a href="../company.html">会社案内</a>
<a href="greeting.html">ごあいさつ</a>
<a href="policy/policy.html">企業理念</a>
</body>
```

```
1  <!DOCTYPE html>
2  <html lang="ja">
3  <head>
4      <meta charset="UTF-8">
5      <title>会社概要</title>
6  </head>
7  <body>
8  <a href="../../index.html">ホーム</a>
9  <a href="../company.html">会社案内</a>
10 <a href="greeting.html">ごあいさつ</a>
11 <a href="policy/policy.html">企業理念</a>
12 </body>
13 </html>
```

2 リンク文字の「企業理念」をクリックしてみてください。リンク先のページが表示されます。

クリック

企業理念

このページは企業理念です。

2つ下のディレクトリにあるファイルにリンク

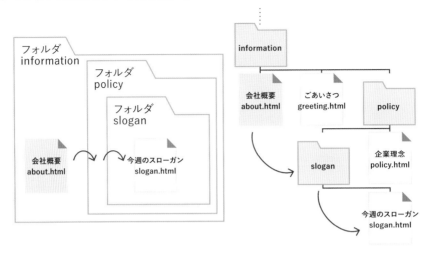

1 1つ下の場合（前ページ）と同様に、フォルダ名の後ろに「/」を入れ、ファイル名を記述します。「企業理念」を記述した次の行に、以下を記述しましょう。

```
<body>
<a href="../../index.html">ホーム</a>
<a href="../company.html">会社案内</a>
<a href="greeting.html">ごあいさつ</a>
<a href="policy/policy.html">企業理念</a>
<a href="policy/slogan/slogan.html">今期のスローガン</a>
</body>
```

```
1  <!DOCTYPE html>
2  <html lang="ja">
3  <head>
4      <meta charset="UTF-8">
5      <title>会社概要</title>
6  </head>
7  <body>
8  <a href="../../index.html">ホーム</a>
9  <a href="../company.html">会社案内</a>
10 <a href="greeting.html">ごあいさつ</a>
11 <a href="policy/policy.html">企業理念</a>
12 <a href="policy/slogan/slogan.html">今期のスローガン</a>
13 </body>
14 </html>
```

2 「今期のスローガン」をクリックしてみてください。リンク先のページが表示されます。

ルートディレクトリとトップページのファイル名

管理しているフォルダ内で、1番上にあたるディレクトリをルートディレクトリと呼びます。そのルートディレクトリにある「index.html」の内容が、webサイトのトップページにあたります。

多くの場合、トップページのファイル名にはindex.htmlを採用します（index.phpやindex.cgiの場合もあります）。

絶対パスによるリンク先の指定

href属性またはsrc属性の値に「http://」または「https://」から始まるURLを記述する方法を、「絶対パス」と呼びます。たとえば手紙を送るときは、どこに手紙を届けるのかを郵便配達員さんに伝えるために住所を記入しますよね。絶対パスは、住所と同じ考え方です。

リンクを設定するwebページとの位置関係とは無関係にページやファイルの在処を特定します。主に、自分のwebサイト以外（外部リンク）をリンク先に指定する際に使います。

絶対パスは、href属性またはsrc属性の値に「**http://**」または「**https://**」から始まるURLを記述します。実際の手順については、**3-1**の「表示方法を指定する target属性」ですでに学習しているので、P.060を参照してください。

書　式	絶対パスの書き方

```
<a href="http://xxxxxx">テキストや画像</a>
              URL
<img src="http://xxxxxx/ファイル名.jpg">
               URL
```

STEP 02　ページ内の特定の場所へのリンク指定　 Lesson 03 ▶ 3-3 ▶ 3-3-2

webページの特定の場所へリンクを張ることもできます。その場合、ファイル名の指定だけではなく、該当箇所の目印の記述もあわせて行う必要があります。

書　式	ページ内の特定箇所の目印の書き方

```
<h2 id="id名">テキスト</h2>
        任意の名前
```

特定の場所へリンクさせる場合、id属性を利用します。id属性とは要素に固有の名前をつけるために使う属性です。書式ではh2要素で説明していますが、他の要素にも使用できます。

書　式	ページ内の特定箇所へのリンクの書き方

```
❶<a href="#id名">テキストや画像</a>
❷<a href="ファイルまでのパス#id名">テキストや画像</a>
```

リンクを指定する際、href属性にはリンク先の「id名」を記述します。❶同じページ内でリンクさせる場合は「#id名」だけを記述し、❷別のページの場合はファイルまでのパスを#の前に記述します。

ページ内の特定の場所へのリンクを設定する

1　[3-3-2]フォルダのHTMLファイル「3-3-2.html」をエディタで開き、ブラウザで表示します。

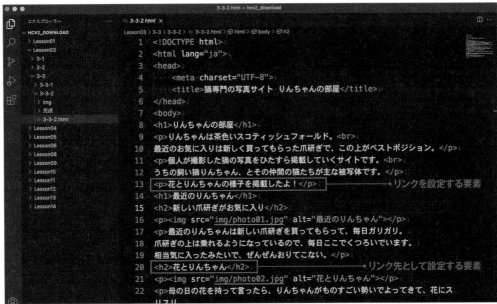

❶ ここにリンクを設定して
クリックすると

❷ この部分にジャンプする
ように設定する

2 表示したい位置にid属性をつけます。「**<h2>**花とり
んちゃん**</h2>**」を以下に書き変えます。id属性で
指定したid名「flower」がリンク先の目印になります。

```
相当気に入ったみたいで、ぜんぜんおりてこない。</p>
    <h2 id="flower">花とりんちゃん</h2>
    <p><img src="img/photo02.jpg" alt="花とりんちゃん"></p>
```

```
16    <p><img src="img/photo01.jpg" alt="最近のりんちゃん"></p>
17    <p>最近のりんちゃんは新しい爪研ぎを買ってもらって、毎日ガリガリ。
18    爪研ぎの上は乗れるようになっているので、毎日ここでくつろいでいます。
19    相当気に入ったみたいで、ぜんぜんおりてこない。</p>
20    <h2 id="flower">花とりんちゃん</h2>
21    <p><img src="img/photo02.jpg" alt="花とりんちゃん"></p>
22    <p>母の日の花を持って言ったら、りんちゃんがものすごい勢いでよってきて、花にス
      リスリ。
```

3 リンクを指定します。
「**<p>**花とりんちゃんの様子を掲載したよ!**</p>**」を
以下に書き変えます。

```
<p>個人が撮影した猫の写真をひたすら掲載していくサイトです。<br>
うちの飼い猫りんちゃん、とその仲間の猫たちが主な被写体です。</p>
<p><a href="#flower">花とりんちゃんの様子を掲載したよ!</a></p>
<h1>最近のりんちゃん</h1>
```

```
11    <p>個人が撮影した猫の写真をひたすら掲載していくサイトです。<br>
12    うちの飼い猫りんちゃん、とその仲間の猫たちが主な被写体です。</p>
13    <p><a href="#flower">花とりんちゃんの様子を掲載したよ!</a></p>
14    <h1>最近のりんちゃん</h1>
15    <h2>新しい爪研ぎがお気に入り</h2>
16    <p><img src="img/photo01.jpg" alt="最近のりんちゃん"></p>
17    <p>最近のりんちゃんは新しい爪研ぎを買ってもらって、毎日ガリガリ。
```

4 リンクをクリックしてみましょう。リンク先に指定した「花とりんちゃん」が表示されました。

クリック

Lesson 03　練習問題

Q1　画像を挿入する

下記のコードでは、画像を挿入しようとしています。
【　】に当てはまるタグを答えてください。

```
< 【　　】 src="photo.jpg" alt="ラーメン"
width="300" height="250">
```

Q2　リンクをつなげる

下記のコードでは、リンクをつなげようとしています。
【　】に当てはまるタグを答えてください。

```
< 【　　】 href="gallery.html">作品紹介
</【　　】>
```

Q3　相対パスでのリンク先指定

下記のコードでは、自身のHTMLファイルから見て2つ
上のディレクトリにあるHTMLファイル「gallery.html」に
リンクをつなげようとしています。
【　】に当てはまる記述を答えてください。

```
<a href="【　　】">作品紹介</a>
```

Q4　外部リンク

下記のコードでは、自身のwebサイト以外へリンクをつ
なげようとしています。その際、新しいウィンドウまたはタ
ブで開くようにします。
【　】に当てはまる記述を答えてください。

```
<a href="http://gihyo.jp/" target="
【　　】">技術評論社 公式サイト</a>
```

Q5　ページ内特定の場所へのリンク（id）

HTMLファイル「gallery.html」には、下記の記述が存
在します。

```
<h2 id="beginner">ビギナークラスの作品</a>
```

下記のコードでは、HTMLファイル「gallery.html」の見
出し「ビギナークラスの作品」にリンクをつなげようとし
ています。
【　】に当てはまる記述を答えてください。

```
<a href="gallery.html 【　　】 beginner">
ビギナークラスの作品紹介へ</a>
```

Q6　メールアドレスへのリンク

下記のコードでは、メールアドレス「info@sample.com」
にリンクをつなげようとしています。
【　】に当てはまる記述を答えてください。

```
<a href=" 【　　】 info@sample.com">メール
を送る</a>
```

Q7　電話番号へのリンク

下記のコードでは、電話番号「0301234567」にリンクを
つなげようとしています。
【　】に当てはまる記述を答えてください。

```
<a href=" 【　　】 0301234567">電話をかける
</a>
```

Q1：img
Q2：a
Q3：../../gallery.html
Q4：_blank
Q5：#
Q6：mailto:
Q7：tel:

リストと
ナビゲーションを
マークアップしよう

An easy-to-understand guide to HTML & CSS

Lesson 04

リスト（箇条書き）を使うと、情報を簡潔にまとめることができますが、webサイトではその他にも使い方があります。webサイトで重要な役割を果たす「ナビゲーション」というパーツを作る際にもリストは使用されます。webサイトにおけるリストの種類とその使い所を学んでいきましょう。

4-1 順不同リストを作る

HTMLのタグでリストを作る際、情報の性質にあわせた3種類の項目が存在します。
「順不同リスト」「順序付きリスト」「定義リスト」です。
マークアップするコンテンツによって、どの種類を選んでマークアップするのかを
見極めて使い分ける必要があります。それぞれの特徴を見ていきましょう。

順番の指定を必要としない箇条書き「ul要素」

webページでは、情報をリストで表現することが多々あります。文字情報によるコンテンツは長い文章でしっかり説明して伝えるよりも、単語や項目を列挙し簡略化して書き並べた箇条書きのほうがわかりやすい場合があります。
文章の性質や内容に応じて、リストは情報を伝えやすくするために使用する大事な表現方法です。

この箇条書きには、並び順に意味がないものと意味があるものがあります。前者を順不同リストといい、順番の指定を必要としない情報に対しては「ul要素」を使用します。ulとはUnordered List（順不同リスト）の頭文字を取ったものです。たとえば買い物リストを作る場合、項目の並び順は重要ではありません。項目の順番を入れ替えたとしても意味は変わらないため、ul要素として扱うのがふさわしい、といえます。
そのほか、サービスの一覧やページへのナビゲーションなど、並列的なリンクにも使用されます。

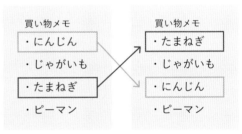

買い物リストは購入する品名の順番を入れ替えても意味は変わらない

ul要素とli要素の書き方

ul要素は **<ul>** ～ **</ul>** で囲まれた範囲がリストとして定義されます。その内側にli要素を書き入れて使用します。**<li>** ～ **</li>** で囲んだ範囲をひとつのリスト項目として扱います。li要素はいくつでも足して記述ができます

し、1つだけでもリストとして成り立ちます。ul要素の子要素は、li要素のみが使用可能です。
webブラウザでは、黒丸のついた箇条書きリストとして表示されます。

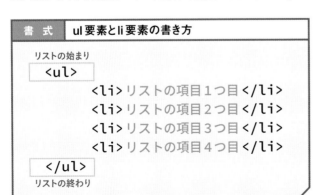

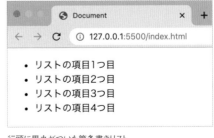

行頭に黒丸がついた箇条書きリスト

STEP **01**　順不同リストをコーディングする

 Lesson 04 ▶ 4-1 ▶ 4-1-1

料理の食材をリストにする作業を行います。ここでは肉じゃがの食材を順不同リストにしてみましょう。

1　[4-1-1] フォルダの HTML ファイル「4-1-1. html」をエディタで開きます。「**<h1>** 肉じゃがの材料 **</h1>**」の次の行には、あらかじめ肉じゃがの材料が記述されています。

2　リスト化する文字列を定義するため、材料を **<ul>** ～ **</ul>** で囲みます。

```
<body>
<h1>肉じゃがの材料</h1>
<ul>
じゃがいも
たまねぎ
牛肉
しらたき
サラダ油
醤油
みりん
砂糖
だし汁
</ul>
</body>
```

CHECK!

開始タグと終了タグはセットで書いておく

ul 要素には、開始タグ「<ul>」と終了タグ「</ul>」があります。開始タグを記述すると同時に終了タグを記述し、そのあいだに定義するテキストを書き込みます。この習慣をつければ、終了タグを書き忘れることがありません。

3 リストの項目を定義するため、材料をひとつずつ **`<li>`** ～ **`</li>`** で囲みます。順不同リストがブラウザに表示されました。

```
<body>
<h1>肉じゃがの材料</h1>
<ul>
    <li>じゃがいも</li>
    <li>たまねぎ</li>
    <li>牛肉</li>
    <li>しらたき</li>
    <li>サラダ油</li>
    <li>醤油</li>
    <li>みりん</li>
    <li>砂糖</li>
    <li>だし汁</li>
</ul>
</body>
```

```
 7   <body>
 8   <h1>肉じゃがの材料</h1>
 9   <ul>
10       <li>じゃがいも</li>
11       <li>たまねぎ</li>
12       <li>牛肉</li>
13       <li>しらたき</li>
14       <li>サラダ油</li>
15       <li>醤油</li>
16       <li>みりん</li>
17       <li>砂糖</li>
18       <li>だし汁</li>
19   </ul>
20   </body>
```

順不同リストを作る　×　＋

127.0.0.1:5500/Lesson04/4-1/4-1-1/4-1-1.html

肉じゃがの材料

- じゃがいも
- たまねぎ
- 牛肉
- しらたき
- サラダ油
- 醤油
- みりん
- 砂糖
- だし汁

箇条書きを入れ子で表現する

li要素の中には、再度ul要素・li要素を記述することが可能です。この記述で、リストが入れ子状態になります。Microsoft Wordなどのワードプロセッサでは、情報の構造整理のためにリストを入れ子で表現することが多々あります。HTMLでも同様の表現が可能です。

また、li要素の中には、ul要素をはじめ、テキスト以外にも見出しや追加のリストなどのさまざまなタグを格納することが可能です。非常に記述が複雑になるため、どのような構造にするのかをよく整理してから記述しましょう。

```
<ul>
    <li>リストの項目</li>
    <li>リストの項目</li>
    <li>リストの項目
        <ul>
            <li>リストの項目</li>
            <li>リストの項目</li>
        </ul>
    </li>
    <li>リストの項目</li>
    <li>リストの項目</li>
</ul>
```

- リストの項目
- リストの項目
- リストの項目
    - リストの項目
    - リストの項目
- リストの項目
- リストの項目

4-2 順序付きリストを作る

この節では、順番の指定が必要なものに対して使用する箇条書きリストについて
学びます。たとえば、手順説明やランキングのリストなどがこれに該当します。
順番を指定するリストの使い方だけでなく、順不同リストとの情報の意味としての違いを理解し、
マークアップする際にしっかりと使い分けられるようにしましょう。

順番を指定する箇条書き「ol要素」

順番を指定するリストには「ol要素」を使用します。これ
はOrdered List（順序付きリスト）の頭文字を取ったもの
です。箇条書きで表現する際に、順番の指定が必要なも
のに対して使用します。たとえば機器の操作手順やレシ
ピの料理手順、順位を表すランキング情報などが、順序
付きリストにふさわしい情報です。

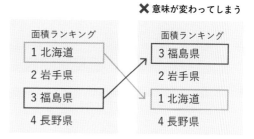

ランキングは項目の順番を入れ替えると意味が変わってしまう

ol要素とli要素の書き方

ol要素は**\<ol\>**～**\</ol\>** で囲まれた範囲がリストとして
定義されます。その内側にli要素を書き入れて使用しま
す。**\<li\>**～**\</li\>** で囲んだ範囲をひとつのリスト項目
として扱います。li要素はいくつでも足して記述ができます

し、1つだけでもリストとして成り立ちます。ol要素の子要
素は、li要素のみが使用可能です。webブラウザでは、
先頭に数字が振られて表示されます。

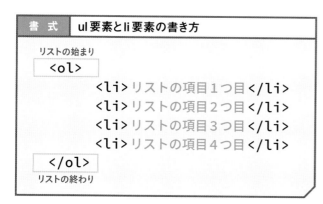

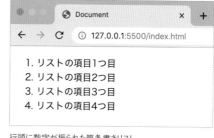

行頭に数字が振られた箇条書きリスト

081

STEP **01**　順序付きリストをコーディングする  Lesson 04 ▶ 4-2 ▶ 4-2-1

ここでは肉じゃがの調理手順を順序付きリストにしてみましょう。

1　[4-2-1] フォルダのHTMLファイル「4-2-1.html」をエディタで
開きます。あらかじめ肉じゃがの調理の手順が記述されています。

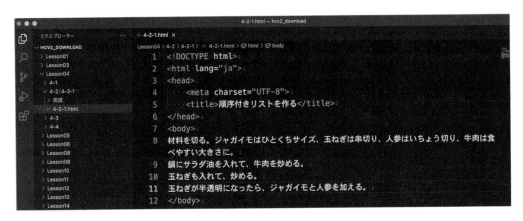

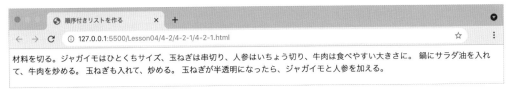

2　リスト化する文字列を定義するため、調理の手順全体を**`<ol>`**～**`</ol>`**で囲みます。

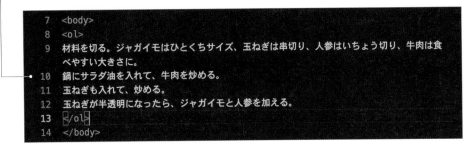

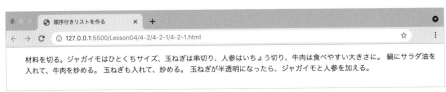

3 リストの項目を定義するため、手順をひとつずつ**`<li>`〜`</li>`**で囲みます。ブラウザに順序付きリストが表示されました。

```
<body>
<ol>
    <li>材料を切る。ジャガイモはひとくちサイズ、玉ねぎは串切り、人
    参はいちょう切り、牛肉は食べやすい大きさに。</li>
    <li>鍋にサラダ油を入れて、牛肉を炒める。</li>
    <li>玉ねぎも入れて、炒める。</li>
    <li>玉ねぎが半透明になったら、ジャガイモと人参を加える。</li>
</ol>
</body>
```

```
 7  <body>
 8  <ol>
 9      <li>材料を切る。ジャガイモはひとくちサイズ、玉ねぎは串切り、人参はいちょう切
        り、牛肉は食べやすい大きさに。</li>
10      <li>鍋にサラダ油を入れて、牛肉を炒める。</li>
11      <li>玉ねぎも入れて、炒める。</li>
12      <li>玉ねぎが半透明になったら、ジャガイモと人参を加える。</li>
13  </ol>
14  </body>
```

1. 材料を切る。ジャガイモはひとくちサイズ、玉ねぎは串切り、人参はいちょう切り、牛肉は食べやすい大きさに。
2. 鍋にサラダ油を入れて、牛肉を炒める。
3. 玉ねぎも入れて、炒める。
4. 玉ねぎが半透明になったら、ジャガイモと人参を加える。

リストとナビゲーションをマークアップしよう Lesson 04 05 06 07 08 09 10 11 12 13 14 15

083

4-3 説明リストを作る

前ページまでで、リスト要素のうち順番の指定が必要のない「順不同リスト」、
順番を指定する「順序付きリスト」について学んできました。
この節では、対になる情報を説明する「説明リスト」について学びます。dl要素・dt要素・dd要素を
使用する説明リストの使いどころや、使用時のルールなどを詳しく見ていきましょう。

対になる情報を説明する箇条書き「dl要素」

説明リストとは、用語とその説明を一対にしたリストのことです。たとえば、質問とその回答を書き出した「Q&A」や、日付と記事タイトルをリストにする「新着情報（お知らせの目次）」に使われることが多いです。この説明リストには「dl要素」を使用します。dlはDescription List（説明リスト）の頭文字を取ったものです。

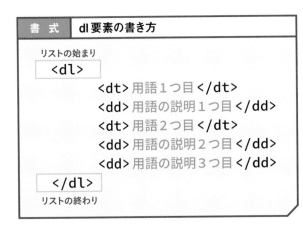

> セット
> Ⓠ 雨天の場合など、開催の可否はどこで確認できますか？
> Ⓐ 雨天決行となります。しかし台風など荒天の場合は、公式ホームページや Twitter、Facebook で随時開催に関する情報を更新いたします。

> セット
> Ⓠ 当日チケットはありますか？
> Ⓐ 当日チケットもご用意しております。

> セット
> Ⓠ チケットに座席指定はありますか？
> Ⓐ ありません。ブロック指定もありません。

dl要素の書き方

dl要素は **`<dl>`** ～ **`</dl>`** で囲まれた範囲がリストとして定義されます。その内側にdt要素とdd要素を書き入れて使用します。**`<dt>`** ～ **`</dt>`** で囲んだ範囲は用語の意味を持つリスト項目として、**`<dd>`** ～ **`</dd>`** で囲んだ範囲は用語を説明するリスト項目として扱います。dt要素とdd要素は必ず一対で使いますが、dd要素は1つだけではなく複数記述することができます。

書 式	dl要素の書き方

```
リストの始まり
<dl>
        <dt> 用語 1 つ目 </dt>
        <dd> 用語の説明 1 つ目 </dd>
        <dt> 用語 2 つ目 </dt>
        <dd> 用語の説明 2 つ目 </dd>
        <dd> 用語の説明 3 つ目 </dd>
</dl>
リストの終わり
```

用語1つ目
　　用語の説明1つ目
用語2つ目
　　用語の説明2つ目
　　用語の説明3つ目

STEP 01　説明リストを作る

Lesson 04 ▶ 4-3 ▶ 4-3-1

企業のお知らせの目次をリストにする作業を行います。今回は、お知らせの目次
を説明リストにしていきましょう。

1　[4-3-1] フォルダの HTML ファイル「4-3-1.html」をエディタで
開きます。あらかじめお知らせの目次が記述されています。

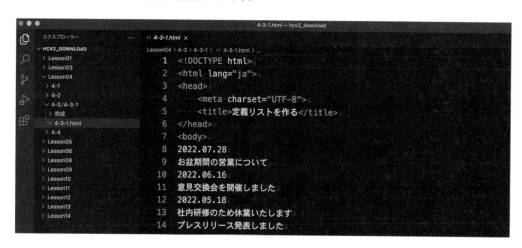

2　リスト化する文字列を説明するため、お知らせの目次の外側を **<dl>** ～ **</dl>** で囲みます。

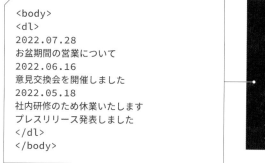

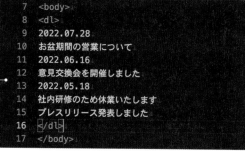

3 リストにおける用語の項目である日付をひとつずつ**\<dt\> ～ \</dt\>** で囲みます。同様に、リストにおける説明の項目である記事タイトルを**\<dd\>・～ \</dd\>** で囲みます。ブラウザに説明リストが表示されました。

```
<body>
<dl>
    <dt>2022.07.28</dt>
    <dd>お盆期間の営業について</dd>
    <dt>2022.06.16</dt>
    <dd>意見交換会を開催しました</dd>
    <dt>2022.05.18</dt>
    <dd>社内研修のため休業いたします</dd>
    <dd>プレスリリース発表しました</dd>
</dl>
</body>
```

```
 7   <body>
 8   <dl>
 9       <dt>2022.07.28</dt>
10       <dd>お盆期間の営業について</dd>
11       <dt>2022.06.16</dt>
12       <dd>意見交換会を開催しました</dd>
13       <dt>2022.05.18</dt>
14       <dd>社内研修のため休業いたします</dd>
15       <dd>プレスリリース発表しました</dd>
16   </dl>
17   </body>
```

定義リストを作る　　　×　＋

← → C　① 127.0.0.1:5500/Lesson04/4-3-1/4-3-1.html

2022.07.28
　お盆期間の営業について
2022.06.16
　意見交換会を開催しました
2022.05.18
　社内研修のため休業いたします
　プレスリリース発表しました

COLUMN

要素の名前は英単語の頭文字から

前のページで、dl要素はDescription List（説明リスト）の頭文字を取ったものと紹介しました。同じようにdt要素とdd要素も英単語の頭文字を取ったものです。dt要素はDescription Term（説明の言葉）、dd要素はDescription Details（説明の詳細）です。タグの元となった英単語を知ると、意味も覚えやすくなります。ぜひ他のタグについても、「どんな英単語の頭文字だろう」と気にしてみてください。

4-4 リストでナビゲーションを作る

「ナビゲーション」には、航海術や航空術、経路誘導という意味があります。
webページの数が増えるほど、ユーザーがwebサイトの中で迷子になってしまう可能性が高まります。
ユーザーを迷わせないため、ナビゲーションを適切に設計し、
見やすく使いやすいwebサイトを作れるようにしましょう。

ナビゲーションとは

webサイトにおいてナビゲーション
（navigation）とは、ユーザーが目的の
ページを見ることができるように道案内
するリンクのことです。
ナビゲーションには、いくつかの種類が
あります。代表的なものは「グローバル
ナビゲーション」「ローカルナビゲーショ
ン」「パンくずリスト（パンくずナビゲー
ション）」です。それぞれ大事な役割が
あるので、覚えておきましょう。

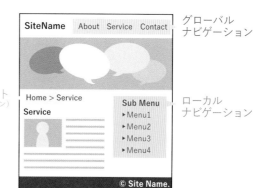

グローバル
ナビゲーション

パンくずリスト
（パンくずナビゲーション）

ローカル
ナビゲーション

グローバルナビゲーションとローカルナビゲーション

グローバルナビゲーションとは、webサイト内の主要なページへのリンク集です。
すべてのページの同じ位置に共通して設置します。ローカルナビゲーションは、
webサイト内の同じ階層にあるページや内容へ移動するための限定的なリンク集
です。

グローバルナビゲーションの例

webサイト全体の案内をするナビゲーション

ローカルナビゲーションの例

どのような内容があるのかを具体的に案内するナビゲーション

STEP 01　グローバルナビゲーションを作る　 Lesson 04 ▶ 4-4 ▶ 4-4-1

一般的にグローバルナビゲーションは、順番の指定を必要としない箇条書きで
ある「ul要素」を使用して作ります。ここでは、フラワーアレンジメント教室の
webサイトのグローバルナビゲーションを作ってみましょう。

1 [4-4-1]フォルダのHTMLファイル「index.html」をエディタで開きます。
あらかじめwebサイトを構成するページの名が記述されています。

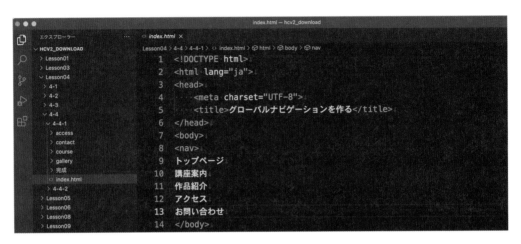

2 ページ名を **\<nav\> ～ \</nav\>** で囲みます。nav要素はナビゲーションであることを示し
ます。主要なナビゲーションにのみ使用します。

```
<body>
<nav>
トップページ
講座案内
作品紹介
アクセス
お問い合わせ
</nav>
</body>
```

3 リスト化する文字列を定義するため、**\<nav\> ～ \</nav\>** の内側を **\<ul\> ～ \</ul\>** で
囲みます。

```
<nav>
    <ul>
    トップページ
    講座案内
    作品紹介
    アクセス
    お問い合わせ
    </ul>
</nav>
```

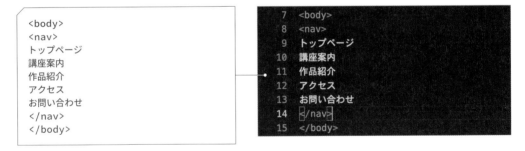

4 リストの項目を定義するため、ページ名をひとつずつ **<li>** 〜 **</li>** で囲みます。

```
<nav>
    <ul>
        <li>トップページ</li>
        <li>講座案内</li>
        <li>作品紹介</li>
        <li>アクセス</li>
        <li>お問い合わせ</li>
    </ul>
</nav>
```

```
 8    <nav>
 9        <ul>
10            <li>トップページ</li>
11            <li>講座案内</li>
12            <li>作品紹介</li>
13            <li>アクセス</li>
14            <li>お問い合わせ</li>
15        </ul>
16    </nav>
```

- トップページ
- 講座案内
- 作品紹介
- アクセス
- お問い合わせ

5 **<li>** 〜 **</li>** の内側をaタグで囲み、リンクをつなげます。ナビゲーション機能を備えたリストの完成です。

```
<nav>
    <ul>
        <li><a href="index.html">トップページ</a></li>
        <li><a href="course/index.html">講座案内</a></li>
        <li><a href="gallery/index.html">作品紹介</a></li>
        <li><a href="access/index.html">アクセス</a></li>
        <li><a href="contact/index.html">お問い合わせ</a></li>
    </ul>
</nav>
</body>
```

```
 8    <nav>
 9        <ul>
10            <li><a href="index.html">トップページ</a></li>
11            <li><a href="course/index.html">講座案内</a></li>
12            <li><a href="gallery/index.html">作品紹介</a></li>
13            <li><a href="access/index.html">アクセス</a></li>
14            <li><a href="contact/index.html">お問い合わせ</a></li>
15        </ul>
16    </nav>
```

- トップページ
- 講座案内
- 作品紹介
- アクセス
- お問い合わせ

パンくずリストとは

パンくずリスト（breadcrumb list）とは、webサイト内で「今、どのページにいるのか」をサイトを訪れたユーザーに視覚的にわかりやすく示したナビゲーションです。上の階層にあるwebページを順番にリストアップし、リンクを設置します。

パンくずリストは、ユーザーがwebサイト内で迷子にならないよう助ける役割を担います。その名称は、童話「ヘンゼルとグレーテル」で主人公が森の中で迷子にならないように通った道にパンくずを置いていった、というエピソードが由来です。

パンくずリストの例

ホーム > 山達の家づくり > 和モダン

どのページにいるのかを教えるナビゲーション

STEP 02　パンくずリストを作る

Lesson 04 ▶ 4-4 ▶ 4-4-2

パンくずリストは、順番を指定するリスト「ol要素」を使用して作ります。トップページからどのような経路でページにたどり着いたかを示すため、順番を指定する必要があります。フラワーアレンジメント教室の「ウエディングブーケ」というページのパンくずリストを作ってみましょう。この「ウエディングブーケ」ページは、webサイト内の「作品紹介」というカテゴリに存在しています。トップページからの経路は＜トップページ→作品紹介→ウエディングブーケ＞という順番です。

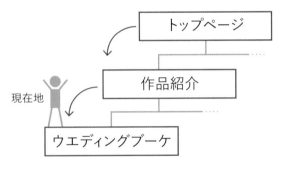

1　[4-4-2] > [gallery] フォルダのHTMLファイル「wedding-bouquet.html」をエディタで開きます。あらかじめ経路となるページ名が記述されています。

```
wedding-bouquet.html — hcv2_download
Lesson04 > 4-4 > 4-4-2 > gallery > wedding-bouquet.html > html > body
1  <!DOCTYPE html>
2  <html lang="ja">
3  <head>
4      <meta charset="UTF-8">
5      <title>パンくずリストを作る</title>
6  </head>
7  <body>
8      トップページ
9      作品紹介
10     ウエディングブーケ
11  </body>
12  </html>
```

2 リスト化する文字列を定義するため、ページ名の外側を **<ol>** 〜 **</ol>** で囲みます。

```
<body>
<ol>
トップページ
作品紹介
ウエディングブーケ
</ol>
</body>
```

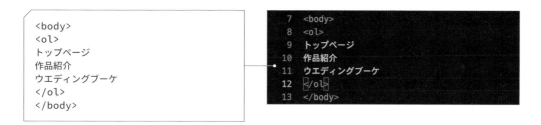

3 リストの項目を定義するため、ページ名をひとつずつ **<li>** 〜 **</li>** で囲みます。

```
<ol>
    <li>トップページ</li>
    <li>作品紹介</li>
    <li>ウエディングブーケ</li>
</ol>
```

4 **<li>** 〜 **</li>** の内側をaタグで囲み、リンクをつなげます。記述しているページ自体である「ウエディングブーケ」はaタグで囲むことはしません。自分自身であるため、リンクする必要がないからです。これでパンくずリストは完成です。

```
<ol>
    <li><a href="../index.html">トップページ</a></li>
    <li><a href="index.html">作品紹介</a></li>
    <li>ウエディングブーケ</li>
</ol>
```

```
 8  <ol>
 9      <li><a href="../index.html">トップページ</a></li>
10      <li><a href="index.html">作品紹介</a></li>
11      <li>ウエディングブーケ</li>
12  </ol>
```

パンくずリストを作る

127.0.0.1:5500/Lesson04/4-4/4-4-2/gallery/wedding-bouquet.html

1. トップページ
2. 作品紹介
3. ウエディングブーケ

Lesson 04　練習問題

Q1　順番の指定を必要としない箇条書き

下記のコードでは、料理の材料をリストにしています。
【　】に当てはまるタグを答えてください。

```
< 【　　】 >
    <li>じゃがいも</li>
    <li>たまねぎ</li>
    <li>牛肉</li>
    <li>しらたき</li>
</ 【　　】 >
```

Q2　順番を指定する箇条書き

下記のコードでは、料理の手順をリストにしています。
【　】に当てはまるタグを答えてください。

```
< 【　　】 >
    <li>材料を切る。ジャガイモはひとくちサイズ、
    玉ねぎは串切り、人参はいちょう切り、牛肉は食
    べやすい大きさに。</li>
    <li>鍋にサラダ油を入れて、牛肉を炒める。</
    li>
    <li>玉ねぎも入れて、炒める。</li>
    <li>玉ねぎが半透明になったら、ジャガイモと
    人参を加える。</li>
</ 【　　】 >
```

Q3　対になる情報を説明する箇条書き

下記のコードでは、Q&Aをリストにしています。【　】に当てはまるタグを答えてください。

```
< 【　　】 >
    <dt>初めて利用するのですが、指名はできますか？</dt>
    <dd>はい、初めてのお客さまもご指名いただけます。スタイリスト紹介をご覧いただき、ご予約時にお伝えください。
    </dd>
    <dt>キャンセル料金はかかりますか？</dt>
    <dd>キャンセル料金はかかりません。急なご用事ができましたり、ご体調が悪くなってしまった場合など、お気軽
    にご連絡ください。</dd>
</ 【　　】 >
```

Q4　グローバルナビゲーション

下記のコードは、グローバルナビゲーションです。【 ❶ 】と【 ❷ 】に当てはまる記述を答えてください。

```
< 【 ❶ 】 id="global_navi">
    < 【 ❷ 】 >
        <li><a href="index.html">トップページ</a></li>
        <li><a href="course/index.html">講座案内</a></li>
        <li><a href="gallery/index.html">作品紹介</a></li>
        <li><a href="access/index.html">アクセス</a></li>
        <li><a href="contact/index.html">お問い合わせ</a></li>
    </ 【 ❷ 】 >
</ 【 ❶ 】 >
```

Q5　パンくずリスト

下記のコードは、パンくずリストです。【　】に当てはまる記述を答えてください。

```
< 【　　】 id="breadcrumb">
    <li><a href="../index.html">トップページ</a></li>
    <li><a href="index.html">作品紹介</a></li>
    <li>ウエディングブーケ</li>
</ 【　　】 >
```

Q1：ul

Q2：ol

Q3：dl

Q4：❶nav　❷ul

Q5：ol

表組みを
マークアップしよう

An easy-to-understand guide to HTML & CSS

Lesson 05

複雑な情報をわかりやすく伝える表現のひとつに「表組み」
があります。webサイトにおいても、たびたび使う場面があ
ります。webページでの表組みは「表の枠組み」「行」「セ
ル」などの複数の要素で成り立っています。覚えるタグは多
いですが、一つひとつの意味を理解して覚えていきましょう。

5-1 シンプルな表組みを作る

webページを作成する中で、表組みを使って情報を表現したい場面が出てくるでしょう。
たとえばコーポレートサイトであれば、企業の概要やサービスの料金表などがこれに当たります。
HTMLのタグで表組みを作るには、table要素を使います。
table要素といくつかの子要素とセットで、表組みの作り方を覚えていきましょう。

table要素とtableの子要素

table要素は、表組みを作るときに使う要素です。table要素は単体では機能せず、子要素とセットで使います。子要素は複数あります。「table要素」の主な子要素は、下の一覧をご覧ください。必ず使用するものが「tr要素」「th要素」「td要素」です。

書 式	table要素とtableの子要素

表の始まり
```
<table>
    <tr>
            <th>見出しセル</th>     行のまとまり
            <td>通常のセル</td>
            <td>通常のセル</td>
    </tr>
    <tr>
            <th>見出しセル</th>     行のまとまり
            <td>通常のセル</td>
            <td>通常のセル</td>
    </tr>
</table>
```
表の終わり

見出しセル	通常のセル	通常のセル
見出しセル	通常のセル	通常のセル

HTMLのタグで作成した表。見出しセルの文字は太字で表示される

次のステップから実際に表組みを作ってみましょう。表組みは基本的に要素を3重の入れ子にします。表の枠組みである「table要素」、行を定義する「tr要素」、セルを表す「th要素」または「td要素」の順番です。表は1行ごとに完結します。表の行の数だけtr要素を記述し、その内側に列の数だけth要素またはtd要素を記述します。

tableの主な子要素一覧

要素名	役割	タグ
tr要素	行	`<tr>`～`</tr>`
td要素	セル	`<td>`～`</td>`
th要素	見出しセル	`<th>`～`</th>`
thead要素	ヘッダー部分の行グループ	`<thead>`～`</thead>`
tbody要素	メインの内容部分の行グループ	`<tbody>`～`</tbody>`
tfoot要素	フッター部分の行グループ	`<tfoot>`～`</tfoot>`
caption要素	表の見出しや説明	`<caption>`～`</caption>`

STEP **01** 左側に見出しセルのある表組みを作る

 Lesson 05 ▶ 5-1 ▶ 5-1-1

左側のセルを見出しとする、2行2列の表を作ります。次
の例では、1行目のtrタグの内側にthタグとtdタグを1回
ずつ記述します。2行目も同様です。

table要素 表の枠組み

---

1 [5-1-1] フォルダのHTMLファイル「5-1-1.html」をエディタで開きます。

---

2 **\<body\>** ～ **\</body\>** のあいだに、表組み全体を囲む **\<table
border="1"\>\</table\>** を書きます。

```
<body>
<table border="1">
</table>
</body>
```

> **table 要素の
> border 属性について**　　**CHECK!**
>
> 以降のサンプルコードでは学習をわかりやすくするため、便宜上
> 「border="1"」で表の罫線を表示させていますが、本来はCSS
> を使って表の装飾を行います。実際のコーディングにおいても、
> ブラウザで表示を確認したあとに「border="1"」は削除します。

---

3 table 要素の内側に、行を定義する**\<tr\>\</tr\>** を記述します。

```
<body>
<table border="1">
    <tr>
    </tr>
</table>
</body>
```

4 tr要素の内側に、「**<th>**見出しのセル**</th>**」と「**<td>**通常のセル**</td>**」を記述します。これで、左側に見出しのセル、右側に通常のセルがある1行分ができあがりました。

```
<body>
<table border="1">
    <tr>
        <th>見出しのセル</th>
        <td>通常のセル</td>
    </tr>
</table>
</body>
```

5 </tr>の後ろで改行して、**3～4**の手順を再度行います。2行2列の表ができあがりました。

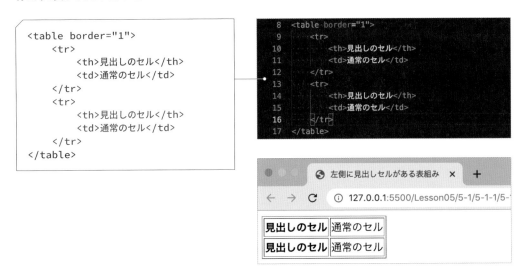

```
<table border="1">
    <tr>
        <th>見出しのセル</th>
        <td>通常のセル</td>
    </tr>
    <tr>
        <th>見出しのセル</th>
        <td>通常のセル</td>
    </tr>
</table>
```

STEP 02 1行目が見出しセルの表組みを作る

Lesson 05 ▶ 5-1 ▶ 5-1-2

1行目が見出しのセルとなる2行2列の表を作ります。次の例では、1行目のtrタグの内側にthタグを2回記述し、2行目のtrタグの内側にtdタグを2回記述します。

table要素 表の枠組み

1 [5-1-2] フォルダのHTMLファイル「5-1-2.html」をエディタで開き、**\<body\>** ~ **\</body\>** のあいだに、表組み全体を囲む **\<table border="1"\>\</table\>** を書きます。続いて table 要素の内側に、行を定義する **\<tr\>\</tr\>** を記述します。

```
<body>
<table border="1">
    <tr>
    </tr>
</table>
</body>
```

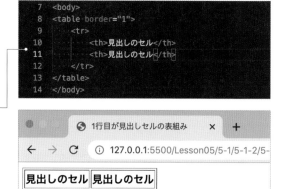

2 tr 要素の内側に、「**\<th\>** 見出しのセル **\</th\>**」を2回記述します。

```
<body>
<table border="1">
    <tr>
        <th>見出しのセル</th>
        <th>見出しのセル</th>
    </tr>
</table>
</body>
```

3 **\<tr\>\</tr\>** を記述し、2行目を定義します。

```
<table border="1">
    <tr>
        <th>見出しのセル</th>
        <th>見出しのセル</th>
    </tr>
    <tr>
    </tr>
</table>
```

4 tr 要素の内側に、「**\<td\>** 通常のセル **\</td\>**」を2回記述します。2行2列の表ができあがりました。

```
<table border="1">
    <tr>
        <th>見出しのセル</th>
        <th>見出しのセル</th>
    </tr>
    <tr>
        <td>通常のセル</td>
        <td>通常のセル</td>
    </tr>
</table>
```

5-2 セルを結合する

料金表やプラン表などを作るとき、行ごとにセルの数が異なる複雑な表組みになることがあります。
HTMLでもそのような複雑な表組みを表現できます。
考え方を理解すれば、簡単に作れるようになりますので、
しっかりと覚えていきましょう。

水平方向のセルを結合する「colspan属性」

水平方向のセルを結合するときは「colspan属性」を使います。colspan属性は、水平方向に結合するセルの数を数字で指定します。指定できる値は2以上の数字です。table要素では、1行ごとにセルの数を同じにしないとレイアウトが崩れます。以下の書式では、1行目にtd要素を2回記述しており、「セルの数は2つ」です。2行目はtd要素は1回だけですが、colspan属性で「2」を指定しており「水平方向に2つのセルを結合」しています。そのため、2行目も「セルの数は2つ」と定義することができています。

書 式	colspan属性の書き方

```
<table>
    <tr>
        <td>通常のセル</td>
        <td>通常のセル</td>
    </tr>
    <tr>
        <td colspan="2">結合するセル</td>
    </tr>
</table>
```

colspan属性　colspan属性の値

通常のセル	通常のセル
結合するセル	

左右に隣り合った2つのセルを1つに結合した表組み

STEP 01　水平方向にセルを結合させる

Lesson 05 ▶ 5-2 ▶ 5-2-1

2行3列の表の2行目で、左右に隣り合う2つのセルを1つに結合させます。実際の手順は「2列にまたがるセルを1つ作成する」というイメージです。

table要素 表の枠組み

tr要素 行
th要素 見出しセル / th要素 見出しセル / th要素 見出しセル

tr要素 行
td要素 通常のセル / td要素 通常のセル

1 [5-2-1] フォルダのHTMLファイル「5-2-1.html」をエディタで開きます。

2 <body>～</body>のあいだに、表組み全体を囲む <table border="1">
</table> を書きます。

```
<body>
<table border="1">
</table>
</body>
```

3 table要素の内側に、行を定義する<tr></tr>を記述します。

```
<body>
<table border="1">
    <tr>
    </tr>
</table>
</body>
```

4 tr要素の内側に、「<th>見出しのセル</th>」を3回記述します。

```
<table border="1">
    <tr>
        <th>見出しのセル</th>
        <th>見出しのセル</th>
        <th>見出しのセル</th>
    </tr>
</table>
```

5 **<tr></tr>** を記述し、2行目を定義します。

```
<table border="1">
    <tr>
        <th>見出しのセル</th>
        <th>見出しのセル</th>
        <th>見出しのセル</th>
    </tr>
    <tr>
    </tr>
</table>
```

```
 8  <table border="1">
 9      <tr>
10          <th>見出しのセル</th>
11          <th>見出しのセル</th>
12          <th>見出しのセル</th>
13      </tr>
14      <tr>
15      </tr>
16  </table>
```

6 tr要素の内側に、「**<td>**通常のセル**</td>**」を2回記述します。1行目と2行目のセルの数が違うため、1行3列目のセルの下に空白ができます。

```
<table border="1">
    <tr>
        <th>見出しのセル</th>
        <th>見出しのセル</th>
        <th>見出しのセル</th>
    </tr>
    <tr>
        <td>通常のセル</td>
        <td>通常のセル</td>
    </tr>
</table>
```

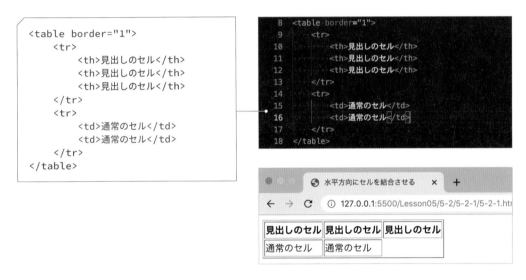

7 手順6で記述した2行2列目のtd要素の開始タグを**<td colspan="2">**と書き変えます。水平方向に2つのセルを結合することができました。

```
<table border="1">
    <tr>
        <th>見出しのセル</th>
        <th>見出しのセル</th>
        <th>見出しのセル</th>
    </tr>
    <tr>
        <td>通常のセル</td>
        <td colspan="2">通常のセル
        </td>
    </tr>
</table>
```

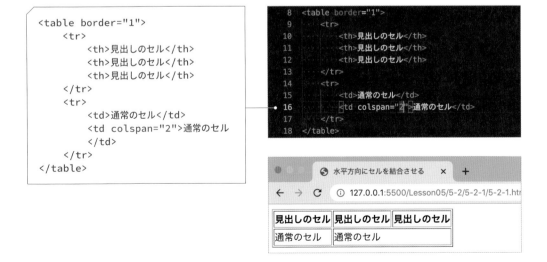

垂直方向のセルを結合する「rowspan属性」

垂直方向のセルを結合するときは「rowspan属性」を使います。rowspan属性は、垂直方向に結合するセルの数を数字で指定します。colspan属性と同じく、指定できる値は2以上の数字です。

以下の書式では、1行目にtd要素を2回記述しており、「セルの数は2つ」です。2行目はtd要素は1回だけですが、1行目の2つ目のtd要素でrowspan属性に「2」を指定しており「垂直方向に2つのセルを結合」しています。そのため、2行目も「セルの数は2つ」と定義することができています。

書　式　rowspan属性の書き方

```
<table>
    <tr>
        <td>通常のセル</td>
        <td rowspan="2">結合するセル</td>
    </tr>
        rowspan属性  rowspan
                     属性の値
    <tr>
        <td>通常のセル</td>
    </tr>
</table>
```

| 通常のセル | 結合するセル |
| 通常のセル | |

上下2つのセルを1つ
に結合した表組み

STEP 02　垂直方向にセルを結合させる

Lesson 05 ▶ 5-2 ▶ 5-2-2

2行3列の表の3列目で、上下2つのセルを1つに結合させます。実際の手順は「2行にまたがるセルを1つ作成する」というイメージです。

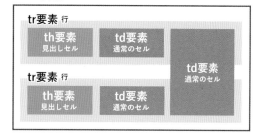

table要素 表の枠組み

1　[5-2-2]フォルダのHTMLファイル「5-2-2.html」をエディタで開きます。

2 `<body>` 〜 `</body>` のあいだに、表組み全体を囲む `<table border="1">` `</table>` を書きます。

```
<body>
<table border="1">
</table>
</body>
```

```
 7   <body>
 8   <table border="1">
 9   </table>
10   </body>
```

3 table 要素の内側に、行を定義する `<tr></tr>` を記述します。

```
<body>
<table border="1">
    <tr>
    </tr>
</table>
</body>
```

```
 7   <body>
 8   <table border="1">
 9       <tr>
10       </tr>
11   </table>
12   </body>
```

4 tr 要素の内側に、「`<th>` 見出しのセル `</th>`」を1回、「`<td>` 通常のセル `</td>`」を2回記述します。

```
<table border="1">
    <tr>
        <th>見出しのセル</th>
        <td>通常のセル</td>
        <td>通常のセル</td>
    </tr>
</table>
```

```
 8   <table border="1">
 9       <tr>
10           <th>見出しのセル</th>
11           <td>通常のセル</td>
12           <td>通常のセル</td>
13       </tr>
14   </table>
```

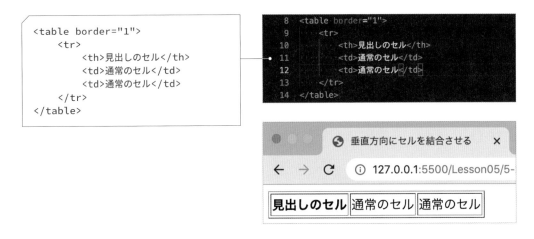

5 `<tr></tr>` を記述し、2行目を定義します。

```
<table border="1">
    <tr>
        <th>見出しのセル</th>
        <td>通常のセル</td>
        <td>通常のセル</td>
    </tr>
    <tr>
    </tr>
</table>
```

```
 8   <table border="1">
 9       <tr>
10           <th>見出しのセル</th>
11           <td>通常のセル</td>
12           <td>通常のセル</td>
13       </tr>
14       <tr>
15       </tr>
16   </table>
```

6 tr要素の内側に、「**\<th\>**見出しのセル**\</th\>**」と「**\<td\>**通常のセル**\</td\>**」を
記述します。1行目と2行目のセルの数が違うため、1行3列目のセルの下に空白がで
きます。

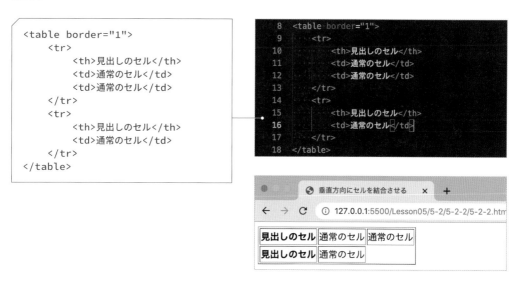

```
<table border="1">
    <tr>
        <th>見出しのセル</th>
        <td>通常のセル</td>
        <td>通常のセル</td>
    </tr>
    <tr>
        <th>見出しのセル</th>
        <td>通常のセル</td>
    </tr>
</table>
```

7 手順 **4** で記述した1行3列目のtd要素の開始タグを**\<td rowspan="2"\>**と書
き変えます。垂直方向に2つのセルを結合することができました。

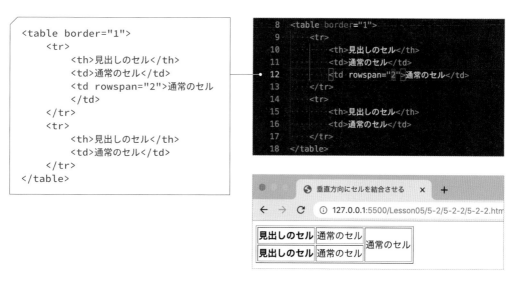

```
<table border="1">
    <tr>
        <th>見出しのセル</th>
        <td>通常のセル</td>
        <td rowspan="2">通常のセル
        </td>
    </tr>
    <tr>
        <th>見出しのセル</th>
        <td>通常のセル</td>
    </tr>
</table>
```

5-3 より高度な表組みを作る

webページで表組みを作るときの基本を学んできました。
ここまで学んだことだけでも表組みは作成できます。
しかし、情報の量が多かったり複雑な内容の表組みは、
より厳密にマークアップすることが必要な場合があります。表組みの応用編を学んでいきましょう。

行をグループ分け する要素

tableの子要素には、行をグループ分けする役割の要素があります。表組みの先頭で見出しなどに使用する「thead要素」、メインとなる内容に使用する「tbody要素」、表組みの下部でまとめの意味合いの内容などに使用する「tfoot要素」です。グループ分けをしても見た目の変化はありませんが、表組みの構造がより明確になります。また、CSSを使って装飾を行う際に利用できます。

書 式	thead要素・tbody要素・tfoot要素の書き方

表の始まり
```
<table>
    <thead>                                     ヘッダー部分のグループ
        <tr>
                <th>見出しセル</th>
                <th>見出しセル</th>
                <th>見出しセル</th>
        </tr>
    </thead>
    <tbody>                                      メインの内容部分のグループ
        <tr>
                <th>見出しセル</th>
                <td>通常のセル</td>
                <td>通常のセル</td>
        </tr>
        <tr>
                <th>見出しセル</th>
                <td>通常のセル</td>
                <td>通常のセル</td>
        </tr>
    </tbody>
    <tfoot>                                      フッター部分のグループ
        <tr>
                <th>見出しセル</th>
                <td>通常のセル</td>
                <td>通常のセル</td>
        </tr>
    </tfoot>
</table>
```
表の終わり

STEP 01 行をグループ分けする

Lesson 05 ▶ 5-3 ▶ 5-3-1

スポーツジムの料金表を作りながら、実際に表組みの行をグループ分けしてみましょう。

ヘッダー部分は「料金表の項目」、メイン部分には「2つのプランの入会費と月会費の金額情報」、フッター部分には「費用の合計金額」を表示するテーブルを作成していきます。

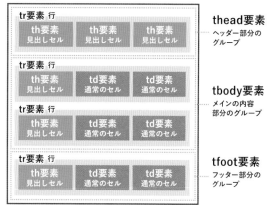

1 [5-3-1] フォルダの HTML ファイル「5-3-1.html」をエディタで開きます。

2 **`<body>` ～ `</body>`** のあいだに、表組み全体を囲む **`<table border="1">`** **`</table>`** を書きます。「border="1"」は表の罫線を表示させるために一時的に書いておきます。実際には、CSSを使って表の装飾を行います。ブラウザで表示を確認したあとは「border="1"」は削除します。

```
<body>
<table border="1">
</table>
</body>
```

```
7  <body>
8  <table border="1">
9  </table>
10  </body>
```

3 table 要素の内側に、ヘッダー部分のグループを定義する **`<thead></thead>`** を記述します。

```
<body>
<table border="1">
    <thead>
    </thead>
</table>
</body>
```

```
7  <body>
8  <table border="1">
9      <thead>
10      </thead>
11  </table>
12  </body>
```

4 thead要素の内側に、行を定義する**`<tr></tr>`**を記述します。

```
<table border="1">
    <thead>
        <tr>
        </tr>
    </thead>
</table>
```

```
 8  <table border="1">
 9      <thead>
10          <tr>
11          </tr>
12      </thead>
13  </table>
```

5 tr要素の内側に、見出しセルであるth要素を以下のように記述します。これで、表組み
のヘッダー部分ができあがりました。

```
<table border="1">
    <thead>
        <tr>
            <th>項目</th>
            <th>ライトプラン</th>
            <th>スタンダードプラン
            </th>
        </tr>
    </thead>
</table>
```

```
 8  <table border="1">
 9      <thead>
10          <tr>
11              <th>項目</th>
12              <th>ライトプラン</th>
13              <th>スタンダードプラン</th>
14          </tr>
15      </thead>
16  </table>
```

🌐 行をグループ分けした表組　　×　＋

←　→　C　　ⓘ　127.0.0.1:5500/Lesson05/5-3/5-3-1/5-3-1.html

項目	ライトプラン	スタンダードプラン

6 続いて**`</thead>`**の後ろで改行して、メインの内容部分のグループを定義する
`<tbody></tbody>`を記述します。

```
        </tr>
    </thead>
    <tbody>
    </tbody>
</table>
```

```
14          </tr>
15      </thead>
16      <tbody>
17      </tbody>
18  </table>
19  </body>
20  </html>
```

7 tbody要素の内側に、行を定義する**`<tr></tr>`**を記述します。

```
    </thead>
    <tbody>
        <tr>
        </tr>
    </tbody>
</table>
```

```
15      </thead>
16      <tbody>
17          <tr>
18          </tr>
19      </tbody>
20  </table>
21  </body>
22  </html>
```

8 tr要素の内側に、th要素とtd要素を以下のように記述します。

```
<tbody>
    <tr>
        <th>入会費</th>
        <td>15,000円</td>
        <td>0円</td>
    </tr>
</tbody>
```

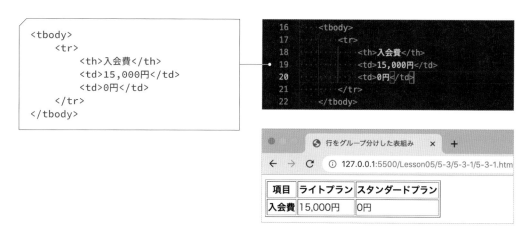

9 改行して、**7**～**8**の手順を再度行い、セルの内容を書き変えます。これで、表組みのメインの内容部分ができあがりました。

```
<tbody>
    <tr>
        <th>入会費</th>
        <td>15,000円</td>
        <td>0円</td>
    </tr>
    <tr>
        <th>月会費</th>
        <td>1,980円</td>
        <td>2,980円</td>
    </tr>
</tbody>
```

10 改行して、フッター部分のグループを定義する**`<tfoot></tfoot>`**を記述します。

```
        <tr>
            <th>月会費</th>
            <td>1,980円</td>
            <td>2,980円</td>
        </tr>
    </tbody>
    <tfoot>
    </tfoot>
</table>
```

表組みをマークアップしよう　Lesson 05　06　07　08　09　10　11　12　13　14　15

11 tfoot要素の内側に、行を定義する**`<tr></tr>`**を記述します。

```
<tfoot>
    <tr>
    </tr>
</tfoot>
```

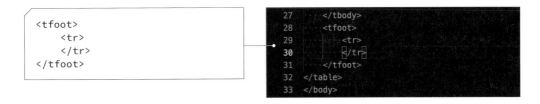

```
27        </tbody>
28        <tfoot>
29            <tr>
30            </tr>
31        </tfoot>
32    </table>
33    </body>
```

12 tr要素の内側に、th要素とtd要素を以下のように記述します。表組みのフッター部分も
できあがりました。見た目ではグループ分けされていることはわかりませんが、構造が定義
された表組みが完成しました。

```
<tfoot>
    <tr>
        <th>初年度合計</th>
        <td>38,760円</td>
        <td>35,760円</td>
    </tr>
</tfoot>
```

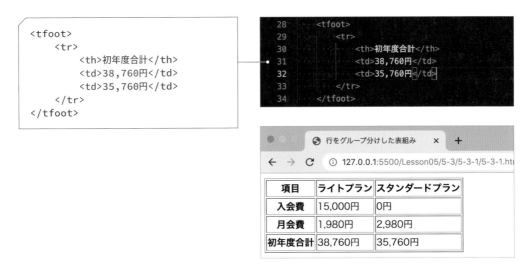

```
28        <tfoot>
29            <tr>
30                <th>初年度合計</th>
31                <td>38,760円</td>
32                <td>35,760円</td>
33            </tr>
34        </tfoot>
```

行をグループ分けした表組み　×　＋

127.0.0.1:5500/Lesson05/5-3/5-3-1/5-3-1.ht

項目	ライトプラン	スタンダードプラン
入会費	15,000円	0円
月会費	1,980円	2,980円
初年度合計	38,760円	35,760円

見出しや説明文をつける要素

tableの子要素に、caption
要素というものがあります。
その名前のとおり表組みの
「キャプション（見出しや説
明文）」をつけるときに使い
ます。

書　式　**caption要素の書き方**

```
表の始まり
<table>
        <caption>表組みの見出し・説明文</caption>
        <tr>
                <th>見出しセル</th>
                <td>通常のセル</td>
        </tr>
        <tr>
                <th>見出しセル</th>
                <td>通常のセル</td>
        </tr>
</table>
表の終わり
```

STEP 02 表組みにキャプションをつける

Lesson 05 ▶ 5-3 ▶ 5-3-2

前のステップで作成したスポーツジムの料金表にキャプションをつけてみましょう。

1 [5-3-2] フォルダのHTMLファイル「5-3-2.html」をエディタで開き、ブラウザで表示します。

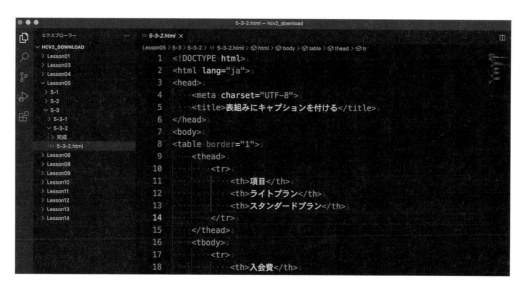

2 tableの開始タグである **`<table border="1">`** の次の行に、caption要素を以下のように書き加えます。表組みのすぐ上にキャプションが表示されました。

```
<body>
<table border="1">
    <caption>月会費プラン料金表</
    caption>
    <thead>
        <tr>
            <th>項目</th>
            <th>ライトプラン</th>
            <th>スタンダードプラン
            </th>
        </tr>
    </thead>
```

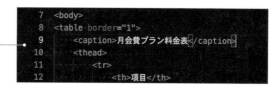

Lesson 05　練習問題

Q1　表組み

右のコードでは、はがきの料金を表にしています。
【 ❶ 】と【 ❷ 】に当てはまるタグを答えてください。

● 完成図

通常はがき	62円
往復はがき	124円

```
<table>
    <tr>
        <【 ❶ 】>通常はがき</【 ❶ 】>
        <【 ❷ 】>62円</【 ❷ 】>
    </tr>
    <tr>
        <【 ❶ 】>往復はがき</【 ❶ 】>
        <【 ❷ 】>124円</【 ❷ 】>
    </tr>
</table>
```

Q2　水平方向のセル結合

右のコードでは、自転車の仕様を表で表しています。完
成図を見ながら空欄【　】に当てはまる記述を答えてく
ださい。

● 完成図

カラー	ブラック	シルバー
素材	アルミニウム	
ホイールサイズ	20インチ	

```
<table>
    <tr>
        <th>カラー</th>
        <td>ブラック</td>
        <td>シルバー</td>
    </tr>
    <tr>
        <th>素材</th>
        <td 【　】="2">アルミニウム</td>
    </tr>
        <tr>
        <th>ホイールサイズ</th>
        <td 【　】="2">20インチ</td>
    </tr>
</table>
```

Q3　垂直方向の結合

右のコードでは、衣服のサイズを表組みにしています。
完成図を見ながら【 ❶ 】と【 ❷ 】に当てはまる記述を答
えてください。

● 完成図

	身長
S	153～160cm
M	
L	159～166cm
XL	
XXL	

```
<table>
    <tr>
        <th></th>
        <th>身長</th>
    </tr>
    <tr>
        <th>S</th>
        <td 【 ❶ 】="2">153～160cm</td>
    </tr>
    <tr>
        <th>M</th>
    </tr>
    <tr>
        <th>L</th>
        <td 【 ❶ 】="【 ❷ 】">159～166cm
        </td>
    </tr>
    <tr>
        <th>XL</th>
    </tr>
    <tr>
        <th>XXL</th>
    </tr>
</table>
```

 Q1：❶th ❷td　Q2：colspan　Q3：❶rowspan ❷3

フォームを
マークアップしよう

An easy-to-understand guide to HTML & CSS

Lesson 06

フォームとは、姿や形式など「形」という意味を持った英単語です。webにおいては、ユーザーからの入力を受け付ける部分を指します。フォームの種類にはさまざまあり、「お問い合わせ」「掲示板」「資料請求」「アンケート」や、オンラインショップの「カート」もフォームのひとつです。

6-1 フォームの基本を身につける

フォームを使ったことはあるでしょうか。webサイトからお問い合わせをしたり、
アンケートに答えたりなど、webサイトには必ずと言ってよいほど
フォームを使ったページが存在します。
フォームの仕組みは少し複雑ですが、ひとつずつ理解していきましょう。

フォームの仕組み

情報をwebサーバーに送る

ユーザーが何らかの情報を入力して送信する形式を
「フォーム（入力フォーム）」と言います。フォームに入力
したデータ（内容）は、どこに届くのでしょうか。

そもそも、webサイトはwebサーバーという場所にデータ
が置かれています。ユーザーがwebサイト上で入力した
データ（内容）は、webサーバーに送信されます。データ

を受け取ったwebサーバー内のプログラムは、その情報
を処理します。たとえば、webサイトで検索フォームにキー
ワードを入力して検索ボタンを押すと、画面にはすぐに検
索結果が表示されます。これは、あなたからデータ（検索
キーワード）を受け取ったプログラムが、「検索結果を表
示する」という処理をしたのです。

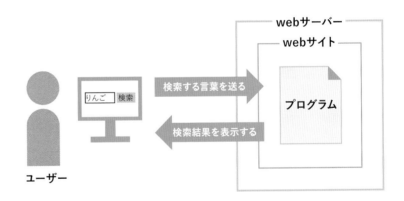

フォームを定義する「form要素」

フォームを作るにはまずformタグを記述します。そして
\<form\>～\</form\> の内側にフォームの入力エリア
などの要素を入れていきます。

また、form要素は属性を使用して、入力したデータの送
信先や送信方法も指定します。action属性では入力した
データをどこに送信するかを定義します。データを受け取
るプログラムファイルへのパスやURLを記述します。

method属性では入力したデータをどのように送信するか

を定義します。getまたはpostを指定します。「**get**」は
URLの末尾にデータをつけてwebサーバーに送信しま
す。URLにデータが表示されるので、他の人にも見られ
る可能性があります。パスワードなどの機密情報を扱う場
合は使えません。「**post**」はデータを見えない部分につ
けた状態でwebサーバーに送信します。一般的には、
postを使う場合がほとんどです。

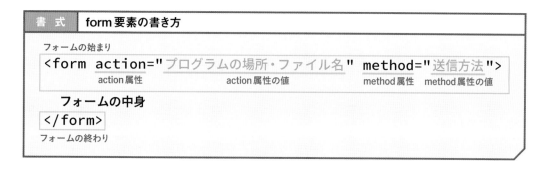

| 書 式 | form要素の書き方 |

フォームの始まり
```
<form action="プログラムの場所・ファイル名" method="送信方法">
```
action属性　　　　　action属性の値　　　method属性　method属性の値

フォームの中身
```
</form>
```
フォームの終わり

お名前 [　　　　　] 送信する
入力フォームの例。送信ボタンもフォーム要素のひとつ

STEP 01 フォームの外枠をマークアップする　　Lesson 06 ▶ 6-1 ▶ 6-1-1

1 ［6-1-1］フォルダのHTMLファイル「6-1-1.html」をエディタで開きます。

2 **<body>〜</body>** のあいだに、フォーム全体を囲むformタグを書きます。action属性は入力したデータの送信先を指定します。この例では **action="program.php"** を指定していますが、本書の学習ではプログラムファイルを用意しないため送信はされません。ブラウザには何も表示されませんが心配ありません。フォームを作成するにはformタグの内側に、フォームのパーツとなる子要素を書く必要があります。次のステップから子要素を記述していきます。

```
<body>
<form action="program.php"
method="post">
</form>
</body>
```

PHPとは?

PHPとは、Hypertext Preprocessorを略したスクリプト言語です。webプログラムにおいてはもっとも使われている言語のひとつです。先ほどaction属性に指定したプログラムファイル「program.php」はPHPを使って書かれています。PHPファイルはPHPが インストールされたwebサーバーでのみ動作します。たとえば、お問い合わせフォームのPHPファイルは「フォームから送信された情報を受け取る」「フォームに入力した内容の確認をするためのwebページを作る」「メールを送信する」などを実行します。

フォームの入力形式を定義する「input要素」

form要素の内側に「input要素」を使用して入力欄やボタンなどのフォームの部品を作成します。input要素は「type属性」で指定する値によって、部品の形式が変わります。また、OSやブラウザの種類によっても多少見た目が異なります。

type属性に設定できる値

属性値	フォームの部品の形式	表示
text	1行のテキストボックス（複数行の場合はtextarea要素を使う）	
password	パスワード（入力した文字が伏せ字で表示される）	
checkbox	チェックボックス（入力時に複数選択が可能）	☐チェックボックス
radio	ラジオボタン（1つしか選択できないことがチェックボックスとの違い）	○ラジオボタン
file	ファイルの添付	ファイルを選択　選択されていません
hidden	画面上に表示せずにデータを送信する（プログラムの処理のために使用）	画面には表示されない
submit	送信ボタン	送信
reset	リセットボタン（入力した内容をキャンセルして初期状態に戻す）	リセット
button	汎用のボタン	ボタン
image	画像を使用したボタン	今すぐ応募する

属性値	フォームの部品の形式	表示
search	検索キーワード	
tel	電話番号	

属性値	フォームの部品の形式	表示
url	URL	
email	メールアドレス	
date	日付の入力欄	

※「search」では日本語入力、「tel」では数字入力、「url」ではピリオドやスラッシュ、「email」ではアットマークが表示されたキーボードにそれぞれ切り替わる

その他の主な属性

属性名	役割
checked 属性	ラジオボタンやチェックボックスをあらかじめチェック済みにする
maxlength 属性	入力できる最大文字数を指定する
size 属性	入力欄の幅を文字数で指定する
src 属性	type属性の値が「image」である場合に画像ファイルのURLを指定する
required 属性	入力が必ず必要な項目に指定することで、未入力時にエラーを表示させる
name 属性	要素の名前を指定する
value 属性	初期値を指定する

書 式　input要素の書き方

```
<form action="program.php" method="post">
    <input type="入力する形式" name="名前">
</form>      type属性   type属性の値   name属性   name属性の値
```

STEP **02** input要素をマークアップする　　Lesson 06 ▶ 6-1 ▶ 6-1-2

1　[6-1-2] フォルダのHTMLファイル「6-1-2.html」をエディタで開きます。
form要素があらかじめ記述されています。

2　「入力する内容名」と「入力欄」が対になる箇条書きの形にするため、説明リスト
であるdl要素を使います。form要素の内側にdl要素を記述しましょう。

```
<body>
<form action="program.php"
method="post">
    <dl>
    </dl>
</form>
</body>
```

```
 7  <body>
 8  <form action="program.php" method="post">
 9      <dl>
10      </dl>
11  </form>
12  </body>
```

3 名前の入力欄を作っていきます。dtタグで「名前」を囲みます。

```
<body>
<form action="program.php"
method="post">
    <dl>
        <dt>名前</dt>
    </dl>
</form>
</body>
```

4 dd要素を記述し、さらにその内側にinput要素を記述します。input要素のtype
属性の値に1行分のテキストを入力する形式である「text」を指定します。name
属性の値には「your-name」(あなたの名前)を指定しましょう。nama属性は入
力項目をプログラムで処理するための名前のため、必ずつけます。名前を入力
するための1行のテキストボックスができました。

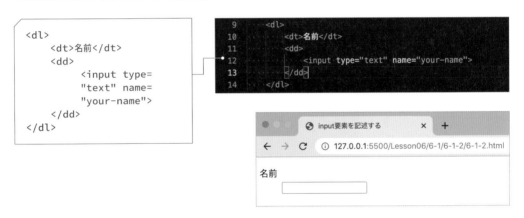

```
<dl>
    <dt>名前</dt>
    <dd>
        <input type=
        "text" name=
        "your-name">
    </dd>
</dl>
```

5 次に性別の入力欄を作ります。dtタグで「性別」を囲みます。

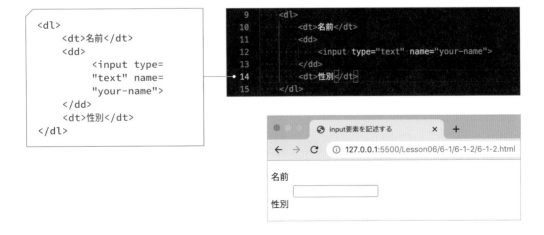

```
<dl>
    <dt>名前</dt>
    <dd>
        <input type=
        "text" name=
        "your-name">
    </dd>
    <dt>性別</dt>
</dl>
```

6 dd要素を記述し、さらにその内側にinput要素を記述します。input要素のtype属性の値にはラジオボタンである「**radio**」を指定します。name属性の値には「gender」、webサーバーへ送信する値であるvalue属性の値は「man」(男)を指定しましょう。input要素のtype属性の値が「**radio**」のときは、必ずvalue属性を指定します。value属性の値が指定されていないとプログラム側にとっては情報が「空欄」の状態になり、どのような選択肢が選ばれたのかを判別できません。inputタグの直後には「男」と記述します。

```
<dl>
    <dt>名前</dt>
    <dd>
        <input type="text" name="your-name">
    </dd>
    <dt>性別</dt>
    <dd>
        <input type="radio" name="gender" value="man">男
    </dd>
</dl>
```

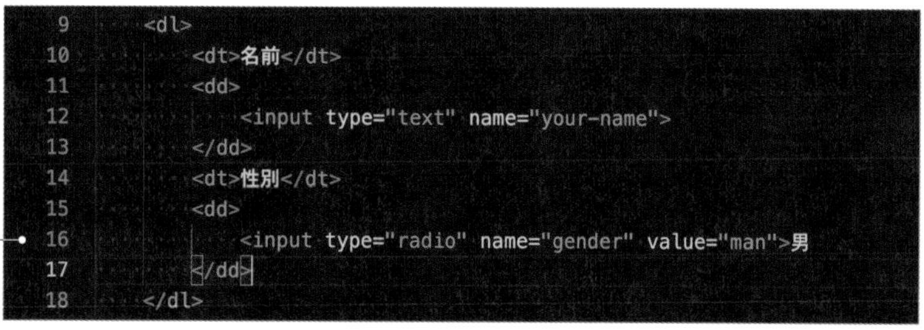

```
 9      <dl>
10          <dt>名前</dt>
11          <dd>
12              <input type="text" name="your-name">
13          </dd>
14          <dt>性別</dt>
15          <dd>
16              <input type="radio" name="gender" value="man">男
17          </dd>
18      </dl>
```

ブラウザ表示:input要素を記述する 127.0.0.1:5500/Lesson06/6-1/6-1-2/6-1-2.html

名前

性別
○男

フォームをマークアップしよう Lesson 06 07 08 09 10 11 12 13 14 15

7 ラジオボタンの選択肢をもうひとつ作るため、再度input要素を記述します。type属性と
name属性は手順 **6** と同じ値を記述します。value属性の値は「woman」（女）を指定し
ます。そしてinputタグの直後には「女」と記述します。性別を選択するためのラジオボタ
ンができました。

```
<dt>性別</dt>
<dd>
    <input type="radio" name="gender" value="man">男
    <input type="radio" name="gender" value="woman">女
</dd>
```

```
14          <dt>性別</dt>
15          <dd>
16              <input type="radio" name="gender" value="man">男
17              <input type="radio" name="gender" value="woman">女
18          </dd>
```

8 最後にプロフィール画像ファイルの添付ボタンを作ります。dtタグで「プロフィール画像」
を囲みます。

```
<dt>性別</dt>
<dd>
    <input type="radio" name="gender" value="man">男
    <input type="radio" name="gender" value="woman">女
</dd>
<dt>プロフィール画像</dt>
</dl>
```

```
14          <dt>性別</dt>
15          <dd>
16              <input type="radio" name="gender" value="man">男
17              <input type="radio" name="gender" value="woman">女
18          </dd>
19          <dt>プロフィール画像</dt>
20      </dl>
```

9 dd要素を記述し、さらにその内側にinput要素を記述します。input要素のtype属性の値にファイルを添付する形式である「**file**」を指定します。name属性の値には「profile-image」（プロフィール画像）を指定しましょう。プロフィール画像ファイルを添付するためのボタンが追加されました。

```
<dd>
    <input type="radio" name="gender" value="man">男
    <input type="radio" name="gender" value="woman">女
</dd>
<dt>プロフィール画像</dt>
<dd>
    <input type="file" name="profile-image">
</dd>
```

```
15          <dd>
16              <input type="radio" name="gender" value="man">男
17              <input type="radio" name="gender" value="woman">女
18          </dd>
19          <dt>プロフィール画像</dt>
20          <dd>
21              <input type="file" name="profile-image">
22          </dd>
23      </dl>
```

チェックボックス・ラジオボタンの value属性

CHECK!

value属性はデータの初期値を指定する属性です。テキストの入力欄の場合は初期の入力値になり、チェックボックスやラジオボタンでは選択したときに送信する値、ボタンではボタン名を表します。

チェックボックスやラジオボタンではvalue属性を書き忘れないように注意しましょう。チェックボックスやラジオボタンでvalue属性の値が指定されていないと、プログラムに空（から）の値が送信されてしまいます。

6-2 入力形式に合わせたフォームパーツを作る

フォームは、webサイトの運営者がユーザーとコンタクトを取ることができる大事な手段です。
入力に手間がかかるフォームだと、ユーザーは入力せずにページを去ってしまう可能性があります。
簡単かつ正確に入力できるフォームにするため、
さまざまなフォームのパーツ（部品）の作り方を覚えていきましょう。

メニューを作成する「select要素」「option要素」

select要素は、メニュー（セレクトボックス）を作成することができます。メニューの選択肢には、option要素を使用します。初期表示は「プルダウンメニュー（またはドロップダウンメニュー）」です。プルダウンメニューとは、クリックすることで複数のメニュー項目を表示し、その項目の中から選択する形式です。

select要素に指定できる属性

属性名	役割
name属性	入力項目をプログラムで処理するための名前を指定する
size属性	同時に表示するメニュー項目（選択肢）の数を指定する
required属性	入力が必ず必要な項目に指定することで、未入力時にエラーメッセージを表示させる

option要素に指定できる属性

属性名	役割
value属性	あらかじめwebサーバーに送信する値を指定しておき、ユーザーに選択肢の中から選ばせる
selected属性	選択肢をあらかじめ選択済みにする

書式　select要素・option要素の書き方

```
<form action="program.php" method="post">
    <select name="名前">
        <option value="選択肢の値1つ目" selected>選択肢1つ目</
        option>
        <option value="選択肢の値2つ目">選択肢2つ目</option>
        <option value="選択肢の値3つ目">選択肢3つ目</option>
    </select>
</form>
```

name属性　name属性の値
value属性　　value属性の値　　selected属性

選択肢1つ目 ⌄　→　✓ 選択肢1つ目
　　　　　　　　　選択肢2つ目
　　　　　　　　　選択肢3つ目

STEP **01**　プルダウンメニューを作る

Lesson 06 ▶ 6-2 ▶ 6-2-1

ここでは血液型を選択させるフォームを作成してみましょう。

1 [6-2-1] フォルダのHTMLファイル「6-2-1.html」をエディタで開きます。あらかじめform要素が記述されています。

2 form要素の内側に、メニュー（セレクトボックス）であるselect要素を記述します。select要素のnama属性の値は「blood-type」（血液型）を指定します。nama属性は入力項目をプログラムで処理するための名前なので、必ずつけます。

```
<form action="program.php"
method="post">
    <select name="blood-type">
    </select>
</form>
```

3 select要素の内側に、optionタグを使って選択肢を記述します。option要素ではvalue属性を必ず指定します。value属性の値が指定されていないとプログラム側にとっては情報が「空欄」の状態になり、どのような選択肢が選ばれたのかを判別できません。これでプルダウンメニューが完成しました。

```
<form action="program.php"
method="post">
    <select name="blood-type">
        <option value="A">A型</
        option>
        <option value="B">B型</
        option>
        <option value="O">O型</
        option>
        <option value="AB">AB型</
        option>
    </select>
</form>
```

複数行の文字データ「textarea要素」

textarea要素では、複数行の文字を入力できる入力欄を作成することができます。

textarea要素に指定できる属性

属性名	役割
cols属性	1行あたりの最大文字数を指定する
rows属性	入力欄の高さを行数で指定する
wrap属性	入力した文字の自動的な折り返しルールを指定する
maxlength属性	入力可能な最大文字数を指定する
minlength属性	設定した文字数より下回る場合は入力不可に指定する
name属性	入力項目の名前を指定する
placeholder属性	入力する内容のヒントとなる言葉や例文を指定する
required属性	入力が必ず必要な項目に指定することで、未入力時にエラーメッセージを表示させる

書式　　textarea要素の書き方

```
<form action="program.php" method="post">
    <textarea name="名前"></textarea>
</form>
```
name属性　　name属性の値

COLUMN

textarea要素の実例から指定方法を学ぶ①

textarea要素の使用例を見てみましょう。下図はコメントを入力するためのフォームです。コメントの入力欄にはtextarea要素を使っています。name属性には「comment」と任意の名前をつけます。cols属性は「30」、rows属性は「10」と指定して1行あたりの最大文字数を30文字、高さは10行分の入力欄にします。maxlength属性を「300」、

minlength属性を「5」に指定することで、入力できる文字数を5文字以上300文字以内にしています。placeholder属性に指定した文字列が入力欄に表示されており、ユーザーに入力する内容のヒントを伝えています。なお、実際の使い勝手を考えて文字数や入力フォームのサイズは少し多めに取りましょう。

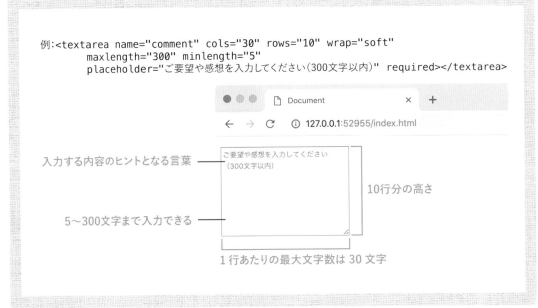

```
例:<textarea name="comment" cols="30" rows="10" wrap="soft"
        maxlength="300" minlength="5"
        placeholder="ご要望や感想を入力してください(300文字以内)" required></textarea>
```

入力する内容のヒントとなる言葉

10行分の高さ

5〜300文字まで入力できる

1行あたりの最大文字数は30文字

STEP 02　複数行の文字を入力するテキストエリアを作る

1　[6-2-2] フォルダのHTMLファイル「6-2-2.html」をエディタで開きます。
あらかじめform要素が記述されています。

Lesson 06 ▶ 6-2 ▶ 6-2-2

2　form要素の内側にtextarea要素を記述します。textarea要素のname属性には「comment」(コメント)を、入力欄の高さを行数で指定するrows属性には「4」を指定します。4行の高さのテキストエリアが完成しました。rows属性とcols属性を指定した場合でも、ブラウザによって見た目の高さは異なります。

```html
<body>
<form action="program.php"
method="post">
    <textarea name="comment"
    rows="4"></textarea>
</form>
</body>
```

ボタンを作成する「button要素」

button要素ではボタンを作成することができます。機能はinput要素で作成するボタンと同じです。
type属性でボタンの種類を指定できます。ボタン上のテキスト表示を変えたり、画像を表示させたりできます。

button要素のtype属性に指定できる値

値	役割
submit	フォームに入力した内容を送信するボタン(初期値)
reset	フォームに入力した内容をリセット(消去)するボタン
button	何もしない汎用的な押しボタン

書 式	button要素の書き方

```html
<form action="program.php" method="post">
    <button type="ボタンの種類" name="名前">ボタン
         type属性     type属性の値    name属性   name属性の値
    に表示するテキスト</button>
</form>
```

送信する

STEP **03**　ボタンを作成する

 Lesson 06 ▶ 6-2 ▶ 6-2-3

1　[6-2-3] フォルダのHTMLファイル「6-2-3.html」をエディタで開きます。あらかじめ
form要素とtextarea要素が記述されています。

2　textarea要素の次の行に、button要素を記述します。button要素のtype属性
には送信ボタンである「**submit**」、name属性には「send」（送る）を指定しま
す。フォームに入力した内容を送信するためのボタンが完成しました。

```html
<form action="program.php" method="post">
    <textarea name="comment" rows="4"></textarea>
    <button type="submit" name="send">コメントを送信する</button>
</form>
```

「label要素」を使って入力しやすいフォームを作る

label要素は、フォームを構成する項目名（ラベル）と入力欄を紐づける
ために使用します。label要素を使用することで、ユーザーが項目名をクリッ
クしただけで、入力や項目の選択ができる状態になります。使用方法は2
通りあります。2つのステップで詳しく見ていきましょう。

STEP **04**　label要素でシンプルに囲む

Lesson 06 ▶ 6-2 ▶ 6-2-4

項目名と入力欄をlabel要
素で囲むことで、項目名と入
力欄の紐づけができます。

書式	label要素の書き方①

```
<form action="program.php" method="post">
    <label>項目名 入力欄 </label>
</form>
```

1　[6-2-4] フォルダの
HTMLファイル「6-2-
4.html」をエディタで
開きます。あらかじめ
form要素が記述され
ています。

```
6-2-4.html — hcv2_download
エクスプローラー                6-2-4.html ×
HCV2_DOWNLOAD        Lesson06 > 6-2 > 6-2-4 > 6-2-4.html > html > body > form
> Lesson01            1  <!DOCTYPE html>
> Lesson03            2  <html lang="ja">
> Lesson04            3  <head>
> Lesson05            4      <meta charset="UTF-8">
∨ Lesson06           5      <title>紐付ける項目名と入力欄をlabel要素で囲む</title>
 > 6-1               6  </head>
 ∨ 6-2               7  <body>
  > 6-2-1            8  <form action="program.php" method="post">
  > 6-2-2            9
  > 6-2-3           10  </form>
  ∨ 6-2-4           11  </body>
   > 完成           12  </html>
     6-2-4.html
  > 6-2-5
 > 6-3
> Lesson08
```

2　form要素の内側に「お名前」という文字とinput要素を記述します。
input要素のtype属性の値には1行分のテキストを入力する形式である
「**text**」を、name属性の値には「**your-name**」（あなたの名前）を指定
します。1行のテキストボックスが表示されました。「お名前」をクリックし
てみてください。何も変化しないはずです。

```
<body>
<form action="program.php" method="post">
    お名前<input type="text" name="your-name">
</form>
</body>
```

```
 8  <form action="program.php" method="post">
 9      お名前<input type="text" name="your-name">
10  </form>
```

クリック

3 項目名と入力欄の紐付けをします。「お名前」という文字列とinput要素を`<label>`～
`</label>`で囲むように記述します。表示に変化はありませんが、文字列「お名前」を
クリックしてみてください。テキストボックスがアクティブに変わりました。

```
<body>
<form action="program.php" method="post">
    <label>お名前<input type="text" name="your-name"></label>
</form>
</body>
```

```
 8    <form action="program.php" method="post">
 9        <label>お名前<input type="text" name="your-name"></label>
10    </form>
```

クリック → お名前

STEP 05　label要素のfor属性を使う

Lesson 06 ▶ 6-2 ▶ 6-2-5

label要素には「for属性」を指定できます。label要素のfor属性の値と入力欄の
id属性の値を同じにすることで、項目名と入力欄を紐付けられます。

書　式	**label要素の書き方②**

```
<form action="program.php" method="post">
    <label for="入力欄のid属性の値">項目名</label>入力欄
</form>
```

1 [6-2-5]フォルダのHTML
ファイル「6-2-5.html」を
エディタで開き、ブラウザ
で表示します。「お名前」
という文字と、1行のテキス
トボックスが表示されます。
「お名前」をクリックしてみ
てください。何も変化しな
いはずです。

```
1   <!DOCTYPE html>
2   <html lang="ja">
3   <head>
4       <meta charset="UTF-8">
5       <title>label要素の「for属性」と入力欄のid属性の値を同じものにする</title>
6   </head>
7   <body>
8   <form action="program.php" method="post">
9       <dl>
10          <dt>お名前</dt>
11          <dd><input type="text" id="your-name"></dd>
12      </dl>
13  </form>
14  </body>
15  </html>
```

クリック → お名前

2 項目名と入力欄の紐付けをします。下記のように、「お名前」を**<label for="your-name">～</label>**で囲みます。このとき、for属性の値はinput要素のid名である「your-name」を指定します。表示に変化はありませんが、「お名前」をクリックしてみてください。テキストボックスがアクティブに変わります。

```html
<form action="program.php" method="post">
    <dl>
        <dt><label for="your-name">お名前</label></dt>
        <dd><input type="text" id="your-name"></dd>
    </dl>
</form>
```

```
 8  <form action="program.php" method="post">
 9      <dl>
10          <dt><label for="your-name">お名前</label></dt>
11          <dd><input type="text" id="your-name"></dd>
12      </dl>
13  </form>
```

クリック → お名前

COLUMN

textarea要素の実例から指定方法を学ぶ②

wrap属性は入力した文字の自動的な折り返しルールを決める属性です。wrap属性の値には「soft」「hard」「off」が指定できます。「soft」と「hard」は自動的に折り返します（下左図）。「soft」はサーバーへの送信内容には影響せず、「hard」は送信内容にも折り返しが反映されます。「off」と指定すると入力した文章は折り返しません（下右図）。

required属性を指定すると、その入力項目が必ず入力しなければならないことをブラウザに知らせることができます。入力しないまま送信しようとすると、エラーメッセージが表示されます。

この商品は初めて購入しました。使ってみて、とても気に入りました。またリピートしたいと考えています。これからもよろしくお願いします。

送信

「wrap="soft"」と指定した場合、入力した文章は自動で折り返す（サーバーに送信する内容には影響しない）

ご要望や感想を入力してください（300文字以内）

! このフィールドを入力してください。

「required」を指定した項目に入力がないまま送信ボタンを押した場合、エラーメッセージが表示される

この商品は初めて購入しました。使っ

送信

「wrap="off"」と指定した場合、入力した文章は折り返さない

6-3 お問い合わせフォームを作る

ここまでで、フォームの仕組みや基本の記述ルールを学んできました。
このページでは、学んだ内容を確認しながら実際にフォームを作ってみましょう。
webサイトから問い合わせをするためのフォームを作成します。

STEP 01　お問い合わせフォームを作る

Lesson 06 ▶ 6-3 ▶ 6-3-1

コーポレートサイトなどでもっとも多く見られるフォームは
「お問い合わせ」をするためのフォームです。企業にとっ
ては、ユーザーから連絡をしてもらうための大事な接点で
す。ではお問い合わせフォームを実際に作ってみましょう。
まずは完成図を確認してください。チェックボックスやテキ
スト入力、ラジオボタンなど、フォームの基本的な入力項
目を組み合わせたフォームです。

完成図

1　[6-3-1] フォルダのHTMLファイル「6-3-1.html」をエディタで開きます。

2 **`<body>`~`</body>`** のあいだに、フォーム全体を囲むformタグを書きます。action
属性は入力したデータの送信先を指定します。この例では「**`action="program.php"`**」を指定していますが、プログラムファイルを用意しないため送信はされません。

```
<body>
<form action="program.php"
method="post">
</form>
</body>
```

```
 7    <body>
 8    <form action="program.php" method="post">
 9    </form>
10    </body>
```

3 formタグの内側に、下記のように質問項目のテキストを記述します。

```
<form action="program.php"
method="post">
    お問い合わせの種別
    お名前
    ふりがな
    メールアドレス
    性別
    どこでお知りになりましたか？
    お問い合わせ・ご質問内容
</form>
```

```
 8    <form action="program.php" method="post">
 9        お問い合わせの種別
10        お名前
11        ふりがな
12        メールアドレス
13        性別
14        どこでお知りになりましたか？
15        お問い合わせ・ご質問内容
16    </form>
```

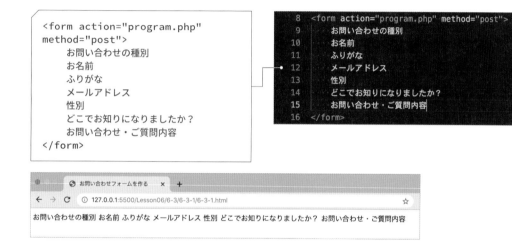

お問い合わせの種別 お名前 ふりがな メールアドレス 性別 どこでお知りになりましたか？ お問い合わせ・ご質問内容

4 質問項目を説明リストでマークアップしましょう。form
タグの内側にdlタグを記述し、質問項目をdtタグで
囲みます。フォームの入力項目を入れるための空の
ddタグもセットで記述します。

```
<form action="program.php"
method="post">
    <dl>
        <dt>お問い合わせの種別</dt>
        <dd></dd>
        <dt>お名前</dt>
        <dd></dd>
        <dt>ふりがな</dt>
        <dd></dd>
        <dt>メールアドレス</dt>
        <dd></dd>
        <dt>性別</dt>
        <dd></dd>
        <dt>どこでお知りになりましたか？</dt>
        <dd></dd>
        <dt>お問い合わせ・ご質問内容</dt>
        <dd></dd>
    </dl>
</form>
```

```
 8    <form action="program.php" method="post">
 9        <dl>
10            <dt>お問い合わせの種別</dt>
11            <dd></dd>
12            <dt>お名前</dt>
13            <dd></dd>
14            <dt>ふりがな</dt>
15            <dd></dd>
16            <dt>メールアドレス</dt>
17            <dd></dd>
18            <dt>性別</dt>
19            <dd></dd>
20            <dt>どこでお知りになりましたか？</dt>
21            <dd></dd>
22            <dt>お問い合わせ・ご質問内容</dt>
23            <dd></dd>
24        </dl>
25    </form>
```

お問い合わせの種別
お名前
ふりがな
メールアドレス
性別
どこでお知りになりましたか？
お問い合わせ・ご質問内容

5 フォームを送信するときに必ず入力してほしい項目に目印（※）をつけます。「お名前」「ふりがな」「メールアドレス」に「**<span class="must">※</span>**」を記述します。Lesson 13で「※」マークを装飾するため、「must」というクラス名をつけておきます。

```
<dt>お問い合わせの種別</dt>
<dd></dd>
<dt>お名前<span class="must">※</span></dt>
<dd></dd>
<dt>ふりがな<span class="must">※</span></dt>
<dd></dd>
<dt>メールアドレス<span class="must">※</span></dt>
<dd></dd>
```

6 いよいよフォームの入力項目を記述していきます。「お問い合わせの種別」項目は、チェックボックスで選べるようにします。input要素のtype属性には「**checkbox**」を指定します。項目名をクリックして選択できるようにlabel要素で囲みます。

```
<dt>お問い合わせの種別</dt>
<dd>
    <label><input type="checkbox" name="category" value="
    お問い合わせ">お問い合わせ</label>
    <label><input type="checkbox" name="category" value="
    新規お申し込み">新規お申し込み</label>
    <label><input type="checkbox" name="category" value="
    資料請求">資料請求</label>
</dd>
```

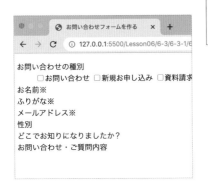

7 「お名前」「ふりがな」は文字を入力する項目です。input要素のtype属性で「**text**」を指定します。必ず入力する項目なので「**required**」も記述します。また、入力例をplaceholder属性で指定しましょう。

```html
<dt>お名前<span class="must">※</span></dt>
<dd>
    <input type="text" name="name" required placeholder="田中 太郎">
</dd>
<dt>ふりがな<span class="must">※</span></dt>
<dd>
    <input type="text" name="kana" required placeholder="たなか たろう">
</dd>
```

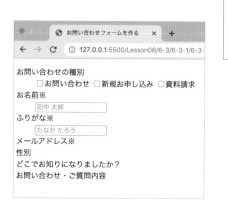

8 「メールアドレス」の入力項目は、input要素のtype属性で「**email**」を指定します。手順 **7** と同様に、必ず入力する項目なので「**required**」を記述します。また、入力例をplaceholder属性で指定します。

```html
<dt>メールアドレス<span class="must">※</span></dt>
<dd>
    <input type="email" name="email" required placeholder="sample@test.com">
</dd>
```

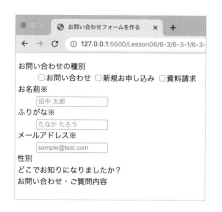

9 「性別」項目はラジオボタンで選択できるようにします。input要素のtype属性に「**radio**」を指定します。項目名のクリックでボタンが選択できるようにlabel要素で囲みます。

```html
<dt>性別</dt>
<dd>
    <label><input type="radio" name="sex" value="男">男</label>
    <label><input type="radio" name="sex" value="女">女</label>
</dd>
```

10 「どこでお知りになりましたか?」項目には、select要素を使用します。下記のように記述しましょう。

```html
<dt>どこでお知りになりましたか?</dt>
<dd>
    <select name="how">
        <option value="チラシ・DM">チラシ・DM</option>
        <option value="知り合いからの紹介">知り合いからの紹介</option>
        <option value="その他">その他</option>
    </select>
</dd>
```

11 「お問い合わせ・ご質問内容」項目にはtextarea要素を使用します。入力欄に5行の高さを設け、1
行あたりの文字数を20文字に指定します。

```
<dt>お問い合わせ・ご質問内容</dt>
<dd>
    <textarea name="comment" cols="20" rows="5"></textarea>
</dd>
</dl>
```

```
40          </dd>
41          <dt>お問い合わせ・ご質問内容</dt>
42          <dd>
43              <textarea name="comment" cols="20" rows="5"></
                textarea>
44          </dd>
```

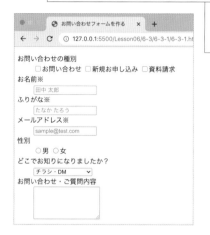

12 最後に、送信ボタンを記述して完成です。

```
        <dt>お問い合わせ・ご質問内容</dt>
        <dd>
            <textarea name="comment" cols="20" rows="5"></textarea>
        </dd>
    </dl>
    <p class="submit"><input type="submit" name="submit" value="送信する"></p>
</form>
</body>
```

```
42          <dd>
43              <textarea name="comment" cols="20" rows="5"></
                textarea>
44          </dd>
45      </dl>
46      <p class="submit"><input type="submit" name="submit"
        value="送信する"></p>
47  </form>
```

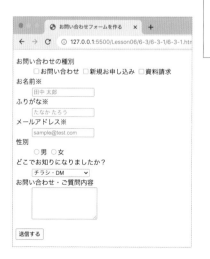

フォームをマークアップしよう　Lesson 06 | 07 | 08 | 09 | 10 | 11 | 12 | 13 | 14 | 15

Lesson 06　練習問題

Q1　1行のテキストボックス

下記は、名前を送信するフォームのコードです。完成図を見ながら【❶】から【❹】に当てはまるタグを答えてください。なお、「名前」というテキストをクリックするとテキストボックスがアクティブになるようにしてください。

```
<form action="program.php" method="post">
    <【❶】>名前<【❷】 type="【❸】"
    name="your-name"></【❶】>
    <【❷】 type="【❹】" name="button"
    value="送信する">
</form>
```

● 完成図　お名前 [_____]　[送信する]

Q2　1つだけ選択する選択肢

下記のコードは、フォームの部品です。選択肢の中から1つだけチェックを入れられます。完成図を見ながら空欄【　】に当てはまる記述を答えてください。
※空欄【❷】はQ1の❷と同じ記述が入ります。

```
<form action="program.php" method="post">
    <【❷】 type="【　】" name="packing"
    value="normal" checked="checked">通常包装
    <【❷】 type="【　】" name="packing"
    value="
wrapping-a">ラッピングA
    <【❷】 type="【　】" name="packing"
    value="wrapping-b">ラッピングB
</form>
```

● 完成図　◉通常包装 ○ラッピングA ○ラッピングB

Q3　複数を選択できる選択肢

下記のコードは、フォームの部品です。選択肢の中から複数にチェックを入れられます。完成図を見ながら空欄【　】に当てはまる記述を答えてください。
※空欄【❷】はQ1・Q2の❷と同じ記述が入ります。

```
<form action="program.php" method="post">
    <p><【❷】 type="【　】" name=
    "mailmagazine" value="shop"
    checked="checked">店舗からのお知らせ・キャンペーン案内</p>
    <p><【❷】 type="【　】"
    name="mailmagazine" value="online">オンラインショップのお知らせ・キャンペーン案内</p>
    <p><【❷】 type="【　】"
    name="mailmagazine" value="brand">ブランドニュース</p>
</form>
```

● 完成図　☑店舗からのお知らせ・キャンペーン案内

　　　　　 □オンラインショップのお知らせ・キャンペーン案内

　　　　　 □ブランドニュース

Q4　プルダウンメニューを作る

下記のコードは、フォームの部品です。完成図を見ながら【❶】と【❷】に当てはまる記述を答えてください。

```
<form action="program.php" method="post">
    <【❶】 name="category">
        <【❷】 value="各種サービス・手続きについて" selected>各種サービス・手続きについて</option>
        <【❷】 value="操作方法について">操作方法について</option>
        <【❷】 value="お支払い・プランについて">お支払い・プランについて</option>
        <【❷】 value="その他">その他</option>
    </【❶】>
</form>
```

● 完成図　[各種サービス・手続きについて ▼]　┌─────────────┐
　　　　　　　　　　　　　　　　　　　　　│ ✓各種サービス・手続きについて│
　　　　　　　　　　　　　　　　　　　　　│ 操作方法について   │
　　　　　　　　　　　　　　　　　　　　　│ お支払い・プランについて   │
　　　　　　　　　　　　　　　　　　　　　│ その他   │
　　　　　　　　　　　　　　　　　　　　　└─────────────┘

Q5　複数行の文字を入力するテキストエリア

下記のコードは、フォームの部品です。複数行の文字を入力するテキストエリアです。完成図を見ながら空欄【　】に当てはまる記述を答えてください。

```
<form action="program.php" method="post">
    <【　】 name="message" cols="50" rows=
    "4"></【　】>
</form>
```

● 完成図　[_____]

Q6　ボタンを作る

下記のコードは、フォームのボタンです。完成図を見ながら空欄【　】に当てはまる記述を答えてください。

```
<form action="program.php" method="post">
    <【　】 type="submit" name="confirm">送信内容を確認する</【　】>
</form>
```

● 完成図　[送信内容を確認する]

Q1: ❶label ❷input ❸text ❹submit
Q2: radio　Q3: checkbox
Q4: ❶select ❷option　Q5: textarea
Q6: button

CSSコーディングの
基本を学ぼう

An easy-to-understand guide to HTML & CSS

Lesson 07

HTMLで構成した要素に装飾を加えるための言語「CSS」について学んでいきましょう。役割や使い方など基本を理解することが、webサイトのデザインを行うために必要なはじめの一歩となります。

7-1 CSSとは

ここまで学習してきたHTMLはwebページの文書構造を記述するものですが、
これから解説する「CSS」は、webページのレイアウト（文字や画像の配置）や装飾を行うための技術で、
webサイトを作成するうえでHTML同様に欠かせない技術です。
このCSSの基礎から学んでいきましょう。

CSSとはどのような言語？

CSSは「Cascading Style Sheets（カスケーディング・スタイル・シート）」の略語です。CSSはwebサイトのレイアウトや装飾を施すための言語です。「スタイルシート」と呼ばれることもあります。

HTMLにもレイアウトや装飾をコントロールする記述は存在しますが、HTML本来の目的は文書内の情報に対して意味を与えることなので、HTMLで情報の装飾をコントロールすることは本来の役割から外れることになります。webサイトのレイアウトや装飾のためには、CSSが必須であるといえます。

また、文書構造（HTML）とスタイリング（CSS）を分離することで、HTMLの中身は変えずにCSSを変更するだけで、レイアウトや装飾を容易に調整できるため、webサイト制作の効率も向上します。

HTML

```
<h1>タイトル</h1>
<p>本文テキスト本文テキスト
<span>本文テキスト</span>
本文テキスト本文テキスト本文
テキスト</p>
<p><img src="image.jpg"
alt="画像の説明文" /></p>
```

CSS

```
タイトルの文字の大きさを30pxに
文字色は赤にする

本文テキスト内のspanタグ内の文
字は太字にする

画像は右に寄せる
```

タイトル

本文テキスト本文テキスト**本文テキスト**本文テキスト本文テキスト本文テキスト

画像

CSSでできること

各要素にcolor属性などで装飾を行っていないHTMLファイルをwebブラウザで表示すると、背景が白色で文字色は黒色で表現されます。CSSを用いることで、文字色を変更したり、フォントサイズを変更するなどさまざまな装飾を施すことができます。

また、HTMLでマークアップした各要素は、左上から順番に改行されて配置されます。CSSを用いて要素を横並びにしたり、配置を変えたりするなどレイアウトを調整することができます。CSSでレイアウトを調整しなくとも情報の取得という意味では問題ありませんが、情報をわかりやすく伝えたり魅力的に見せたりするなどの訴求力を高めるために、CSSで装飾をするとよいでしょう。

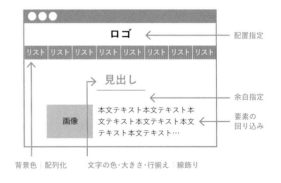

配置指定

余白指定

要素の回り込み

背景色｜配列化　　　文字の色・大きさ・行揃え｜線飾り

このほかにもさまざまな装飾が可能

7-2 CSSの基本ルールを身につける

CSSで装飾を行うための記述にはルールがあります。
「セレクタ」や「ルールセット」など、HTMLとは異なる概念や要素が登場しますので、
しっかりと基本的な書き方と特性を覚えましょう。

CSSの基本構造

HTMLと同様にCSSにも記述ルールがあります。CSSはHTMLのどの要素に、どのような装飾を、どれだけ設定するかを記述します。CSSを適用する箇所を「セレクタ」、どんな装飾にするかを設定する箇所を「プロパティ」、どれだけ装飾するか設定する箇所を「値」と呼びます。
また、CSSで装飾する見た目のことを「スタイル」と呼びます。

	名称	意味
どこに	セレクタ	装飾を設定する箇所を指定すること
どんな装飾	プロパティ	どのような装飾を設定したいか指定するところ ex.「文字の色を変えたい」など
どれだけ	値	プロパティに対して装飾する値を指定するところ ex.「文字の色を赤くしたい」など

CSSの記述ルール

まずは、セレクタの後ろに **{ }**（中括弧）と記述します。{} のあいだにプロパティと値を **:**（コロン）で区切り、値の後ろに **;**（セミコロン）を記述します。文字はすべて半角文字で入力します。

CSSの基本書式

> ## セレクタ { プロパティ: 値; }

たとえば、文章（p要素）の色を赤色に変えるスタイルを設定するとします。まずは装飾を行いたいHTML要素を指定する必要があるのでセレクタは「**p**」とします。次にどのような装飾を加えるかを指定するので、文字色を変更するためのプロパティは「**color**」とします。最後に装飾の詳細を指定します。ここでは文字色を赤色にしたいので、値は「**#ff0000**」となります。

```
セレクタ   プロパティ        値
 p  {  color:  #ff0000;  }
```

CHECK!

色の指定

記述例の値「#ff0000」は色の種類を表しているものです。色の指定についてはLesson08（P.164）で解説します。

ルールセットと宣言

前述の記述例一式を「ルールセット」と呼びます。そしてプロパティと値がまとまった
ものを「宣言」と呼びます。：（コロン）や；（セミコロン）などの記述場所を間違えたり、
記述を忘れると、スタイルが適用されないので注意しましょう。

ルールセットと宣言

ひとつのルールセットに対して宣言を複数、記述することができます。

書　式	複数記述する場合

```
セレクタ {
        プロパティ: 値;
        プロパティ: 値;
        プロパティ: 値;
}
```

記述例	見出しに3つの宣言を指定する

```
h1 {
        color: #ff0000;
        line-height: 1em;
        font-size: 40px;
}
```

スタイルの記述方法

スタイルの記述の仕方として

```
h1 {color: #ff0000;}
```

としてもいいのですが

```
h1 {
    color: #ff0000;
}
```

と改行を使って記述するほうが、CSSファイルの編集を
効率よく進めていくことができます。webサイトを作成して
いく場合、1つのセレクタに対して複数のスタイルをつける
ことが多いものです。その際、新しいスタイルを追加しや
すく、かつ読みやすくするには改行を適度に入れることが
ポイントです。本書では改行を使った記述スタイルで学習
を進めていきます。

7-3 HTMLにCSSを組み込む 3つの方法

CSSはHTMLと組み合わせて、はじめて機能することは先述しました。
ここではHTMLにCSSを組み込むための、3つの主な方法を解説します。

インラインでCSSを適用する

1つ目は「インライン」と呼ばれる、HTMLのタグに直接CSSを指定する方法です。つまりHTMLファイルの中に記述する方式です。指定するにはstyle属性を使用します。style属性の値は、CSSの基本であるプロパティと値の一対（いっつい）となります。

たとえばある見出しの文字色をピンポイントで赤色にする場合は、「**<h1 style="color: #ff0000;"**」と記述します。**style=""**の**"**と**"**のあいだに装飾する値を入力します。

書　式	インラインの指定方法

```
<タグ style="プロパティ: 値;">
```

記述例	インラインで指定する

```
<h1 style="color: #ff0000;">猫カフェ</h1>
```

エンベッドでCSSを適用する

2つ目は「エンベッド」と呼ばれる方法で、HTMLのhead要素にstyleタグを使用します。この方法もHTMLファイル内に記述する方式です。head要素の中に「**<style>~</style>**」のように記述し、**<style>**と**</style>**のあいだにCSSの指定を行います。

書　式	エンベッドの指定方法

```
<head>
    <style>
        セレクタ { プロパティ: 値; }
    </style>
</head>
```

139

記述例　**エンベッドで指定する**

```
<head>
    <style>
        h1 { color: #ff0000; }
    </style>
</head>
```

HTMLファイルの例

```
1  <!doctype html>
2  <html lang="ja">
3  <head>
4      <meta charset="utf-8">
5      <title>猫カフェ 仙台</title>
6      <style>
7          h1 {
8              color: #ff0000;
9          }
10         p {
11             color: #333333;
12         }
13     </style>
14 </head>
15 <body>
16     <h1>今週の猫ちゃん</h1>
17     <p>おはようございます。今週のおすすめ猫ちゃんはスコティッシュフォールドの花ちゃん。</p>
18 </body>
19 </html>
20
```

ブラウザで表示

リンクでCSSを適用する

3つ目は「リンク」と呼ばれる方法です。HTMLとは別にCSSだけを記述したファイル「CSSファイル」を用意し、HTMLのlink要素でCSSファイルを参照して使う方法です。

「インライン」や「エンベッド」は、HTMLとは別に用意したCSSファイルを読み込む必要がないので手軽な方法ですが、各HTMLファイルごとにCSSを書き込むことになり、webサイト全体に共通する装飾を変更する場合などでは、各HTMLファイルでCSSを変更するなど多くの手間

がかかってしまいます。

web制作の現場でCSSを組み込むのには、この「リンク」方式が採用されることが一般的です。そのため、CSSファイルを参照しているすべてのHTMLに対して同じCSSを適用することができる「リンク」方式は、ひとつのCSSファイルを変更すれば、参照しているHTMLすべてに対しても変更が適用されるので、webサイト全体に共通する装飾などを変更する場合に便利です。本書では「リンク」を用いて学習を進めていきます。

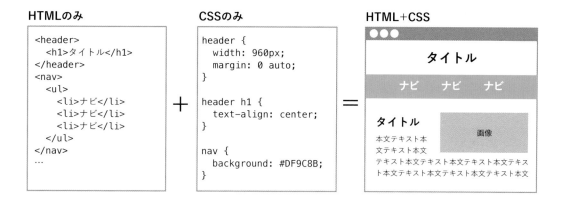

HTMLのみ

```
<header>
  <h1>タイトル</h1>
</header>
<nav>
  <ul>
    <li>ナビ</li>
    <li>ナビ</li>
    <li>ナビ</li>
  </ul>
</nav>
…
```

CSSのみ

```
header {
  width: 960px;
  margin: 0 auto;
}

header h1 {
  text-align: center;
}

nav {
  background: #DF9C8B;
}
```

HTML+CSS

1つのCSSファイルに記述された装飾が、サイト内の複数のHTMLファイルに反映される

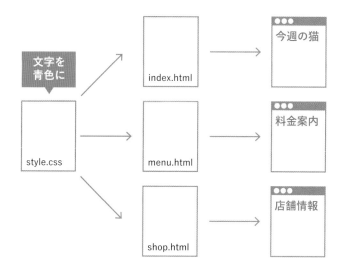

| 書 式 | リンクの指定方法 |

```
<head>
    <link href="ファイル名" rel="stylesheet">
</head>
```

| 記述例 | リンクの指定 |

```
<head>
    <link href="style.css" rel="stylesheet">
</head>
```

CSSコーディングの基本を学ぼう Lesson 07 | 08 | 09 | 10 | 11 | 12 | 13 | 14 | 15

STEP **01**　CSSファイルを作成する

CSSを記述したファイルの拡張子は「.css」となります。CSSファイルを作成するにはエディタを使用します。1行目からすぐにスタイルに関するコードを記述してもよいのですが、ブラウザでの文字化けの可能性を低くするためにも

CSSで使用する文字コードを定義するとよいでしょう。文字コードの種類はHTMLで指定したもの（P.042）と同じものです。文字コードを定義するには「**@charset "** 文字コード**";**」と入力します。

1　エディタで新規ファイルを作成します。Visual Studio Codeで［ファイル］＞［新規ファイル］を実行します。

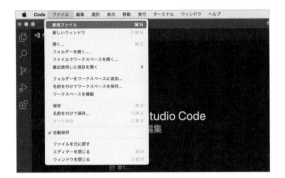

2　文字コードの定義を記述します。ここでは「**@ charset "UTF-8";**」と入力します。これから学習を進めるスタイルの記述は、この次の行からコーディングしていきます。

3　記述を終えたら保存します。ファイル名は任意ですが、拡張子は必ず「.css」とします。

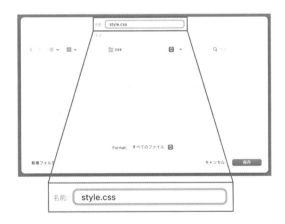

COLUMN

CSSのファイル名

CSSのファイル名は、HTMLファイルと同じく半角英数字で指定します。好きな名前をつけることができるので、デザインの現場では用途に合わせた名称をつけることが通例です。たとえばwebサイトのフォーム部分にだけ使用したいCSSファイルであれば、ファイル名は「form.css」などとなります。一般的なファイル名としては、CSSで指定する装飾を「スタイル」と呼ぶことから、「style.css」とすることが多いです。

7-4 よく使うセレクタを知る

スタイルを適用するには、対象になる箇所を指定する必要があります。
その箇所を指定するものが「セレクタ」です。セレクタにはさまざまな種類がありますが、
ここでは主なセレクタの基本と特性を理解しましょう。

セレクタの基本「タイプセレクタ」

タイプセレクタはHTMLの各要素です。たとえば、文章にスタイルを設定したいならセレクタは「p」、表にスタイルを設定したいならセレクタは「table」となります。

また、セレクタで指定したタグと同じ要素すべてにスタイルが適用されます。たとえば、文章「p」の文字色を赤にするスタイルを設定した場合、そのHTMLファイル内のすべての「p」タグで挿入した文字の色が赤になります。

HTMLの記述例

```
<h1>猫カフェでまったり</h1>
<p>当店自慢の愛くるしい猫たちが、みなさまのお越しをお待ちしております。猫と一緒に過ごす癒やしの時間をぜひ体感
してください。</p>
<h2>来店の時間目安</h2>
<p>当店の猫たちは正午あたりからお昼寝していることが多く、午後6時あたりから活発に遊びはじめますので、猫とまっ
たり過ごしたい方は午前中、猫と思い切り遊びたい方は夕方を目安にご来店ください。</p>
```

CSSの記述例

```
p {
    color: #ff0000;
}
```

CSSを適用した表示例

猫カフェでまったり

当店自慢の愛くるしい猫たちが、みなさまのお越しをお待ちしております。猫と一緒に過ごす癒やしの時間をぜひ体感してください。

来店の時間目安

当店の猫たちは正午あたりからお昼寝していることが多く、午後6時あたりから活発に遊びはじめますので、猫とまったり過ごしたい方は午前中、猫と思い切り遊びたい方は夕方を目安にご来店ください。

pタグで挿入した文字の色がすべて変更される

異なる要素に同じスタイルを適用させる「複数セレクタ」

複数セレクタとは、複数のセレクタに対して、同じスタイルをまとめて指定したいときに使用します。各セレクタを、（カンマ）で区切って使用します。たとえばh1要素とh2要素に同じスタイルを指定する場合、セレクタは「**h1,h2 {}**」と記述します。

HTMLの記述例

```
<h1>猫カフェでまったり</h1>
<p>当店自慢の愛くるしい猫たちが、みなさまのお越しをお待ちしております。猫と一緒に過ごす癒やしの時間をぜひ体感してください。</p>
<h2>来店の時間目安</h2>
<p>当店の猫たちは正午あたりからお昼寝していることが多く、午後6時あたりから活発に遊びはじめますので、猫とまったり過ごしたい方は午前中、猫と思い切り遊びたい方は夕方を目安にご来店ください。</p>
```

CSSの記述例

```
h1,h2 {
    color: #ff0000;
}
```

CSSを適用した表示例

猫カフェでまったり

当店自慢の愛くるしい猫たちが、みなさまのお越しをお待ちしております。猫と一緒に過ごす癒やしの時間をぜひ体感してください。

来店の時間目安

当店の猫たちは正午あたりからお昼寝していることが多く、午後6時あたりから活発に遊びはじめますので、猫とまったり過ごしたい方は午前中、猫と思い切り遊びたい方は夕方を目安にご来店ください。

h1タグ、h2タグで挿入した文字の色がすべて変更される

任意で命名できるセレクタ

HTMLでタグに任意で命名できるセレクタをつけることもできます。命名用のセレクタには「ID（アイディ）セレクタ」と「class（クラス）セレクタ」という2つの種類があります。同じタグでも、ここだけは違う見た目にしたいといった場合などに利用します。

IDセレクタ

IDセレクタとは、ひとつのHTML内に1度しか登場しないセレクタ名称を命名するものです。
IDセレクタを設定するには、まずはHTML内の任意の開始タグの中に、「id="名称（半角文字）"」を記述します。たとえば、p要素に設定する場合は「**<p id="red">**」といったように記述します。このIDセレクタはさまざまなHTMLタグにつけることができますが、名称はひとつのHTML内に複数を登場させてはいけません。名称は被ることなくすべて唯一無二のものを記述する必要があります。

書　式	IDセレクタの作成方法

```
<タグ id="名称">
```

記述例	IDセレクタを作成する

```
<p id="red">
```

CSSでIDセレクタを指定する際は、「#（ハッシュ）名称（半角文字）」と記述します。
指定したスタイルは、そのIDセレクタがついているタグにのみ適用されます。

HTMLの記述例

```
<h2 id="red">ご利用上の注意点</h2>
<p>初めにお客様には、ハンドソープで手を洗いアルコールで消毒していただきます。</p>
<h2>店内への食べ物の持ち込み</h2>
<p>店内への食べ物の持ち込みが可能です。一言スタッフにお声をかけてください。</p>
```

CSSの記述例

```
#red {
    color: #ff0000;
}
```

CSSを適用した表示例

> ## ご利用上の注意点
>
> 初めにお客様には、ハンドソープで手を洗いアルコールで消毒していただきます。
>
> ## 店内への食べ物の持ち込み
>
> 店内への食べ物の持ち込みが可能です。一言スタッフにお声をかけてください。

IDセレクタを指定したh2タグの
見出しの文字色だけが変更される

classセレクタ

classセレクタとは、ひとつのHTMLファイル内の複数の
タグに同名の名称を命名するものです。
同じセレクタ名称をつけることで、複数のタグに一括でス
タイルを指定することが可能になります。複数のページが
集まってできているwebサイトにとって、一括でスタイルを
指定・変更できることは、実際に手を動かす工程が少なく
なり効率的に作業できるメリットが生じます。
classセレクタを設定するには、まずはHTML内の任意

の開始タグの中に、「class="名称（半角文字）"」を記述
します。たとえば、ul要素に設定する場合は「**<ul
class="menu">**」といったように記述します。この
classセレクタはさまざまなHTMLタグにつけることがで
き、名称はひとつのHTML内で複数を登場させることが
できます。複数のタグにひとつのスタイルを一括で設定し
たいときに便利です。

書　式	classセレクタの作成方法

```
<タグ class="名称">
```

記述例	classセレクタを作成する

```
<p class="red">
```

CSSでclassセレクタを指定する際は、「.（ピリオド）名称（半角文字）」と記述しま
す。指定したスタイルは、そのclassセレクタがついているタグにのみ適用されます。

HTMLの記述例

```
<h2>猫のおやつ</h2>
<ul class="menu">
    <li>またたびドーナツ</li>
    <li>カニかま</li>
</ul>
<h2>ドリンク</h2>
<ul class="menu">
    <li>ソフトドリンク（コーラ・ソーダ）</li>
    <li>お茶（緑茶・紅茶・ウーロン茶）</li>
    <li>コーヒー（ホット・アイス）</li>
</ul>
<h3>設備</h3>
<ul>
    <li>充電用コンセント</li>
    <li>無料WiFi</li>
</ul>
```

CSSの記述例

```
.menu {
    border: 1px solid #000000;
}
```

CSSを適用した表示例

猫のおやつ
- またたびドーナツ
- カニかま

ドリンク
- ソフトドリンク（コーラ・ソーダ）
- お茶（緑茶・紅茶・ウーロン茶）
- コーヒー（ホット・アイス）

設備
- 充電用コンセント
- 無料WiFi

class名のついたリストのみ黒の実線で囲われている

ある要素内の特定の要素を指定できる「子孫セレクタ」

HTMLのある親要素の中にある、特定の子要素（P.041参照）だけにピンポイントでスタイルを設定したいときに使用します。そのセレクタの設定を「子孫セレクタ」といいます。CSSで子孫セレクタを指定する際は、親要素名と子要素名のあいだを半角スペースで区切ります。このセレクタには要素名だけでなく、IDセレクタやclassセレクタも使うことができます。

たとえば、IDセレクタ名「drink」がついたdiv要素の中のh3要素だけ、文字色を赤に変えたい場合は「#drink h3 {}」として子孫セレクタを指定します。

書　式	子孫セレクタの指定方法

```
親要素にあたるタグ␣子要素にあたるタグ　{ }
```

子孫セレクタを使ったCSSの指定例

HTMLの記述例

```
<div id="drink">
    <h2>ドリンクメニュー</h2>
    <p>当店のドリンクは飲み放題です。</p>
    <h3>ソフトドリンク</h3>
    <p>コーラ・ソーダ・オレンジ・パイナップル</p>
    <h3>お茶</h3>
    <p>緑茶・紅茶・ウーロン茶</p>
</div>
```

CSSの記述例

```
#drink h3 {
    color: #ff0000;
}
```

CSSを適用した表示例

ドリンクメニュー

当店のドリンクは飲み放題です。

ソフトドリンク

コーラ・ソーダ・オレンジ・パイナップル

お茶

緑茶・紅茶・ウーロン茶

idセレクタ名「drink」のついたdiv要素内のh3タグのみ、文字色が変更される

146

CSSの記述には優先順位がある

スタイルの記述順

CSSで記述したスタイルは上から順番に読み込まれて、下に書いたものが優先されます。

CSSの優先順位

```
h1 { color:black; }  文字色を黒に
h1 { color:red; }  文字色を赤に
h1 { color:green; }  文字色を緑に
```

同じセレクタなら最後の記述が優先される

タイトル
本文テキスト本文テキスト本文テキスト本文
テキスト本文テキスト本文テキスト本文テキ

同じセレクタを複数記述している場合には、最後に記述したセレクタのスタイルが適用されます。

セレクタの種類順

セレクタの種類によっても優先される順位が異なります。基本的な優先順位は

IDセレクタ > class セレクタ > タイプセレクタ

となります。セレクタを記述した順番に関係なく優先されます。

HTMLのタグにstyle属性を使用してスタイルを設定している場合は、そのスタイル
が最優先されます。

HTMLの記述例

```
<p>ラグドール</p>
<p class="green">アメリカンショートヘアー</p>
<p id="red">スコティッシュフォールド</p>
<p id="gray" style="color:blue">シャム</p>
```

CSSの記述例

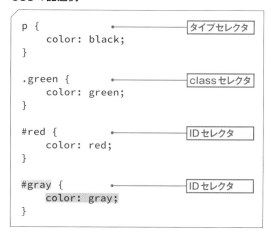

CSSを適用した表示例

ラグドール

アメリカンショートヘアー

スコティッシュフォールド

シャム

IDセレクタ「gray」で指定したスタイル（色をグレーに）よりも、HTMLの
style属性で指定したスタイル（色を青に）が優先される

7-5 特殊なセレクタ 「疑似クラス」と「疑似要素」

前項で解説した「タイプセレクタ」や「IDセレクタ」などの他に、
「疑似クラス」「疑似要素」と呼ばれる特殊なセレクタがあります。
それぞれの基本と特性を理解しましょう。

特定の状態でスタイルを適用させる「疑似クラス」

「疑似クラス」は、HTMLの要素が特定の状態にある場合に、スタイルを適用したいときに使うセレクタです。たとえば、リンク文字の上にマウスポインタが乗った場合やリンク文字をクリックした場合のそれぞれの文字色を変更したいときなどに使用します。
ここでは複数ある疑似クラスの中でも代表的なものをいくつか、使い方とあわせて紹介します。

疑似クラスの使い方

「疑似クラス」を指定する際は、「セレクタ＋疑似クラス」で記述します。疑似クラスは「:（コロン）クラス名」という構造になっていて、たとえばa要素に疑似クラスを指定する場合は「a:link」といった形になります。

記述例	疑似クラスを指定する

```
a:link { スタイル; }
```

未訪問のリンクスタイルを設定する「:link 疑似クラス」

「:link 疑似クラス」は、a要素で指定したリンク部分に適用するスタイルを指定するセレクタです。これは未訪問時のリンクを対象にするもので、ユーザーがリンクを一度もクリックしていない場合のリンクにスタイルを適用させることができます。
ブラウザのデフォルトではリンクの文字色は青系統ですが、これを任意の色に設定するときに使用されます。

CSSの記述例

```
a:link {
    color:red;
}
```

ブラウザのデフォルトのリンクカラー

料金表

CSS適用後のリンクカラー

料金表

リンクにポインタが乗ったときのスタイルを設定する「:hover 疑似クラス」

疑似クラスには、ダイナミック疑似クラスという特定の動きに伴うスタイルを指定するものがあり、その中で要素にマウスポインタが重なっている状態にスタイルを指定するセレクタが「:hover 疑似クラス」です。マウスポインタを重ねたときにリンクの文字色を変更する際に使われます。

HTMLの記述例

```
<h2>ナビゲーション</h2>
<p><a href="menu.html">料金表</a></p>
<p><a href="shop.html">店舗案内</a></p>
```

CSSを適用した表示例

ナビゲーション

料金表

店舗案内

下のリンクにポインタが重なってリンク色が変わっている

CSSの記述例

```
a:hover {
    color:red;
}
```

リンクをクリック後のスタイルを設定する「:visited 疑似クラス」

「:visited 疑似クラス」は、a要素で指定したリンク部分をユーザーがクリックしたあ
との状態にスタイルを指定するセレクタです。訪問済みのリンクの文字色を変更す
ることで、ユーザーがクリック済みを視認しやすくする意図でよく使われます。

HTMLの記述例

```
<p><a href="menu.html">料金表</a></p>
<p><a href="shop.html">店舗案内</a></p>
<p><a href="info.html">お問い合わせ</a></p>
```

CSSを適用した表示例

料金表

店舗案内

お問い合わせ

真ん中のリンクは訪問済みで色が変わっている

CSSの記述例

```
a:visited {
    color:#000000;
}
```

ある要素に含まれる最初の子要素にだけスタイルを設定する「:first-child 疑似クラス」

「:first-child 疑似クラス」は、ある親要素の中の最初の子要素に対してスタイルを
指定するセレクタです。たとえば、あるdivタグ内の最初のリスト項目の文字色だけ
を変更したい場合は「`div ul li:first-child { スタイル; }`」と記
述します。

HTMLの記述例

```
<div>
    <h2>おすすめの猫のおやつ</h2>
    <ul>
        <li>ご褒美には「ドライタイプ」</li>
        <li>食欲がないときは「ウェットタイプ」</li>
        <li>食べごたえ十分な「焼き・茹でタイプ」</li>
    </ul>
</div>
```

CSSの記述例

```
div ul li:first-child {
    color:red;
}
```

CSSを適用した表示例

おすすめの猫のおやつ

- ご褒美には「ドライタイプ」
- 食欲がないときは「ウェットタイプ」
- 食べごたえ十分な「焼き・茹でタイプ」

最初のliの色のみ変化している

特定の位置にスタイルを適用させる「疑似要素」

「疑似要素」は、HTMLの要素内にある特定の文字や行にのみスタイルを適用した
いときや、ある要素の前後に対してスタイルを適用したいときに使うセレクタです。

疑似要素の使い方

「疑似要素」を指定する際は、「セレクタ＋疑似要素名」
で記述します。疑似要素は「::（ダブルコロン）疑似要素
名」という構造になっていて、たとえばp要素に疑似要素
を指定する場合は「**p::after**」といった記述になります。

記述例	疑似要素を指定する

```
p::after { スタイル; }
```

疑似要素はさまざまな用途に使用できるので、表現したい
デザインの実現に向けて、必要になる場合が出てきます。
ここでは疑似要素にはどのような種類があるかについて
学んでいきましょう。
主な疑似要素には、右の表のようなものがあります。

疑似要素	説明
::before	要素の直前
::after	要素の直後
::first-line	ブロックレベルの性質の要素の最初の1行
::first-letter	ブロックレベルの性質の要素の最初の1文字目

要素の前後に文字や画像を追加する「::before」「::after」疑似要素

「::before」疑似要素は特定の要素の直前、「::after」疑
似要素は特定の要素の直後に、文字や画像などを追加
することができます。追加する内容は「contentプロパ
ティ」で指定します。
たとえば、「★猫のおやつ★」と見出しを表現したい場合、
h要素内の文字の前後に記号★を記述する方法があり
ますが、装飾のための文字や記号などは、文章構造や
HTMLテキストとしては本来不要なものなので記述するべ
きではありません。HTMLには記述せずに、CSSで装飾
のためのスタイルを疑似要素で指定することが望ましいで
す。

HTMLの記述例

```
<h2>猫のおやつ</h2>
```

CSSの記述例

```
h2::before {
    content: "★";
}

h2::after {
    content: "★";
}
```

CSSを適用した表示例

★猫のおやつ★

特定の文字列にスタイルを適用させる「::first-letter」「::first-line」疑似要素

「::first-letter」疑似要素は、ブロックレベルの性質の要素の最初の1文字目に対するスタイル、「::first-line」疑似要素は、ブロックレベルの性質の要素の最初の1行目に対するスタイルを指定するためのセレクタです。どちらもインライン要素には適用することはできません。ここでは、それぞれの箇所に背景色をつけてみます。

HTMLの記述例

```
<h3>猫のおやつの役割</h3>
<div id="snack">
    <p>猫のおやつの役割は、「ご褒美として」「食欲促進のため」「コミュニケーションの一環として」などがありますが、重要なのはおやつを与えるタイミングです。</p>
</div>
<h3>おやつを与えるタイミング</h3>
<div id="timing">
    <p>コミュニケーションの一環としておやつを与える場合は、朝、夜の主食の中間か、食後のデザートとして与えましょう。</p>
    <p>食欲を促進させることを目的にする場合は、主食の直前に、おやつを少量あげましょう。</p>
</div>
```

CSSの記述例

```
#snack::first-letter {
    background: #ffdbdb;
}
#timing::first-line {
    background: #ffdbdb;
}
```

CSSを適用した表示例

猫のおやつの役割

猫 のおやつの役割は、「ご褒美として」「食欲促進のため」「コミュニケーションの一環として」などがありますが、重要なのはおやつを与えるタイミングです。

おやつを与えるタイミング

コミュニケーションの一環としておやつを与える場合は、朝、夜の主食の中間か、食後のデザートとして与えましょう。

食欲を促進させることを目的にする場合は、主食の直前に、おやつを少量あげましょう。

COLUMN

他にもある疑似クラス

これまでに登場したもののほかにも、さまざまな疑似クラスがあります。ある要素が複数ある場合で、3番目に登場する要素にだけスタイルをつけたりなど、レイアウトをするうえで、便利なものがたくさんあるので覚えておくとよいでしょう。

クラス	意味
:last-child	ある親要素に含まれる最後の子要素
:nth-child(n)	n番目の子要素 (nは数字に変更して使用します)
:active	ダイナミック疑似クラス。マウスでクリックされてから離れるまでの状態
:focus	ダイナミック疑似クラス。フォームの入力欄にマウスポインタを合わせてテキスト入力できるようになった (フォーカスを合わせている) 状態 (フォーム要素などでよく使われる)
:checked	チェックされた状態 (フォーム要素のラジオボタンやチェックボックスで使われる)

151

Lesson 07　練習問題

Q1　CSSとは

CSS は web サイトに対して【　】を施すための言語です。

下記の候補から空欄【　】に当てはまる言葉を選んでください。
❶ レイアウトや装飾　❷ 内容の構築
❸ 検索ロボットに対しての施策

Q2　HTML に CSS を組み込む方法「インライン」

HTML に CSS を組み込む方法のひとつ「インライン」。空欄
【　】に当てはまる要素は何でしょうか。

```
<h1 【　】 ="color:#ff0000;">猫カフェ</h1>
```

Q3　HTML に CSS を組み込む方法「エンベッド」

HTML に CSS を組み込む方法のひとつ「エンベッド」。
「<style>」と「</style>」のあいだに CSS の指定を行うものですが、これらを記述する場所は【　】です。

下記の候補から空欄【　】に当てはまる言葉を選んでください。
❶ head 要素内　❷ main 要素内　❸ footer 要素内

Q4　HTML に CSS を組み込む方法「リンク」

HTML に CSS を組み込む方法のひとつ「リンク」。CSS を記述した専用のファイルを HTML から参照する方法です。下記は「リンク」を使用する例です。HTML から参照している CSS のファイル名を❶〜❸の中から選んでください。

```
<head>
<link rel="stylesheet" href="style.
css" type="text/css">
</head>
```

❶ stylesheet　❷ style.css　❸ text/css

Q5　呼び方

CSS で装飾する見た目のことを【　】と呼びます。

下記の候補から空欄【　】に当てはまる言葉を選んでください。
❶ カスケーディング　❷ レイアウト　❸ スタイル

Q6　セレクタ

スタイルを適用する箇所を指定することを「セレクタ」、どんなスタイルを施すのか指定することを【　】、装飾する値を「値」と呼びます。

下記の候補から空欄【　】に当てはまる言葉を選んでください。
❶ プロパティ　❷ システム　❸ スタイル

Q7　記述のルール

CSS を記述するには、セレクタの後ろに {} (中括弧) と記述します。{} のあいだにプロパティと値を：(コロン) で区切り、値の後ろに【　】を記述します。

下記の候補から空欄【　】に当てはまる言葉を選んでください。
❶ . (ドット)　❷ ; (セミコロン)　❸ , (カンマ)

Q8　タイプセレクタ

スタイルを適用する箇所を指定する「セレクタ」。段落を指定する場合、セレクタは【　】となります。

下記の候補から空欄【　】に当てはまる言葉を選んでください。
❶ table　❷ h1　❸ p

Q9　ID セレクタ

HTML タグに追加できるオリジナルのセレクタのひとつ「ID セレクタ」。HTML では開始タグの内で、「id=" 名称 (半角文字) "」と記述します。CSS で ID セレクタを記述する場合、「【　】名称 { スタイル ; }」となります。

空欄【　】に当てはまる言葉を答えてください。

Q10　class セレクタ

HTML タグに追加できるオリジナルのセレクタのひとつ「 class セレクタ」。HTML では開始タグの内で、「class=" 名称 (半角文字) "」と記述します。CSS で class セレクタを記述する場合、「【　】名称 { スタイル ; }」となります。

空欄【　】に当てはまる言葉を答えてください。

Q11　ID セレクタ・class セレクタの違い

ID セレクタと class セレクタ、どちらも HTML で好きな名称をつけることができますが、ひとつの HTML 内で同一の名称を複数回登場させてはいけないのは【　】です。

空欄【　】に当てはまる言葉を答えてください。

Q12　CSS が適用される優先度①

CSS で記述したスタイルは上から順番に読み込まれて、下に書いたものが優先されます。同じセレクタを複数記述している場合、【　】に指定したスタイルが優先されます。

下記の候補から空欄【　】に当てはまる言葉を選んでください。
❶ 最初　❷ 最後

Q13　CSS が適用される優先度②

CSS が適用される優先順位は、セレクタによっても変わります。セレクタの中で最も優先度が高いものは【　】です。

下記の候補から空欄【　】に当てはまる言葉を選んでください。
❶ ID セレクタ　❷ class セレクタ　❸ タイプセレクタ

Q1：❶　**Q2**：style　**Q3**：❶　**Q4**：❷　**Q5**：❸　**Q6**：❶　**Q7**：❷　**Q8**：❸
Q9：# (ハッシュ)　**Q10**：. (ドット)　**Q11**：ID セレクタ　**Q12**：❷　**Q13**：❶

見出しや段落を
スタイリングしよう

An easy-to-understand guide to HTML & CSS

Lesson **08**

webサイトにとって重要な要素である「文字」を使って、実際にHTMLをCSSで装飾する基本をマスターしてみましょう。webサイトには写真や動画などのコンテンツがたくさん掲載されていますが、「文字」はwebサイト上で情報を伝える手法としてメインといえる大切なものです。文字情報の扱い方と見せ方についても学んでいきましょう。

8-1 文字サイズを調整する

前Lessonでは、CSSの構成や書き方などの基本を学びました。
このLessonでは「文字」に対して装飾を施しながら、
CSSでスタイルを適用する方法を実践していきましょう。
まずは、「文字」の大きさを変えてみます。

基本になる文字サイズ

CSSで何も指定しない場合の文字サイズはいったいどれくらいになるのでしょうか。Internet ExplorerやGoogle Chromeなどさまざまなwebブラウザがありますが、ほぼ共通して採用されているデフォルトの表示サイズは「16px」です。これらのwebブラウザが採用しているサイズは、あらゆる人が使いやすいサイズと考えられます。まずは、16pxを基軸にそれより大きい、小さいなどと変化をつけて見た目を整えていくと、webサイト内でバランスのとれたデザインになりやすいでしょう。

本文の文字サイズの指定について　CHECK!

最近ではスマートフォンやタブレットの普及で、パソコンだけではなくさまざまな端末からwebサイトは閲覧されています。近年のweb制作の現場では、どの端末間でも可読性を保つために、特別な意図がない場合は、本文の文字の大きさは端末の仕様に任せることが多くなっています。

文字のジャンプ率

見出しと本文など、異なるサイズの文字が複数ある場合、それらの文字サイズの差異を「ジャンプ率」と呼びます。ジャンプ率が高いと、メリハリのある見た目になります。webブラウザの標準の仕様では、見出しは本文よりも大きく表示されます。

また、見出しの種類によって表示が異なり、h1は大きく太く、h2はh1よりも文字サイズは小さいが本文よりも大きく表示されるなど、あらかじめ本文のサイズを基準としたジャンプ率が設定されています。

これはCSSによるスタイルを適用していない状態でも、情報の識別がしやすくなるためです。文字サイズはCSSで自由にコントロールできますが、それぞれの文書構造を考えたうえで、適切な文字サイズを探してみましょう。

ジャンプ率が高い見た目

> # エストゥレルのうつくしい眺め
>
> 長いクロワゼットの散歩路が、あおあおとした海に沿うて、ゆるやかな弧く海のなかに突き出て眼界を遮り、一望千里の眺めはないが、奇々妙々を来たことを思わせる、うつくしい眺めであった
>
> ## はだれ雪のように
>
> 頭を圏めぐらして右のほうを望むと、サント・マルグリット島とサント島の背を二つ見せている。この広い入江のほとりや、カンヌの町を三方かいる白堊はくあの別荘は、折からの陽ざしをさんさんと浴びて、うつらき深緑ふかみどりの山肌を、その頂から麓ふもとのあたりまで、はだれ雪の

ジャンプ率が低い見た目

> ### エストゥレルのうつくしい眺め
>
> 長いクロワゼットの散歩路が、あおあおとした海に沿うて、ゆるやかな弧く海のなかに突き出て眼界を遮り、一望千里の眺めはないが、奇々妙々を来たことを思わせる、うつくしい眺めであった
>
> #### はだれ雪のように
>
> 頭を圏めぐらして右のほうを望むと、サント・マルグリット島とサント・島の背を二つ見せている。この広い入江のほとりや、カンヌの町を三方かいる白堊はくあの別荘は、折からの陽ざしをさんさんと浴びて、うつらき深緑ふかみどりの山肌を、その頂から麓ふもとのあたりまで、はだれ雪の

webブラウザのデフォルトの表示サイズ

ジャンプ率の決め方　CHECK!

ジャンプ率は作成するwebサイトのイメージに合わせて選びます。ジャンプ率が高いと「躍動感・元気のよい」などの印象が、ジャンプ率が低いと「落ち着き・知性的」といった印象が強調されやすくなります。webサイトで扱うテーマや主題によって、表現したいイメージに合致したジャンプ率を設定するようにしましょう。

文字サイズの単位

文字サイズの単位には「相対単位」と「絶対単位」という種類があります。

相対単位には「em」「ex」「%」「rem」、絶対単位には「px」「mm」「cm」「in」「pt」「pc」などの複数の単位がありますが、web制作の現場でよく使われるのは「em」「px」「%」などの単位です。

絶対単位は、ブラウザや画面解像度が違っても表示される文字の大きさが変わらないという特徴があります。一方の相対単位は親要素の文字の大きさを基準として「○文字分」などというように相対的なサイズで表示されます。

なお、「mm」のような絶対単位ではブラウザに左右されることなくデザイナーが意図した大きさで表示させることができますが、コンピューターの画面の大きさは機種によってさまざまなので、画面の解像度によって見える印象が異なる場合があります。

相対単位と絶対単位

相対単位	読み	説明
em	エム	1em＝1文字分の長さ
ex	エックスハイト	1ex＝小文字の「x」の高さ
%	パーセント	親要素に対してのパーセント
rem	レム	ルートの文字サイズを「1」としたときの倍率

絶対単位	読み	説明
px	ピクセル	1px＝画面上の1ピクセル
mm	ミリメートル	10mm＝1cm
cm	センチメートル	1cm＝10mm
in	インチ	1in＝2.54cm
pt	ポイント	72pt＝1in
pc	パイカ	1pc＝12pt

COLUMN

スマートフォン向けのサイトでよく使われる単位

特殊な単位として、幅指定の「vw」と高さ指定の「vh」があります。主にスマートフォン向けのwebサイトを作成する際に利用します。スマートフォン向けのサイトでは、表示サイズを最適化する調整をmeta要素のviewport（P.043参照）で行います。vw、vhはviewportと併用して利用します。viewportの基準値は「100」となり、1/10の大きさの幅を指定するには「10vw」、110%の大きさの高さを指定するには「110vh」といった使い方をします。

本書ではスマートフォン向けのwebサイト作成は解説していませんが、ステップアップのために覚えておきましょう。

相対単位

ある一定の基準に応じて文字の大きさが変化する

絶対単位

表示する環境が違っても文字の大きさは変化しない

見出しや段落をスタイリングしよう　Lesson 08 | 09 | 10 | 11 | 12 | 13 | 14 | 15

STEP **01** 文字サイズを指定する

 Lesson08 ▶ 8-1 ▶ 8-1-1

文字の大きさ（フォントサイズ）を指定するには、CSSの「font-size」プロパティを使います。記述の形式は「**セレクタ { font-size: 数値と単位; }**」となります。ここでは本文 <p> の大きさを変更してみましょう。

書　式	フォントサイズの指定方法

```
セレクタ { font-size: 数値と単位; }
```

記述例	段落の文字サイズを指定する

```
p { font-size: 18px; }
```

絶対単位でフォントサイズを変更してみよう

1 [8-1-1] フォルダのHTMLファイル「index.html」をエディタで開き、**<body> ～ </body>** のあいだに以下を記述しましょう。

```
<p>猫カフェ仙台店にお越しいただきありがとうございます。</p>
```

```
index.html — hcv2_download
エクスプローラー          ◇ index.html ×
HCV2_DOWNLOAD     Lesson08 > 8-1 > 8-1-1 > ◇ index.html > ◈ html > ◈ body > ◈ p
> Lesson01        1  <!DOCTYPE html>
> Lesson03        2  <html lang="ja">
> Lesson04        3  <head>
> Lesson05        4      <meta charset="UTF-8">
> Lesson06        5      <link rel="stylesheet" href="css/style.css">
∨ Lesson08        6      <title>文字の大きさの指定方法</title>
 ∨ 8-1/8-1-1      7  </head>
  > css           8  <body>
  > 完成          9      <p>猫カフェ仙台店にお越しいただきありがとうございます。</p>
  ◇ index.html   10  </body>
 > 8-2           11  </html>
 > 8-3
 > 8-4
 > 8-5
 > 8-6
```

2 ブラウザでCSSを適用する前の表示を確認しましょう。

```
❸ 文字の大きさの指定方法   × +
← → C  ① 127.0.0.1:5500/Lesson08/8-1/8-1-1/index.html

猫カフェ仙台店にお越しいただきありがとうございます。
```

3 [8-1-1] > [css] フォルダのCSSファイル「style.css」をエディタで開き、「@charset "UTF-8"; 」の後ろで改行を入れて、以下を記述しましょう。

```
@charset "UTF-8";
p {
    font-size: 24px;
}
```

```
1  @charset "UTF-8";
2  p {
3      font-size: 24px;
4  }
5
```

4 ブラウザでCSSを適用した状態の表示を確認しましょう。文字のサイズが大きく変化したことがわかります。

相対単位でフォントサイズを変更してみよう

「絶対単位でフォントサイズを変更してみよう」で使用したHTMLとCSSを引き続き編集します。

1 「**font-size: 24px;**」行の数値と単位の部分を書き換えましょう。

```
@charset "UTF-8";
p {
    font-size: 3em;
}
```

```
1  @charset "UTF-8";
2  p {
3      font-size: 3em;
4  }
5
```

2 index.htmlをブラウザで表示して、CSSを適用した状態の表示を確認しましょう。p要素はブラウザの初期値を基準として3文字分の大きさに変化します。

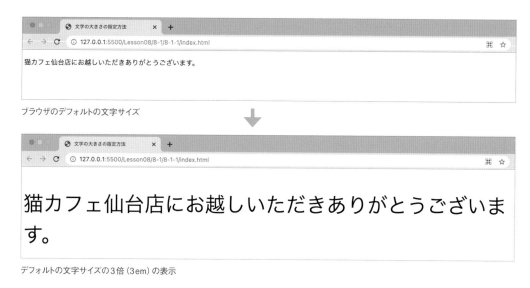

ブラウザのデフォルトの文字サイズ

デフォルトの文字サイズの3倍 (3em) の表示

8-2　行間を調整する

webサイトには文字（文章）や写真、動画などさまざまな要素が含まれています。
中でも文章は登場回数が多いものです。文章は読みやすいほうが閲覧者にとって親切ですし、
webサイトをスムーズに見てもらうためにも、文章の行間を整えることが大切です。
CSSを使って行間をコントロールしてみましょう。

適切な行間の値

webサイト内の文章が長くなるほど行数が多くなります。行と行のあいだが狭いと、文章が密集しすぎる印象になってしまい、読みにくさが目立ち、ストレスなく読むことが難しくなります。

逆に行間が広すぎると、行と行の間隔が離れてしまい、文章としてのつながりが把握しにくくなります。文字の大きさや文章量などによっても適切な行間は変わりますが、横組みの文章が多いwebサイトでは、文字の大きさの70％前後（0.7文字ほど）の行間を設けるのがよいとされています。

行間が狭すぎる例

丘おかのふもとの、うつくしい平和な村は、歌にうたい、牧場まきばにいって、う、だれひとり知らないものはないほどわざわざ、この名高い詩人しじんに、あ人たちが、ハンスをうやまったことは、は、村の人たちは相談そうだんをして、丘おかの上のにれの木の下には、りっぱきの、ハンスそっくりでした。村の人たじのむれをいつまでも、じっと見つめて

行間が広すぎる例

丘おかのふもとの、うつくしい平和な村

は、歌にうたい、牧場まきばにいって、

う、だれひとり知らないものはないほど

わざわざ、この名高い詩人しじんに、あ

行間が適切な例

丘おかのふもとの、うつくしい平和な村は、歌にうたい、牧場まきばにいって、う、だれひとり知らないものはないほどわざわざ、この名高い詩人しじんに、あ人たちが、ハンスをうやまったことは、は、村の人たちは相談そうだんをして、丘おかの上のにれの木の下には、りっぱ

行間の指定方法

行間を指定するにはCSSの「line-height」プロパティを使います。行の高さ(line-height)から文字の大きさ(font-size)を差し引いた分が行間となります。
line-heightプロパティの値は、font-sizeプロパティの値と同じ（P.156参照）ように数値＋単位で指定する方法と、単位をつけない方法があります。単位をつけない指定では、文字サイズとその数値をかけた値が行の高さになります。

書　式	行間の指定方法

```
セレクタ { line-height: 数値 ;}
もしくは
セレクタ { line-height: 数値と単位 ;}
```

記述例	段落の行間を指定する

```
p { line-height: 1.5 ;}
もしくは
p { line-height: 1.5em ;}
```

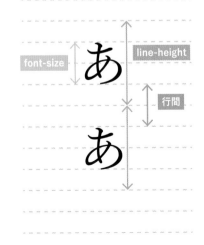

単位をつけない指定が一般的　CHECK!

HTMLの親要素に指定した行間は子要素にも引き継がれます。

CSSの指定方法にもよりますが、親要素で計算された行間の高さが、そのまま子要素に引き継がれるので、親要素と子要素でフォントサイズが異なる場合、意図しない表示になることがあります。たとえば親要素のフォントサイズが「20px」、子要素のフォントサイズが「14px」だった場合、親要素に行間を「1.5em」と単位をつけて指定したとします。親要素の行間は「30px」、子要素の行間も「30px」となります。

行間の指定に単位をつけない場合は子要素のフォントサイズに応じた計算が行われます。親要素の行間を「1.5」として指定した場合、親要素の行間は「30px」、子要素の行間は「21px」となります。親要素に左右されずに行間を指定する方法として、行間の指定には単位をつけない方法が採用されやすいです。

行間に単位をつけた場合

当店の猫スタッフを紹介します。この他にも、たくさんの猫がお客様のお越しをお待ちしています！ぜひ会いに来てください。

アメリカンカールの男の子「OG3（オジサン）」は、性格がおおらかなお父さんキャラです。鮭のおにぎりが大好物です。セルレックスの男の子「ちっち太郎」は運動神経バツグン！アジリティーで遊ぶのがとっても大好きです。甘えん坊さんなのでナデてと寄ってきます。メインクイーンの女の子「シェリー」はクールビューティー。当店一番の美人さんです。キレイ好きで姉御ー

行間に単位をつけなかった場合

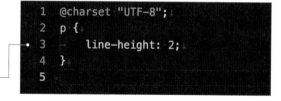

当店の猫スタッフを紹介します。この他にも、たくさんの猫がお客様のお越しをお待ちしています！ぜひ会いに来てください。

アメリカンカールの男の子「OG3（オジサン）」は、性格がおおらかなお父さんキャラです。鮭のおにぎりが大好物です。セルレックスの男の子「ちっち太郎」は運動神経バツグン！アジリティーで遊ぶのがとっても大好きです。甘えん坊さんなのでナデてと寄ってきます。メインクイーンの女の子「シェリー」はクールビューティー。当店一番の美人さんです。キレイ好きで姉御ーラ。でも仲良くなると甘えん坊さんに変身。ミヌエットの男の子「みるく」は天然キャラ。少しぬけているところがありますが、

見出しや段落をスタイリングしよう　Lesson 08 | 09 | 10 | 11 | 12 | 13 | 14 | 15

STEP 01　行間の設定を変更する

Lesson 08 ▶ 8-2 ▶ 8-2-1

文章の読みやすさを確保するためにとても重要な、行間の指定をしてみましょう。

1 [8-2-1]フォルダの HTMLファイル「index.html」をエディタで開き、ブラウザでCSSを適用する前の表示を確認しましょう。

2 [8-2-1] > [css] フォルダのCSSファイル「style.css」をエディタで開き、「@charset "UTF-8";」の後ろで改行を入れて、以下を記述しましょう。

```
p { line-height: 2; }
```

```
1  @charset "UTF-8";
2  p {
3      line-height: 2;
4  }
5
```

3 ブラウザでCSSを適用した状態の表示を確認しましょう。行間が広がり読みやすくなりました。

先日、無事猫カフェを開業することができました。これまでいろA で、なんとかここまでたどり着くことができました。感謝の気持で 猫カフェを運営している先輩から教えていただいたのが、猫カフェ 上で重要な事柄の一つとして「臭わない」ことです。

8-3 書体を指定する

文章は「言葉」、書体は「感情」を表現するとも言われるように、
書体自体が持つ印象があるので、実際のweb制作の現場でも、
デザインによって書体を使い分けています。書体を書体名で指定したり、
webフォントと呼ばれる指定方法があるので、基本をマスターしましょう。

書体（フォント）の基礎知識

webサイトで使われる書体（フォント）には数多くの種類が
あります。書体はwebサイトの目的やデザインを踏まえて
選びましょう。日本語の書体は主に「ゴシック体」と「明
朝体」の分類があります。欧文書体は主に「サンセリフ体」
と「セリフ体」の分類があります。「ゴシック体」「サンセリ
フ体」は、文字の縦線・横線がほぼ同じ太さの書体です。
「明朝体」「セリフ体」は、文字の横線に比べて縦線が太
く、文字の右角に飾り山（日本語書体では「ウロコ」、欧
文書体では「セリフ」と呼ばれる）があります。

ゴシック体　　　サンセリフ体

書　　　F

明朝体　　　　セリフ体

書　　　F

●：日本語書体では「ウロコ」、欧文書体では「セリフ」

STEP 01　書体を指定する

Lesson 08 ▶ 8-3 ▶ 8-3-1

書体を指定するには「font-family」プロパティを使いま
す。値に「serif」（明朝系の書体）や「sans-serif」（ゴシッ
ク系の書体）といった書体の種類を指定する方法があり
ます。日本語の文字はwebサイトを表示する端末内に用
意されているゴシック体か明朝体の書体で表示されます。
値に「`Arial,"MS P明朝"`」のように書体名を用いる
方法もあり、OSの種類やバージョンを考慮して、同じ日
本語の書体でも英語表記と併せて複数記述する場合も
あります。さらに複数の単語に分かれる書体名は「"」また
は「'」で囲み、1つのまとまった値として扱います。まずは
webサイトを表示する端末の環境に依存しない、種類に
よる指定方法を使用してみましょう。

CHECK!

書体名をダブルクォーテーション
またはシングルクォーテーションで
囲む

書体名で指定する場合、日本語のフォント名や
スペースが含まれる書体名の場合は、ダブル
クォーテーション（"）もしくはシングルクォーテー
ション（'）で囲みます。書体名にスペースが
入ったものは、個別の単語として捉えられてしま
うため、ひとまとめに扱うためです。

書　式	書体の指定方法

```
セレクタ { font-family: 書体の種類 ; }
もしくは
セレクタ { font-family: "フォント名","フォント名"; }
```

記述例	見出し文字の書体を指定する

```
h1 { font-family: serif; }
もしくは
h1 { font-family: Arial,"游ゴシック体",YuGothic; }
```

書体の種類を指定して書体を変更する

1 [8-3-1] フォルダのHTMLファイル「index.html」をエディタで開き、
ブラウザでCSSを適用する前の表示を確認しましょう。

2 [8-3-1] > [css] フォルダのCSSファイル「style.
css」をエディタで開き、「@charset "UTF-8"; 」の
後ろで改行を入れて、以下を記述しましょう。

```
h1 { font-family: serif; }
```

3 書体が明朝体に変わっているか、ブラウザでCSSを
適用した状態の表示を確認しましょう。

書体名を指定して書体を変更する

前ページで使用したHTMLとCSSを引き続き編集します。

1 「`font-family: serif;`」行の書体の種類の部分を書体名に書き換えましょう。

```
@charset "UTF-8";
h1 {
    font-family: "MS P
    明朝","MS PMincho";
}
```

```
1  @charset "UTF-8";
2  h1 {
3      font-family: "MS P明朝","MS PMincho";
4  }
5
```

2 フォントが「MS P明朝」に変わっているか、ブラウザでCSSを適用した状態の表示を確認しましょう。

書体は先に記述したものから適用される

CHECK!

書体の指定は、カンマ（,）で区切れば複数指定することができます。書体は先に記述したものから優先的に適用されます。

端末の環境に影響されない「webフォント」

前項の書体の指定方法は、webサイトを表示する端末側に書体が用意されていれば、指定した書体で文字を表示させるものでした。一方、「webフォント」と呼ばれる、サーバー上に置かれた書体のデータを端末に参照させて、指定した書体で表示させる方法があります。

この方法では、端末内に指定した書体がインストールされていなくても、指定したフォントが表示されるため、制作者の意図通りのデザインを表現できます。

webフォントは、使用するのに料金がかかるものや、商用では使用できないもの、無料のものがあります。Google社は「Google Fonts」というwebフォントを提供しており、契約不要で無料で使用することができます。2021年12月現在、1,000書体が提供されており、そのうち49つが日本語書体です。

Google Fontsのwebフォントの指定方法は、HTMLのhead要素内で、書体用に用意されたCSSファイルを読み込み、書体を適用させたい要素に対して、font-familyプロパティで指定します。

Google Fontsで提供されている日本語書体

Noto Sans JP	Noto Serif JP	M PLUS 1p	M PLUS Rounded 1c
彼らの機器や装置はすべて生命体だ。	彼らの機器や装置はすべて生命体だ。	彼らの機器や装置はすべて生命体だ。	彼らの機器や装置はすべて生命体だ。
Sawarabi Mincho	Sawarabi Gothic	Kosugi Maru	Kosugi
彼らの機器や装置はすべて生命体だ。	彼らの機器や装置はすべて生命体だ。	彼らの機器や装置はすべて生命体だ。	彼らの機器や装置はすべて生命体だ。

出典：Google Fonts
https://fonts.google.com/?subset=japanese

STEP 02　webフォントの書体を指定する

Lesson 08 ▶ 8-3 ▶ 8-3-2

1 ブラウザで書体変更前の表示を確認しましょう。［8-3-2］フォルダのHTMLファイル「index.html」をブラウザで開きます。

2 ［8-3-2］フォルダのHTMLファイル「index.html」をエディタで開きます。**<head>**と**</head>**のあいだにlink要素を使用して、webフォント用に用意されたCSSファイルを読み込みます。以下を記述しましょう。なお、ここでは用意されたコードを記述しましたが、Google Fonts からフォントを使用するコードを取得する方法があります。P.167のコラムを参照してください。

```
<link href="https://fonts.googleapis.com/
css?family=Sawarabi+Mincho" rel="stylesheet">
```

```
3    <head>
4        <meta charset="UTF-8">
5        <link href="https://fonts.googleapis.com/css?family=Sawarabi+Mincho" rel="stylesheet">
6        <link rel="stylesheet" href="css/style.css">
7        <title>webフォントの指定</title>
8    </head>
```

3 ［8-3-2］>［css］フォルダのCSSファイル「style.css」をエディタで開き、「@charset "UTF-8";」の後ろで改行を入れて、以下を記述しましょう。

```
h1 { font-family: "Sawarabi
Mincho"; }
```

```
1    @charset "UTF-8";
2    h1 {
3        font-family: "Sawarabi Mincho";
4    }
5
```

4 指定した書体「さわらび明朝」に変わっているか、ブラウザでCSSを適用した状態の表示を確認しましょう。

8-4 文字の色を指定する

CSSを使って、さまざまな要素に色をつけたり、変更したりすることができます。
webサイトにおける色の指定方法を、文字の色を変える作業を通して
マスターしてみましょう。

文字色の基礎知識

文字の色の選び方

色はwebサイトの印象を決める重要な要素のひとつなので、配色は好みや思いつきで決めるのではなく、色を設定する部分（情報）の意味を考えて色を決めましょう。

「赤色は目立つから使う」ではなく「注意を促したい・強調したいので赤色を使う」といったように、見た目で装飾を行うのではく、機能を意識した装飾を行うことが大切です。

派手さだけを意識した配色

当店のスタッフ

OG3（オジサン）
アメリカンカールの男の子。おおらかなみんなのお父さん。

ちっち太郎
セルカークレックスの男の子。運動神経抜群の甘えん坊。

シェリー
ミヌエットの女の子。クールで美人なお姉さま。

みるく
ミヌエットの男の子。少しぬけている天然のかわいい子。

注意事項

・お客様にははじめに、ハンドソープで手を洗いアルコールで消毒していただきます。
・撮影は自由ですが、フラッシュなどの強い光は失明の恐れがあるので必ず消してください。
・無理やり抱っこ、寝ているのを起こすなど猫たちの嫌がる行為はご遠慮ください。
・店内では大声で話す、走り回るなど他のお客様や、猫たちの迷惑になる行為はご遠慮ください。

強調や注意を促すことを意識した配色

当店のスタッフ

OG3（オジサン）
アメリカンカールの男の子。おおらかなみんなのお父さん。

ちっち太郎
セルカークレックスの男の子。運動神経抜群の甘えん坊。

シェリー
ミヌエットの女の子。クールで美人なお姉さま。

みるく
ミヌエットの男の子。少しぬけている天然のかわいい子。

注意事項

・お客様にははじめに、ハンドソープで手を洗いアルコールで消毒していただきます。
・撮影は自由ですが、フラッシュなどの強い光は失明の恐れがあるので必ず消してください。
・無理やり抱っこ、寝ているのを起こすなど猫たちの嫌がる行為はご遠慮ください。
・店内では大声で話す、走り回るなど他のお客様や、猫たちの迷惑になる行為はご遠慮ください。

webサイトにおける色の指定

端末上で取り扱う色の表現方式（カラーモード）はいくつか種類がありますが、代表的なものは「RGB」です。RGBとは光の三原色であるレッド（Red：赤）、グリーン（Green：緑）、ブルー（Blue：青）の頭文字による略称です。パソコンやスマートフォンなどのディスプレイ機器で利用されるほか、デジタルカメラで撮影した写真データなどにもRGBが利用されています。RGBはディスプレイの発光を利用して色を表現（加法混色）します。

RGB

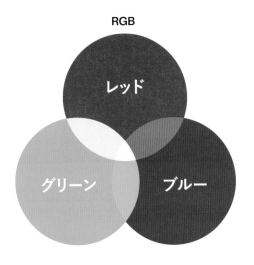

webサイトで色を指定する代表的な方法には「16進数」「RGB」「カラーネーム」などが挙げられます。中でももっともポピュラーな方法が16進数です。

16進数とはRGBの表現手法のひとつで、6桁の数値を1セットとして扱い、0から9までの数字とAからFまでのアルファベットの組み合わせで表現します。6桁の数値のうち、最初の2桁がR（赤）、次の2桁がG（緑）、最後の2桁がB（青）を指しており、CSSで使用する際には先頭に「#」（ハッシュ）をつけて記述します。

COLUMN

加法混色

加法混色とは、光の三原色であるレッド、グリーン、ブルーを混合させて色を表現することを指します。それぞれの色の混合具合によって、さまざまな色を表現します。

STEP 01　文字色を指定する

Lesson 08 ▶ 8-4 ▶ 8-4-1

文字の色を指定するには、CSSの「color」プロパティを使います。

colorプロパティは、ブロックレベル、インライン（P.187で解説）どちらの性質も備えた要素にも適用できるので、見出しや段落、段落内の一部分だけに色をつけるといったことが可能です。

色を指定するときは、①「**color: #ff0000;**」と「**#**」で始まる6桁のカラーコードで指定する、②「**color: rgb(255,0,0);**」とRGBを数値で指定する、③「**color: red;**」とカラーネームで指定することが可能です。ここでは、「#」で始まる6桁のカラーコードで指定する方法を試してみましょう。

書　式	文字色の指定方法

```
セレクタ { color: #16進数; }
もしくは
セレクタ { color: rgb(赤の値,緑の値,青の値); }
もしくは
セレクタ { color: カラーネーム; }
```

記述例	文字色を赤に指定する

```
h1 { color: #ff0000; }
もしくは
h1 { color: rgb(255,0,0); }
もしくは
h1 { color: red; }
```

16進数で文字色を変更してみよう

1　[8-4-1] フォルダのHTMLファイル「index.html」をエディタで開き、
ブラウザでCSSを適用する前の表示を確認しましょう。

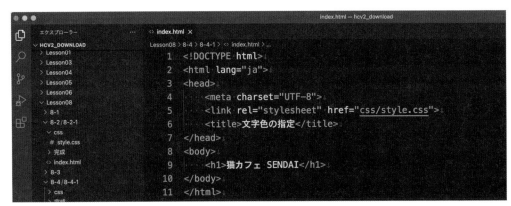

2　[8-4-1] ＞ [css] フォルダのCSSファイル「style.
css」をエディタで開き、「@charset "UTF-8"; 」の
後ろで改行を入れて、以下を記述しましょう。

> h1 { color: #ff0000; }

3　ブラウザでCSSを適用した状態の表示を確認しま
しょう。見出しの文字色が赤色（#ff0000）に変わっ
ています。

Google Fonts から使用する
コードを取得する方法

Google Fontsで提供されている日本語フォント
のまとめ ページ（https://googlefonts.github.
io/japanese/）では、任意のフォント名をクリッ
クするとフォントの詳細が表示されます。右側にあ
る「HTML」❶からCSSを読み込むためのコード
をコピーできます。「CSS」❷からはフォントを適
用するためのスタイルのサンプルコードをコピー
できます。セレクタ部分を変更して利用します。

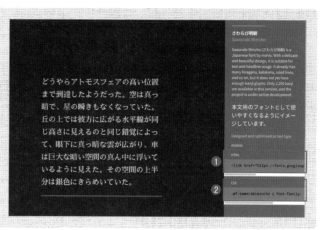

色の透過の表現「RGBA」

RGBにアルファ（Alpha）と呼ばれる透過度を示す情報を
加えた表現方式「RGBA」というものもあります。色を透
過させることができるので、要素が重なっている場合は下
層にある要素が透けて見えるようになります。
色を指定するときはRGBの数字指定に加えて、アルファ
を「1（100%）」から「0（0%）」までの数字で指定します。
「1」は不透明、「0」は完全に透明となります。たとえば色
の透過度を半分にしたい場合は「0.5」と指定します。数
値は小数点第二位まで記述可能で、%換算で考えます。

文字色を透過していない場合

文字色を透過した場合

書　式	文字色を透過する指定方法

```
セレクタ { color: rgba(赤の値,緑の値,青の値,アルファの値); }
```

記述例	赤い文字色を半透明にする

```
h1 { color: rgba(255,0,0,0.5); }
```

色を直感的に指定できる「HSL」

色の表現方式に「HSL」というものがあります。色相（Hue）、彩度（Saturation）、明度（Lightness）の頭文字の略称です。色相とは赤や青のような色味の違いを表します。彩度は色の鮮やかさ、明度は色の明るさを表します。HSLのメリットは、たとえば赤色を基準とした場合、少し濃い赤にする・明るい赤にするといった、色の調整を直感的に行うことができます。また、色相を環状に表したものが色相環と呼ばれ、基準となる色はこの色相環から決定します。

色を指定するときは、色相は「0」から「360」までのいずれか、彩度と明度は「0%」から「100%」までのいずれかの値を指定します。

赤色の文字色を暗くした場合の例

> 猫カフェ SENDAI（RGBでは#ff0000、HSLではhsl(0,100%,54%)
>
> 猫カフェ SENDAI（HSLで暗くする hsl(0,100%,30%)

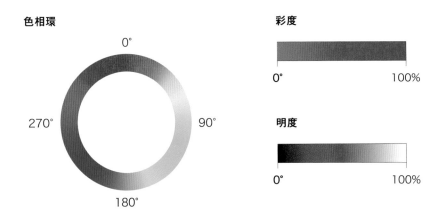

色相環

0°

270°　　　90°

180°

彩度

0°　　　　　　100%

明度

0°　　　　　　100%

書　式	文字色を透過する指定方法

```
セレクタ { color: hsl(色相の値,彩度の値,明度の値); }
```

記述例	赤い文字色を暗くする場合

```
h1 { color: hsl(0,100%,30%); }
```

8-5 見出しを背景色で装飾する

見出しはwebページ内の本文を要約して表現する重要な要素です。
ここでは見出し要素を使うにあたり、知っておくべきことを理解しましょう。
また、見出しに対して装飾を行いながら、CSSへの理解を深めます。

見出しのレベル

h要素は文章の見出しに対して使う要素で、webサイト全体のタイトルとしても使われることも多いです。h要素のタグは**h1**から**h6**まで6段階に分かれています。hに続く数字が小さいほど見出しのレベル（単位）は大きくなります。h1が大見出し、h2が中見出しといった具合に使われます。中でもh1は文章をマークアップする際、もっとも重要な意味を持っており、webサイト全体のタイトルや、個々のページの主題を表します。

見出しのレベルは上位から順番に使用して、レベルの高いものから内容を引き継ぐように使うことで、正しい文章構造にすることを意識しましょう。

見出しのレベルの順番

高 → 低

| h1 | h2 | h3 | h4 | h5 | h6 |

デフォルトの見出しの見た目

見出しh1：猫カフェ仙台店

見出しh2：猫カフェ仙台店

見出しh3：猫カフェ仙台店

見出しh4：猫カフェ仙台店

見出しh5：猫カフェ仙台店

見出しh6：猫カフェ仙台店

COLUMN

見出しもデザインの一部

CSSのスタイルを適用しなくとも、h1からh6まで文字の大きさや太さが異なるので、本文の文章と比べると見た目に差はあります。しかし、文章（本文）の文字サイズに応じて見出しの文字サイズや行間、文字色などを調整することで、webサイトを閲覧するユーザーにとってさらに読みやすいものになります。
また、見出しはwebサイト内で頻繁に登場するものですので、webサイトのテーマにそった装飾を行うことで、webサイトの雰囲気作りにも役立てましょう。

STEP 01 見出しを背景色で飾る

Lesson08 ▶ 8-5 ▶ 8-5-1

ここではh1に対して、背景色をつけてみましょう。背景色を指定するにはCSSの「background-color」プロパティを使います。ここでは16進数を使って指定します。

書 式	背景色の指定方法

```
セレクタ { background-color: #16進数; }
```

記述例	見出しの背景色を指定する

```
h1 { background-color: #ff0000; }
```

背景に色をつける

1 [8-5-1]フォルダのHTMLファイル「index.html」をエディタで開き、ブラウザでCSSを適用する前の表示を確認しましょう。

2 [8-5-1]＞[css]フォルダCSSファイル「style.css」をエディタで開き、「@charset "UTF-8";」の後ろで改行を入れて、以下を記述しましょう。

```
h1 { background-color: #fff4ef; }
```

```
1  @charset "UTF-8";
2  h1 {
3      background-color: ■#fff4ef;
4  }
5
```

3 見出しの背景にうすいオレンジ色（#fff4ef）がついているか、ブラウザでCSSを適用した状態の表示を確認しましょう。

STEP 02　見出しに余白を設定する

Lesson 08 ▶ 8-5 ▶ 8-5-2

背景色をつけたままの状態では窮屈に見えるので、見出しの内側に余白を入れて
バランスを整えてみましょう。余白を変更するにはCSSの「padding」プロパティを
使います。
ここでは、上下左右の余白を一括で変更してみましょう。

書　式	内側の余白の指定方法

```
セレクタ { padding: 数値と単位; }
```

記述例	見出し要素の内側の余白を指定する

```
h1 { padding: 10px; }
```

COLUMN

内側の余白の指定

要素の内側の余白の指定にはpaddingプ
ロパティを使いますが、値と単位を指定す
ると、上下左右の余白を変更することがで
きます。指定方法によって、上、下、左、
右を個別に指定することもできます。詳しく
はP.175で後述します。

上下左右の内側の余白を一括で変更する

1　[8-5-2] フォルダのHTMLファイル「index.html」を
エディタで開き、ブラウザでCSSを適用する前の表
示を確認しましょう。

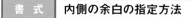

2　[8-5-2] > [css] フォルダのCSSファイル「style.
css」をエディタで開き、「`h1 { background-`
`color: #fff4ef;`」の後ろで改行を入れて、
以下を記述しましょう。

```
padding: 20px;
```

```
1  @charset "UTF-8";
2  h1 {
3      background-color: ■#fff4ef;
4      padding: 20px;
5  }
```

3　ブラウザでCSSを適用した表示を確認しましょう。見
出しと背景のあいだの余白が20px分、広がりました。

8-6 見出しを線で装飾する

CSSで要素に線をつけることができます。
四方を線で囲んだり、一辺だけに線をつけるなど、さまざまな指定方法があります。
また、「点線」や「二重線」など線の種類もたくさんあります。
実際に見出しに線をつけて基本をマスターしてみましょう。

STEP 01　見出しを囲み線で飾る

Lesson 08 ▶ 8-6 ▶ 8-6-1

要素に線を指定するには「border」プロパティを使います。上下左右に対して一括
で線を指定したり、上、下、左、右を個別に指定（P.174参照）することができます。

書　式	線の指定方法

```
セレクタ { border: 線の太さ 線の種類 線の色; }
```

記述例	見出し要素に実線を指定する

```
h1 { border: 1px solid #000000; }
```

線の種類

borderプロパティで設定する「線の種類」によって、線
の形状は変わります。主な種類を確認しておきましょう。

値	線の形状	表示	値	線の形状	表示
solid	実線で表示する		outset	全体が隆起して見えるように表示する	
double	2本線で表示する		dashed	破線で表示する	
groove	線が窪んで見えるように表示する		dotted	点線で表示する	
ridge	線が隆起して見えるように表示する		none	線をなしにする	
inset	全体が窪んで見えるように表示する		hidden	線を非表示にする	

上下左右に線をつけて見出しを囲む

ここではh2でマークアップした見出しを線で囲んでみましょう。枠線をつけるにはCSSのborderプロパティを使います。値は「線の太さ」「線の種類」「線の色」をそれぞれ半角のスペースで区切って設定します。ここでは、一括で上下左右に線をつけてみます。

1 [8-6-1] フォルダのHTMLファイル「index.html」をエディタで開き、ブラウザでCSSを適用する前の表示を確認しましょう。

2 [8-6-1] > [css] フォルダのCSSファイル「style.css」をエディタで開き、「@charset "UTF-8";」の後ろで改行を入れて、以下を記述しましょう。

```
h2 { border: 1px solid #000000; }
```

```
1  @charset "UTF-8";
2  h2 {
3      border:  1px solid □#000000;
4  }
5
```

3 ブラウザでCSSを適用した状態の表示を確認しましょう。見出しの周りが黒い実線で囲われました。

STEP 02 枠線を破線に変更する

Lesson 08 ▶ 8-6 ▶ 8-6-2

1 [8-6-2] フォルダのHTMLファイル「index.html」をエディタで開き、ブラウザでCSSを適用する前の表示を確認しましょう。

猫カフェ メニュー

2 [8-6-2] > [css] フォルダのCSSファイル「style.css」をエディタで開き、「**border: 1px solid #000000;**」の線の種類「**solid**」を、以下のように書き換えます。

```
@charset "UTF-8";
h2 {
    border: 1px dashed #000000;
}
```

```
1  @charset "UTF-8";
2  h2 {
3      border: 1px dashed □#000000;
4  }
5
```

見出しや段落をスタイリングしよう   Lesson 08 | 09 | 10 | 11 | 12 | 13 | 14 | 15

3 ブラウザでCSSを適用した状態の表示を確認しましょう。黒色の実線が黒色の破線に変更されました。

STEP 03 　見出しを下線で飾る

Lesson 08 ▶ 8-6 ▶ 8-6-3

ここではh3にアンダーラインをつけてみましょう。線をつけるにはboderプロパティのほかにも、要素の上下左右を個別に設定することができる、4つのプロパティがあります。

線を上下左右に個別に設定するプロパティ

プロパティ	意味
border-top	上の線
border-right	右の線
border-bottom	下の線
border-left	左の線

書　式　線の個別の指定方法

セレクタ { <u>border-top:</u> 線の太さ 線の種類 線の色; }
　　　　　　　線を個別に設定するプロパティ

記述例　見出しの右辺に実線を指定する

h2 { border-right: 1px solid #000000; }

見出しの下側だけに線をつける

1 [8-6-3]フォルダのHTMLファイル「index.html」をエディタで開き、ブラウザでCSSを適用する前の表示を確認しましょう。

2 [8-6-3]＞[css]フォルダのCSSファイル「style.css」をエディタで開き、「@charset "UTF-8";」の後ろで改行を入れて、以下を記述しましょう。

> h3 { border-bottom: 1px solid #000000; }

```
1  @charset "UTF-8";
2  h3 {
3      border-bottom: 1px solid □#000000;
4  }
5
```

3 見出しの直下に黒色の実線が表示されたか、ブラウザでCSSを適用した状態を確認しましょう。

STEP 04　見出しと下線のあいだを広げる

Lesson08 ▶ 8-6 ▶ 8-6-4

下線をデフォルトで設定すると、窮屈に見えます。見出し
の内側の下側にだけ余白を入れてバランスを整えてみま
しょう。余白を変更するにはCSSのpaddingプロパティ
を使いますが、上下左右を個別に設定することができるプ
ロパティがあります。

内側の余白の上下左右を個別に設定するプロパティ

プロパティ	意味
padding-top	内側上の余白を設定
padding-right	内側右の余白を設定
padding-bottom	内側下の余白を設定
padding-left	内側左の余白を設定

書　式　内側の余白の個別の指定方法

セレクタ { **padding-top:** 数値と単位 ; }
内側の余白を個別に設定するプロパティ

記 述 例　見出しの左側に余白を指定する

h3 { padding-left: 10px; }

見出しの下側の余白を広げる

1　[8-6-4] フォルダのHTMLファイル「index.html」を
エディタで開き、ブラウザでCSSを適用する前の表
示を確認しましょう。

> 🟢 見出しの下側に余白をつける　　✕　＋
> ← → C　① 127.0.0.1:5500/Lesson08/8-6/8-6-4/index.html
>
> **おやつの与え方**

2　[8-6-4] > [css] フォルダのCSSファイル「style.
css」をエディタで開き、「**border-bottom:
1px solid #000000;**」の後ろで改行を入れ
て、以下を記述しましょう。

```
@charset "UTF-8";
h3 {
    border-bottom: 1px
    solid #000000;
    padding-bottom: 10px;
}
```

```
1  @charset "UTF-8";
2  h3 {
3      border-bottom: 1px solid □#000000;
4      padding-bottom: 10px;
5  }
6
```

3　ブラウザでCSSを適用した状態の表示を確認しま
しょう。見出しの文字列と下線とのあいだに余白がで
きました。

> 🟢 見出しの下側に余白をつける　　✕　＋
> ← → C　① 127.0.0.1:5500/Lesson08/8-6/8-6-4/index.html
>
> **おやつの与え方**

8-7 見出しの先頭を装飾する

見出しは文章を読み始める取っ掛かりの部分であり、連続する文章の中に見出しがある場合は、
そこが内容の区切りであるという目印になります。
CSSで装飾しなくても見出しは太字になっていて通常のテキスト（p要素）と区分できますが、
装飾することで見出しとしての見た目の印象を強めることができます。

STEP 01 見出しの先頭を実線で飾る

Lesson 08 ▶ 8-7 ▶ 8-7-1

ここではh4の左側を縦線で装飾してみましょう。要素の左側に線をつけるには
border-leftプロパティ（P.174）、要素の左側の余白を整えるにはpadding-leftプ
ロパティ（P.175）を使います。

1 [8-7-1]フォルダのHTMLファイル「index.html」を
エディタで開き、ブラウザでCSSを適用する前の表
示を確認しましょう。

2 [8-7-1] > [css]フォルダのCSSファイル
「style.css」をエディタで開き、「@charset
"UTF-8";」の後ろで改行を入れて、以下を記
述しましょう。

```
h4 { border-left: 4px solid
#000000; padding-left: 8px; }
```

```
1  @charset "UTF-8";
2  h4 {
3      border-left: 4px solid □#000000;
4      padding-left: 8px;
5  }
```

3 ブラウザでCSSを適用した表示を確認しましょう。見
出しの左側に黒色の実線が表示されました。

STEP 02 見出しの先頭を画像で飾る

 Lesson 08 ▶ 8-7 ▶ 8-7-2

前ステップでは見出しの先頭を縦の実線で装飾しました
が、ここではh5の先頭を画像で装飾してみましょう。
CSSで要素の中に画像を表示するには「background-
image」プロパティを使います。CSSのプロパティで画像

を設定する場合は、**url( )** の中に画像の場所・ファイル
名を指定します。画像の場所（ディレクトリ）は、本書では
CSSを適用するHTMLファイルのある場所を基準にした
相対パス（P.067）で設定します。

<table>
<tr><td>書 式</td><td>画像の指定方法</td></tr>
</table>

```
セレクタ { background-image: url(画像の場所 / ファイル名); }
```

<table>
<tr><td>記述例</td><td>表示する画像を指定する</td></tr>
</table>

```
h5 { background-image: url(images/star.png); }
```

background-imageプロパティで画像をつける

1 [8-7-2] フォルダのHTMLファイル「index.html」を
エディタで開き、ブラウザでCSSを適用する前の表
示を確認します。

2 [8-7-2] > [css] フォルダのCSSファイル「style.
css」をエディタで開き、「@charset "UTF-8";」の
後ろで改行を入れて、以下を記述しましょう。
画像には、style.cssのひとつ上のディレクトリにある
[images] フォルダの「star.png」を指定します。

```
h5 { background-image: url(../images/star.png); padding-left: 20px; }
```

```
1  @charset "UTF-8";
2  h5 {
3      background-image: url(../images/star.png);
4      padding-left: 20px;
5  }
```

3 ブラウザでCSSを適用した表示を確認しましょう。見
出しの背景全体に星マークが表示されました。

画像の繰り返し表示をコントロールする

background-imageプロパティで設定した画像ですが、
なにも指定していない状態では、要素の領域内で繰り返
し表示されます。この画像の繰り返しを設定するには
「background-repeat」プロパティを使います。ここでは、
見出しの先頭にだけ画像を表示したいので、画像を繰り
返して表示しないように設定します。

background-repeatプロパティの値

値	意味
repeat	画像を繰り返して表示
repeat-x	横方向のみ繰り返し表示
repeat-y	縦方向のみ繰り返し表示
no-repeat	画像を繰り返さずに1回だけ表示

書　式	画像の繰り返し表示の指定方法

```
セレクタ { background-repeat: 値; }
```

記述例	見出しの画像を1度だけ表示する

```
h5 { background-repeat: no-repeat; }
```

画像を繰り返し表示しない設定をする

1 引き続き [8-7-2] > [css] フォルダのCSSファイル「style.css」を編集します。「**padding-left: 20px;**」の後ろで改行を入れて、以下を記述しましょう。

```
@charset "UTF-8";
h5 {
    background-image: url(../
    images/star.png);
    padding-left: 20px;
    background-repeat: no-repeat;
}
```

```
1   @charset "UTF-8";
2   h5 {
3       background-image: url(../images/star.png);
4       padding-left: 20px;
5       background-repeat: no-repeat;
6   }
7
```

2 ブラウザでCSSを適用した表示を確認しましょう。背景の繰り返しがなくなり、星マークが1つだけ表示されるようになりました。

背景に関する設定の一括指定

「background-color」や「background-repeat」などの背景に関する指定は「background」プロパティで一括指定することができます。各値はスペースで区切って指定します。背景に画像を挿入して、表示は繰り返さないという指定をする場合は「**background:url(image.png) no-repeat;**」というような指定を行います。

背景画像の位置の調整

背景として挿入した画像の位置を調整するには「background-position」プロパティを使用します。1つまたは2つの値を使用して位置を指定します。2つの値の場合は、値をスペースで区切ります。最初の値で水平位置、2番目の値で垂直位置を指定します。記述例は「**background-position:top center;**」。

設定できる値	意味
top	要素の上辺に表示
bottom	要素の下辺に表示
left	要素の左辺に表示
right	要素の右辺に表示
center	要素の中央に表示
数値（単位をつけられる）	数値分移動した位置に表示

8-8 段落のスタイルを整える

文字の読みやすさを向上させるポイントは、「間隔」のコントロールにあります。
ここでいう間隔というのは、文字ブロック同士の近接具合です。
段落と段落、箇条書きや段落の字下げなどを指します。
この部分をしっかりと設定することが、読みやすい文章にデザインするポイントとなります。

文章を読みやすくする

段落を分ける

HTMLで文章中の段落を表現するときはp要素を使います。`<p>`～`</p>`で囲んだ部分が1つの段落となります。文章のひと固まりが長すぎると、読みにくくなります。適切に段落を分けることで、読みやすさを保つことができます。文章のボリュームに応じて、複数のp要素で文章のまとまりに分割するとよいでしょう。

webブラウザでは見出し（h要素）や段落（p要素）などには、あらかじめ外側の余白が設定されています。これを「マージン」といいます。

文章を段落分けすることで、段落の上下に余白（マージン）が作られ視認性が保たれます。マージンのサイズを調整することもできるので、webサイトのテーマに合わせて変更してみるのもよいでしょう。

字下げを活用する

日本語を含む多くの言語の文章には、段落の先頭行に約1文字分ほどの空白を空ける「字下げ」という表現手法があります。文章量や段落が多い場合などに、字下げを指定すると段落の始まりが視認しやすくなります。

一方で短い文章を複数の段落に分けて字下げを指定すると、段落の左端がガタガタになり、かえって読みにくくなります。webサイトの段落すべてを字下げするのではなく、字下げをしたほうが読みやすくなる文章かを判断したのちに設定するとよいでしょう。

p要素で段落を分けていない例

丘おかのふもとの、うつくしい平和な村に、ハンスという、詩人しじんが住んでい
に立って、うつくしい村をながめては、歌にうたい、牧場まきばにいって、やさし
がめては、詩しをかくのがつねでした。ハンスのつくった詩は、国じゅう、だれひ
ないほどでした。あるとき王さまは、この村のそばを通りかかりましたが、ハンス
いて、わざわざ、この名高い詩人しじんに、あいにこられました。王さまでさえ、
たいせつに思っていられるのですから、村の人たちが、ハンスをうやまったこと
せん。そんなわけですから、このハンスが年とって、天国へめされていったとき
談そうだんをして、ハンスをいつまでもわすれないように、銅像どうぞうをたてる

p要素で段落を分けた例

丘おかのふもとの、うつくしい平和な村に、ハンスという、詩人しじんが住んでい
に立って、うつくしい村をながめては、歌にうたい、牧場まきばにいって、やさし
がめては、詩しをかくのがつねでした。ハンスのつくった詩は、国じゅう、だれひ
ないほどでした。

あるとき王さまは、この村のそばを通りかかりましたが、ハンスがこの村にいる
この名高い詩人しじんに、あいにこられました。王さまでさえ、そんなに、ハンス
いられるのですから、村の人たちが、ハンスをうやまったことは、いうまでもあ
ですから、このハンスが年とって、天国へめされていったときには、村の人たち
て、ハンスをいつまでもわすれないように、銅像どうぞうをたてることにきめまし

字下げして読みにくくなった例

丘の銅像

　丘のふもとの、うつくしい平和な村に、ハンスという、詩人が住んでいました。

　丘の上に立って、うつくしい村をながめては、歌にうたい、牧場にいって、やさしい
でした。

　ハンスのつくった詩は、国じゅう、だれひとり知らないものはないほどでした。

　あるとき王さまは、この村のそばを通りかかりましたが、ハンスがこの村にいると聞
れました。

　王さまでさえ、そんなに、ハンスをたいせつに思っていられるのですから、村の人た
りません。

字下げして読みやすくなった例

丘の銅像

　丘のふもとの、うつくしい平和な村に、ハンスという、詩人が住んでいました。丘の
たい、牧場にいって、やさしいひつじのむれをながめては、詩しをかくのがつねでした
知らないものはないほどでした。

　あるとき王さまは、この村のそばを通りかかりましたが、ハンスがこの村にいると聞
れました。王さまでさえ、そんなに、ハンスをたいせつに思っていられるのですから、
までもありません。そんなわけですから、このハンスが年とって、天国へめされていっ
いつまでもわすれないように、銅像をたてることにきめました

STEP **01**　段落の字下げを設定する

Lesson 08 ▶ 8-8 ▶ 8-8-1

字下げの指定には「text-indent」プロパティを使います。プロパティの値は「数値と単位」です。このとき指定する単位は、「○文字分」と相対的に指定できる「em」（P.155

参照）が一般的に使われます。絶対的な単位で指定しないことで、フォントサイズが変わったときでも字下げ具合を保つことができます。

書　式	字下げの指定方法

```
セレクタ { text-indent: 数値と単位; }
```

記述例	1文字分の字下げを指定する

```
p { text-indent: 1em; }
```

字下げを指定する

1　[8-8-1] フォルダのHTMLファイル「index.html」をエディタで開き、ブラウザでCSSを適用する前の表示を確認しましょう。

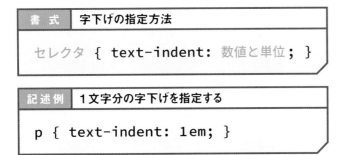

2　[8-8-1] > [css] フォルダのCSSファイル「style.css」をエディタで開き、「@charset "UTF-8"; 」の後ろで改行を入れて、以下を記述しましょう。

```
p { text-indent: 1em; }
```

```
1  @charset "UTF-8";
2  p {
3      text-indent: 1em;
4  }
```

3　ブラウザでCSSを適用した状態の表示を確認しましょう。1文字分の字下げが設定されました。

STEP **02**　文字揃えを設定する

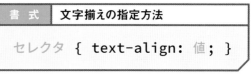

Lesson 08 ▶ 8-8 ▶ 8-8-2

文字の揃え方

文字揃えの設定を指定しない場合は、初期値として左揃えが適用されます。CSSでは「左揃え」「右揃え」「中央揃え」「両端揃え」を指定することができます。

文字の揃えを指定するには「text-align」プロパティを使用します。プロパティの値は「**left**」（左揃え）「**right**」（右揃え）「**center**」（中央揃え）「**justify**」（両端揃え）です。

書　式	文字揃えの指定方法
セレクタ { text-align: 値; }	

記述例	中央揃えに指定する
p { text-align: center; }	

文字揃えを指定する

1 [8-8-2] フォルダのHTMLファイル「index.html」をエディタで開き、ブラウザでCSSを適用する前の表示を確認しましょう。

```
index.html — hcv2_download
エクスプローラー          index.html ×
HCV2_DOWNLOAD          Lesson08 > 8-8 > 8-8-2 > index.html
 Lesson01               1  <!DOCTYPE html>
 Lesson03               2  <html lang="ja">
 Lesson04               3  <head>
 Lesson05               4      <meta charset="UTF-8">
 Lesson06               5      <link rel="stylesheet" href="css/style.css">
 Lesson08               6      <title>文字揃えを指定</title>
  8-1                   7  </head>
  8-2                   8  <body>
  8-3                   9      <p>猫カフェ仙台店</p>
  8-4                  10      <p>猫カフェ石巻店</p>
  8-5                  11      <p>猫カフェ松島店</p>
  8-6                  12  </body>
  8-7                  13  </html>
  8-7-1
  8-7-2
  8-8
  8-8-1
  8-8-2
```

```
文字揃えを指定          ×  +
←  →  C  ①  127.0.0.1:5500/Lesson08/8-8/8-8-2/index.html

猫カフェ仙台店

猫カフェ石巻店

猫カフェ松島店
```

2 [8-8-2] > [css] フォルダのCSSファイル「style.css」をエディタで開き、「@charset "UTF-8";」の後ろで改行を入れて、以下を記述しましょう。

```
p { text-align: center; }
```

```
1  @charset "UTF-8";
2  p {
3      text-align: center;
4  }
```

3 ブラウザでCSSを適用した状態の表示を確認しましょう。文字が中央揃えになりました。

両端揃えを指定する

文字の揃え方に何も指定しないと、複数行の段落の右側がきれいに揃いません。文字を均等に揃えることができれば、読みやすさも向上します。

文章の両端を揃えるには、text-align プロパティを使い値には「**justify**」を指定します。

なお、Windowsに標準搭載されているMicrosoft Edgeでは「**text-align: justify;**」が適用されないため、別途「text-justify」プロパティを使って記述します。指定できる値は複数ありますが、両端揃えでは「**inter-ideograph**」を指定します。

CSSの例

```
p {
    text-align: justify;
    text-justify: inter-ideograph;
}
```

webブラウザでの表示

いよいよwebサイトがスタート（start）します。webサイトの完成はゴール（goal）ではありません。そう、ここからが本当の始まりです。サービス（service）内容が変化した時点、イベント（event）開催告知など、その都度webサイトを更新しましょう。アクセス（access）解析を行い、多く見られているページがあれば「良い所はどこか」、閲覧数が少ないページなら「どこが悪いのか」を検討して修正を重ねていきましょう。

いよいよwebサイトがスタート（start）します。webサイトの完成はゴール（goal）ではありません。そう、ここからが本当の始まりです。サービス（service）内容が変化した時点、イベント（event）開催告知など、その都度webサイトを更新しましょう。アクセス（access）解析を行い、多く見られているページがあれば「良い所はどこか」、閲覧数が少ないページなら「どこが悪いのか」を検討して修正を重ねていきましょう。

上段の文字揃えは未指定。下段には、両端揃えを指定

STEP 03　字間を調整する

Lesson 08 ▶ 8-8 ▶ 8-8-3

CSSで文字と文字の間隔（字間）を指定することができます。文章内で視覚的に差をつけたいときに、半角のスペースや全角のスペースを使って、見た目を整えるのは間違った方法です。

たとえば「い□よ□い□よ□w□e□b□サ□イ□ト□が□ス□タ□ー□ト」など。文字と文字のあいだにスペース

を入れてしまうと、ひと続きの文章としての意味が狂ってしまいます。検索エンジンがうまく解釈できなかったり、音声読み上げブラウザでは正しく読み上げができなくなるなどの問題が起こりえます。文字同士の間隔を指定するには「letter-spacing」プロパティを使います。値は「数値と単位」です。

書　式	文字の間隔の指定方法

```
セレクタ { letter-spacing : 数値と単位 ; }
```

記述例	0.5文字分の字間に指定する

```
p { letter-spacing: 0.5em; }
```

文字の間隔を指定する

1　[8-8-3] フォルダのHTMLファイル「index.html」をエディタで開き、
ブラウザでCSSを適用する前の表示を確認しましょう。

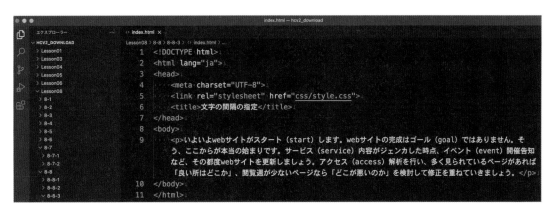

2　[8-8-3] > [css] フォルダのCSSファイル「style.
css」をエディタで開き、「@charset "UTF-8";」の
後ろで改行を入れて、以下を記述しましょう。

```
p { letter-spacing: 0.5em; }
```

3　ブラウザでCSSを適用した状態の表示を確認しま
しょう。文字同士の間隔が0.5em（1文字の半分の
サイズ）分、広がりました。

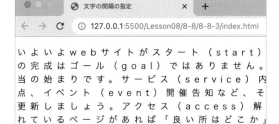

Lesson 08 練習問題

Q1 文字の大きさの指定方法

文字の大きさを指定するには、CSSの〖　〗を使います。

下記の候補から空欄〖　〗に当てはまる言葉を選んでください。
❶ font-size プロパティ　❷ size プロパティ
❸ font-size-change プロパティ

Q2 文字の行間の指定方法

行間を指定するには、CSSの〖　〗を使います。

下記の候補から空欄〖　〗に当てはまる言葉を選んでください。
❶ height プロパティ　❷ line-height プロパティ
❸ gyoukan プロパティ

Q3 書体の指定方法

書体を指定するには、CSSの〖　〗を使います。

下記の候補から空欄〖　〗に当てはまる言葉を選んでください。
❶ hont-type プロパティ　❷ font-change プロパティ
❸ font-family プロパティ

Q4 見出しのレベルの順番

h要素のタグはh1からh6まで6段階に分かれています。hに続く数字によって見出しのレベル（単位）が変わります。見出しのレベルが高い順に並べると〖　〗となります。

下記の候補から空欄〖　〗に当てはまるものを選んでください。
❶ h1 > h2 > h3 > h4 > h5 > h6
❷ h6 > h5 > h4 > h3 > h2 > h1

Q5 背景色をつけるプロパティ

要素の背景の色を指定するには〖　〗を使用します。

下記の候補から空欄〖　〗に当てはまるプロパティを選んでください。
❶ color プロパティ　❷ background-color プロパティ
❸ backscreen-color プロパティ

Q6 要素の内側に余白をつけるプロパティ

要素の内側の余白を変更するには〖　〗を使用します。

下記の候補から空欄〖　〗に当てはまるプロパティを選んでください。
❶ padding プロパティ　❷ margin プロパティ
❸ space プロパティ

Q7 線で囲むプロパティ

要素を線で囲むにはborderプロパティを使用しますが、要素の下側にだけ線を指定するには〖　〗使用します。

下記の候補から空欄〖　〗に当てはまるプロパティを選んでください。
❶ border-top プロパティ　❷ border-last プロパティ
❸ border-bottom プロパティ

Q8 背景画像の繰り返し

background-imageプロパティで設定した画像ですが、なにも指定していない状態では、要素の領域内で繰り返し表示されます。繰り返しの指定にはbackground-repeatプロパティを使用しますが、画像の繰り返しをしないようにするには、〖　〗を指定します。

下記の候補から空欄〖　〗に当てはまる値を選んでください。
❶ repeat-y　❷ repeat-x　❸ no-repeat

Q9 外側の余白の指定方法

要素の外側の余白はmarginプロパティで変更します。余白の値は上下左右を個別に指定することができます。たとえば、「margin: 10px;」であれば、上下左右それぞれ10px分の余白をとる指定となります。下記の〖　〗は、上5px、右10px、下20px、左30pxの余白を指定しています。

下記の候補から空欄〖　〗に当てはまるものを選んでください。
❶ margin:5px 10px 20px 30px;
❷ margin:10px 5px 30px 20px;
❸ margin:5px 30px 20px 10px;

Q10 字下げの指定方法

字下げの指定には〖　〗を使います。

下記の候補から空欄〖　〗に当てはまるプロパティを選んでください。
❶ text-indent プロパティ　❷ font-indent プロパティ
❸ font-space プロパティ

Q11 文字の揃え方

CSSでは文字の揃えを「左揃え」「右揃え」「中央揃え」「両端揃え」と変更することができます。指定にはtext-alignプロパティを使用します。文字の揃えを右にする値は〖　〗です。

下記の候補から空欄〖　〗に当てはまる値を選んでください。
❶ left　❷ justify　❸ right

Q1:❶　Q2:❷　Q3:❸　Q4:❶　Q5:❷　Q6:❶
Q7:❸　Q8:❸　Q9:❶　Q10:❶　Q11:❸

CSSレイアウトの
基本を学ぼう

An easy-to-understand guide to HTML & CSS

Lesson 09

前Lessonでは文字への装飾を通して、CSSでスタイルを
指定する基本を学びました。このLessonでは、HTMLで
作成した内容をwebページとしての見た目にレイアウトする
基本を学びます。主に要素自体の大きさを変えたり、位置
を調整したりする方法をマスターしましょう。

9-1 ボックスモデルを理解する

webサイトらしい見た目にするには「ボックスモデル」という
概念を知っておく必要があります。この概念を理解することで、
CSSのプロパティがどの部分に適用されるかがわかるようになります。
意図するレイアウトを行うためにもしっかりと覚えましょう。

ボックスモデルとは？

HTMLの要素は「ボックス」と呼ばれる四角形の領域を
生成します。この概念をボックスモデルと呼びます。一つ
ひとつの要素を「箱のようなもの」とイメージすると、ボッ
クスモデルを理解しやすいでしょう。CSSでレイアウトする

ということは、ボックスの大きさを変えたり、左右に並べて
配置したり、ボックス同士の間隔を調整するなどの作業に
なります。

ボックスの構造

まずは、ボックスの構造から見ていきましょう。1つのボックスは次の
4つの領域から成り立っています。内側の領域から順番に説明します。

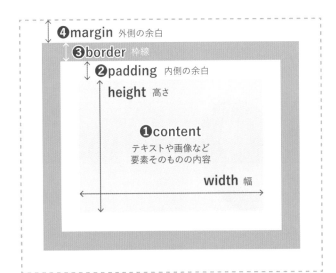

❶ content（コンテンツ）

テキストや画像など要素そのものの内容が表示される
領域です。この領域のサイズは、初期値では「width」
（幅）と「height」（高さ）プロパティで指定できます。

❷ padding（パディング）

contentと枠線（border）のあいだにある余白の領域
です。要素の内側の余白を取るために使います。
「padding」プロパティでサイズを指定できます。

❸ border（ボーダー）

枠線です。paddingの外側の領域です。「border」ま
たは「border-width」プロパティでサイズを指定できます。

❹ margin（マージン）

要素の外側の余白の領域です。「margin」プロパティで
サイズを指定できます。paddingとは対になる領域です。

「外側の余白はmargin」「内側の余白は
padding」とセットで覚えましょう。

これら各領域の境界線を「辺（edge）」と呼び
ます。それぞれの領域は上下左右の4辺に分
けられます。それぞれにCSSでスタイルを適用
できます。

ブロックレベルとインライン

ボックスは大きく分けて「ブロックレベル」と
「インライン」のいずれかの性質に分類さ
れます。各要素は、どちらに分類されるか
で初期値が決まっています。

ブロックレベルとインラインのイメージ

ブロックレベル要素は、初期では親要素と同じ幅にな
ります。幅や高さを指定することもできます。

ブロックレベル

インラインは幅や高さを指定できません。文字数やコン
テンツの大きさでサイズが決まります。

インライン

ブロックレベル

ブロックレベルは、上から下へ縦に並びます。これは幅のサイズに関係なく、上から順に連なっていきます。ブロックレベルには次のような特徴があります。

- width（幅）やheight（高さ）を指定できる
- 幅を指定しない場合、親要素（要素自身を囲う1段階上位の要素）のcontent（コンテンツ）と同じ幅になる
- 上下左右のmargin、paddingを指定できる
- 前後に改行が入る

主なブロックレベル

要素名	役割
p要素	段落
h1〜h6要素	見出し
div要素	要素の囲い
ul要素・ol要素	リスト
li要素	リストの項目

インライン

インラインは、左から右へ横に並びます。基本的にブロックレベルの中で使用します。主に文章の一部として使用します。ブロックレベルより小さい部品というイメージです。インラインには次のような特徴があります。

- width（幅）やheight（高さ）を指定できない（文字数やコンテンツの大きさで決まる）
- 上下のmargin、paddingを指定できない
- 左右のmargin、paddingは指定できる

主なインライン

要素名	役割
a要素	リンク
img要素	画像
span要素	範囲の定義
strong要素	重要性を表す

COLUMN

HTML5では分類は廃止されたが、要素の性質は変わらない

HTML4までのバージョンでは、要素は「ブロックレベル要素」と「インライン要素」という、2つの要素カテゴリーのいずれかに分類されていました。HTML5では廃止こそされましたが、性質は変わりません。CSSを使う際の挙動に大きな差があるため、その要素がどの性質を持っているかを把握する必要があります。CSSでレイアウトをするうえで、この性質の理解は欠かせません。

CSSレイアウトの基本を学ぼう　Lesson 09　10　11　12　13　14　15

STEP 01　content部分を作ってみる

Lesson 09 ▶ 9-1 ▶ 9-1-1

HTML要素のボックスモデルを理解したところで、ボックスモデルのcontentに当たる部分を実際に作ってみましょう。幅の指定にはwidthプロパティ、高さの指定にはheightプロパティを使用します。HTML要素の幅と高さをCSSで指定する基本をマスターしてみましょう。

HTML要素の幅を指定する形式は「セレクタ { width: 数値と単位 ; }」となり、高さを指定する形式は「セレクタ { height: 数値と単位 ; }」となります。

書 式	幅の指定方法

```
セレクタ { width: 数値と単位; }
```

書 式	高さの指定方法

```
セレクタ { height: 数値と単位; }
```

記述例	main要素の幅を指定する

```
main { width: 980px; }
```

記述例	header要素の高さを指定する

```
header { height: 200px; }
```

div要素の幅と高さを指定する

1 [9-1-1] フォルダのHTMLファイル「index.html」をエディタで開き、ブラウザで編集前
の表示を確認しましょう。あらかじめ背景色のついたdiv要素があり、特に幅を指定してい
ないので、幅はブラウザの横幅いっぱいまで広がっています。

2 [9-1-1] ＞ [css] フォルダのCSSファイル「style.css」をエディタで開きます。widthプ
ロパティを使って、div要素の幅を800pxと指定してみましょう。

```
@charset "UTF-8";
div {
    background: #fff0de;
    width: 800px;
}
```

3 ブラウザでCSSを適用した状態の表示を確認しましょう。div要素の幅が指定したサイズ
になりました。

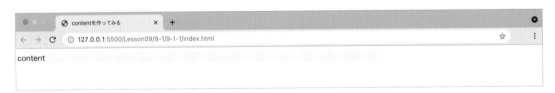

4 次に高さを指定します。heightプロパティを使って、div要素の高さを300pxと指定してみましょう。

```
@charset "UTF-8";
div {
    background: #fff0de;
    width: 800px;
    height: 300px;
}
```

```
1  @charset "UTF-8";↓
2  div {↓
3  ⋯⋯background: ■#fff0de;↓
4  ⋯⋯width: 800px;↓
5  ⋯⋯height: 300px;↓
6  }↓
```

5 ブラウザでCSSを適用した状態の表示を確認しましょう。div要素の高さが指定したサイズになりました。HTML要素のcontent（幅と高さ）の指定方法はこれが基本となります。

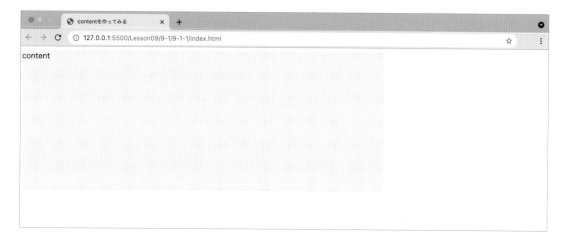

COLUMN

width・height以外にある 幅と高さを指定するプロパティと相対的な単位

widthやheightプロパティに類似するプロパティがそれぞれ2つずつあります。「max-width」と「min-width」は幅の最大値と最小値を指定、「max-height」と「min-height」は高さの最大値と最小値を指定するプロパティです。

また、相対的な指定を行う際によく使われる単位が3つあります。まずは「%」。これは幅と高さの両方の指定に使用でき、親要素を基準とした割合を指定できます。「vw」は幅、「vh」は高さの指定に使用でき、ビューポート（広義でブラウザのウィンドウサイズ→ P.321）を基準とした割合を指定できます。ビューポートいっぱい、つまりブラウザウィンドウいっぱいと指定したい場合は、それぞれ「100vw」「100vh」となります。たとえばブラウザウィンドウの半分の幅と指定する場合は「50vw」になります。

これらのプロパティと単位はブラウザの幅や表示するデバイスによって表示が可変するwebサイトによく使用されます。

HTML要素の幅を指定するプロパティ

プロパティ	意味
width	要素の幅を指定する
max-width	要素の幅の最大値を指定する
min-width	要素の幅の最小値を指定する

HTML要素の高さを指定するプロパティ

プロパティ	意味
height	要素の高さを指定する
max-height	要素の高さの最大値を指定する
min-height	要素の高さの最小値を指定する

相対的な指定をする際によく使われる単位

単位	意味
%	親要素を基準とした割合
vw	ビューポートを基準とした幅の割合
vh	ビューポートを基準とした高さの割合

9-2 余白を調整する

ボックスモデルのcontentの外側である「padding」と「margin」の指定方法を学んでいきましょう。
webサイトのデザインは、要素間、ブロック間に適切な余白を設けることで見やすさが向上します。
webサイトのデザインを調整するうえで余白を調整する場面は多々あります。
ここでは余白を調整する具体的な方法を理解しましょう。

内側の余白サイズ指定

P.171ですでに学んだとおり、要素の内側の余白（borderよりも内側）の調整には、paddingプロパティを使用します。「padding-top: 数値と単位」は上パディング、「padding-right: 数値と単位」は右パディング、「padding-bottom: 数値と単位」は下パディング、「padding-left: 数値と単位」は左パディングというように、上下左右それぞれの辺に対して個別に余白を指定することも学習ずみです（P.175参照）。

ここでは各値を半角スペースで区切ることで「`padding: 10px 20px 10px 20px`」など、上下左右のパディングをまとめて指定する方法を記述例で紹介します。

記述例	上下左右のパディングをまとめて指定する

```
h1 { padding: 20px; }
               上下左右
h1 { padding: 20px 10px; }
               上下   左右
h1 { padding: 20px 10px 20px; }
               上    左右   下
h1 { padding: 20px 10px 20px 10px; }
               上    右    下    左
```

STEP 01　左右の余白を調整する

Lesson 09 ▶ 9-2 ▶ 9-2-1

div要素が線で囲まれ、その中に段落（p要素）を表示するレイアウトがあります。
div要素の内側の左右に対して余白を調整して、枠線と段落のあいだにスペースを
設け文字を読みやすくしてみましょう。

1　[9-2-1]フォルダのHTMLファイル「index.html」をエディタで開き、ブラウザでCSSを適用する前の表示を確認しましょう。枠線と段落の左右がほぼくっついた状態で表示されます。

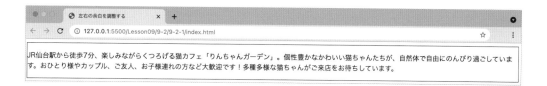

2 ［9-2-1］>［css］フォルダのCSSファイル「style.css」をエディタで開きます。div要素の内側、左右それぞれの余白を個別に設定してみましょう。左側に余白を設けるにはpadding-leftプロパティ、右側の余白はpadding-rightプロパティを使用します。

```
@charset "UTF-8";
div {
    border: 1px solid #000;
    padding-right: 20px;
    padding-left: 20px;
}
```

```
1  @charset "UTF-8";↓
2  div {↓
3      border: 1px solid □#000;↓
4      padding-right: 20px;↓
5      padding-left: 20px;↓
6  }↓
```

3 ブラウザでCSSを適用した状態の表示結果を確認しましょう。枠線の内側の左右の余白が広がり、段落の読みやすさが向上しました。

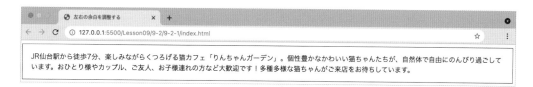

外側の余白サイズ指定

要素の外側の余白（borderよりも外側）の調整には、「margin」プロパティを使います。paddingプロパティと同様に、上下左右それぞれの辺に対して個別にマージンを指定することができます。
また、各値を半角スペースで区切ることで「margin: 10px 20px 10px 20px」など、上下左右のマージンをまとめて指定する方法もあります。

外側の余白の上下左右を個別に設定するプロパティ

プロパティ	意味
margin-top	外側上の余白を設定
margin-right	外側右の余白を設定
margin-bottom	外側下の余白を設定
margin-left	外側左の余白を設定

書式　外側の余白の個別の指定方法

セレクタ { margin-top: 数値と単位 ;}
外側の余白を個別に設定するプロパティ

記述例　見出しの下のマージンを指定する

h1 { margin-bottom: 10px ;}

記述例	上下左右のマージンをまとめて指定する

```
h1 { margin: 20px; }
             上下左右
h1 { margin: 20px 10px; }
             上下   左右
h1 { margin: 20px 10px 20px; }
             上    左右   下
h1 { margin: 20px 10px 20px 10px; }
             上    右    下    左
```

値にautoを指定する

マージンの値には、数値＋単位でのほかに「**auto**」を指定することができます。autoはボックスの左右どちらか、または両方に指定するような使い方をします。たとえば、特定の横幅が指定されたボックスに対して、左マージンにautoを指定した場合、ボックス左の余白が自動となり、結果としてそのボックスは右側に配置されるようになります。

この特性を活かして左右にautoを指定すれば、左右の余白がどちらも自動となるため、ボックスは中央に配置されます。ボックス自体の配置を調整する際には「auto」を活用します。

キャプ:横幅が指定されたボックスの左マージンに「auto」を指定すると、ボックスは右に配置される。さらに右マージンに特定の数値を入れることにより、細かな配置調整も可能

STEP 02　要素間のスペースを調整する

 Lesson 09 ▶ 9-2 ▶ 9-2-2

ここではmarginプロパティを使用して、要素の右辺だけに外側の余白をつける方法を実践してみます。段落（p要素）の中に画像が3枚連続して挿入されたレイアウトで、3枚の画像の間隔を広げてみましょう。

1 [9-2-2]フォルダのHTMLファイル「index.html」をエディタで開き、ブラウザでCSSを適用する前の表示結果を確認しましょう。画像3枚がくっついた状態で表示されます。

2 ［9-2-2］＞［css］フォルダのCSSファイル「style.css」をエディタで開きます。段落（p要素）の中の各画像の間隔を離すために、右辺に余白をもたせます。右側の余白を設定するにはmargin-rightプロパティを使用します。

```
@charset "UTF-8";
p img {
    margin-right: 10px;
}
```

```
1  @charset "UTF-8";
2  p img {
3      margin-right: 10px;
4  }
```

3 ブラウザでCSSを適用した表示を確認しましょう。画像のあいだに余白が生じて間隔が広がりました。

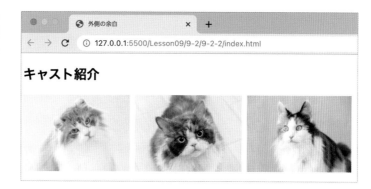

上下のマージンは相殺される

マージンは、上下左右のそれぞれの辺に対して個別に指定することができますが、上下に重なったマージンは相殺されるという性質があります。大きい値は小さい値を吸収し、結果として大きい値の状態で表示されます。CSSでマージンの調整を行う際は、その特性を理解しておくことが必要となります。

● 具体的な指定方法

h要素やp要素が縦に連なっている場合、それぞれの上下のマージンは相殺されて表示されます。たとえば、h1要素とp要素が上下に並んでいて、h1要素の下マージンが40px、p要素の上マージンが20pxだった場合、数値が大きいh1要素の下マージン40pxが設定されます。

見出しと段落を近づけたい場合には、h1要素の下マージン、p要素の上マージンを調整します。

CSSレイアウトの基本を学ぼう　Lesson 09 | 10 | 11 | 12 | 13 | 14 | 15

9-3 ボックスサイズ（幅・高さ・余白）を計算する

ここまでボックスモデルに含まれるcontent（width、height）、
padding、border、marginについて学習しました。
ここではボックスのサイズを計算する方法を理解しましょう。

要素を配置するために必要なスペース

ボックスモデルとは、「HTMLで定義された要素はすべて
長方形のボックスの中に納められている」という考え方で
す。ボックスのサイズは「content（width、height）＋
padding＋border＋margin」の合計で算出されます。
算出方法は2通り存在し、「box-sizing」プロパティの指
定で切り替えることができます。box-sizingプロパティの
初期値は「**content-box**」で、すべての要素はこの
初期値が適用されています。一方、値に「**border-
box**」を指定すると算出方法が変わります。╱

それぞれどのような特徴があるか見ていきましょう。例とし
て、下記の条件の要素があると仮定して計算してみます。

● ボックスの幅（width）が500px
● ボックスの高さ（height）が300px
● 内側の余白（padding）の上下左右がすべて20px
● 枠線（border）の上下左右がすべて5px
● 外側の余白（margin）の上下左右がすべて30px

box-sizing初期値での表示（content-box）

box-sizingの値は初期値で「**content-box**」が適用
されています。このときのボックスの幅は「width＋左
padding＋ 右padding＋ 左border＋ 右border＋ 左
margin＋右margin」の合計で算出します。指定の条件

を当てはめてみると、すべての数値の合算が610pxとな
ります。その要素を表示するのに必要な領域は610pxで
す。

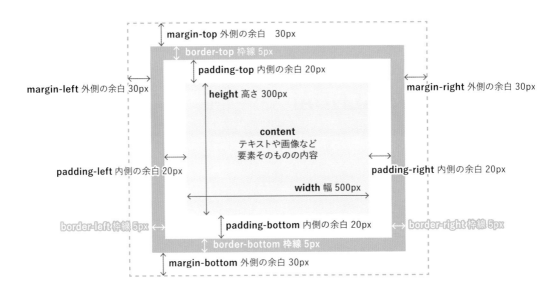

表示に必要な領域の計算式

$$500+20+20+5+5+30+30 = 610px$$

width　　左右の padding　　左右の border　　左右の margin

widthの値に、左右のpadding、左右のborder、左右のmarginをすべて合算する

box-sizingの値を変更した場合の表示（border-box）

box-sizingの値に「**border-box**」を指定することで、表示の性質を変えることができます。このときのボックスの幅は「width（左padding＋右padding＋左border＋右border がすべて内包される）＋左margin＋右margin」の

合計で算出します。指定の条件を当てはめてみると、すべての数値の合算が560pxとなります。その要素を表示するのに必要な領域は560pxです。

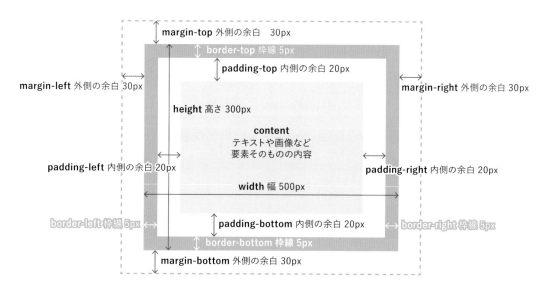

表示に必要な領域の計算式

$$500+30+30 = 560px$$

width　　　左右の margin

左右の padding と左右の border が内包される

widthの値には、左右のpadding、左右のborderが内包される。これに左右のmarginを合計する

content-boxとborder-boxの違い

初期値である「content-box」はwidthとheightプロパティで指定できる領域はcontentのみで、border-boxとの違いは「widthの数値にpaddingとborderを含めるかどうか」にあります。widthは横幅を指定するプロパティですが、たとえば1000pxという数値を指定した場合、「ひとまず1000px分の領域を確保」という意図があります。しかし、この1000pxはごく単純なスペース（枠取りしただけの領域）であり、実用的なデザインを適用するには余白

の調整や枠線の付与などが必要です。結果として、content-boxにおけるwidthプロパティは1000pxよりも低い数値を指定することになります。

一方、「border-box」を指定した場合には、1000pxという指定の中でpaddingとborderの値をやりくりするため、1000pxという基準がブレることがありません。これによってサイズの計算がとても簡単になり、レイアウトを行いやすくレイアウト崩れの防止にも役立ちます。

なお記述例は、すべての単位にpxを使っていたため単純な足し算で算出できましたが、異なる単位（%やemなど）が混在した場合には、最終的な数値の算出はほぼ不可能になります。border-boxを使うと、このような問題もすべて解消されます。

width・heightのサイズに含まれるプロパティの違い

	content-boxの場合	border-boxの場合
要素そのものの内容 （テキストや画像）	○	○
paddingプロパティ	×	○
borderプロパティ	×	○
marginプロパティ	×	×

STEP 01　飛び出した子要素を親要素に収める

Lesson 09 ▶ 9-3 ▶ 9-3-1

box-sizingプロパティを指定することによって、幅がどのように変化するのかを体験してみましょう。親要素からはみ出している子要素を親要素に収めてみます。

1 [9-3-1] フォルダのHTMLファイル「index.html」をエディタで開き、ブラウザでCSS適用前の状態の表示結果を確認しましょう。

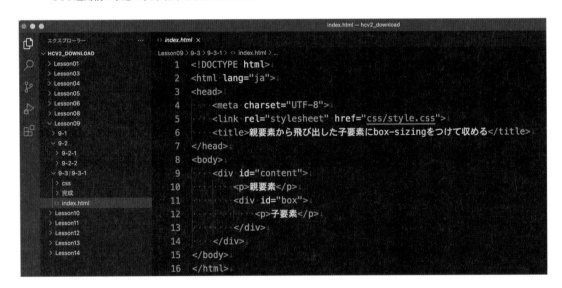

2 [9-3-1] ＞ [css] フォルダのCSSファイル「style.css」をエディタで開きます。親要素
（id="content" のdiv要素）と子要素（id="box" のdiv要素）のwidthのサイズが同じた
め、paddingなどを含む子要素は親要素以上の幅となっています。子要素に対して
「**box-sizing: border-box;**」を指定しましょう。

```
@charset "UTF-8";
#content {
    width: 800px;
    height: 200px;
    background: #fff0de;
}
#box {
    border: 5px solid #cccccc;
    padding: 10px;
    width: 800px;
    box-sizing: border-box;
}
```

```
1   @charset "UTF-8";
2   #content {
3       width: 800px;
4       height: 200px;
5       background: ■#fff0de;
6   }
7   #box {
8       border: 5px solid ■#cccccc;
9       padding: 10px;
10      width: 800px;
11      box-sizing: border-box;
12  }
```

3 ブラウザでCSSを適用した表示を確認しましょう。子要素のcontentには、paddingと
borderも含まれるようになったので、親要素の中に収まるサイズとなりました。

プロパティの値が計算式で指定できる

COLUMN

CSSプロパティの値を計算式で指定できる「calc()」という関数
があります。加算（+）、減算（-）、積算（*）、除算（/）の演算子
を組み合わせて使用できます。
たとえば、ナビゲーションのli要素の横サイズを幅いっぱい
（100％）から7等分にしたい場合は、「**ul li { width:
calc(100% / 7);　}**」と記述します。異なる単位同士
で計算することもできるため、使い勝手がよい関数です。
border-boxと組み合わせて使いましょう。

```
ul li {
    box-sizing: border-box;
    width: calc(100% / 7);
    padding: calc(1em - 5px):
    font-size: calc(50vw / 3);
}
```

9-4 webサイトの基本レイアウト

webサイトをデザインする際、各要素の配置（レイアウト）の
基本的な考え方を学びましょう。webページの定番レイアウトを知ることで、
webサイトのデザイン作成が行いやすくなり、
また、さまざまなレイアウトに応用することができます。

基本的なブロックの組み合わせを知る

webサイトはデザイナーの発想に基づいて、自由にレイアウトを行うことができます。ただ、思うままに作ったレイアウトが必ずしも、閲覧者にとって見やすいものになるとは限りません。まずは定番のレイアウトを知ることが大切です。webサイトの定番レイアウトとは、「ヘッダー」「ナビゲーション」「メインエリア」「サブエリア」「フッター」のブロックを組み合せたものです。ここでいうブロックとは「情報の役割や内容に合わせて区分した要素のまとまり」と考えてください。これらのブロックは多くのwebサイトに共通する基本的なものです。webサイトのデザインからどのようなブロックで分けられているかを図で確認してみましょう。

1カラムレイアウトのブロック図

多くのwebサイトは、これらのブロックの配置をCSSで調整することで、さまざまなレイアウトを表現しています。同じブロックで異なるレイアウトをした例を見てみましょう。

2カラムレイアウトのブロック図

3カラムレイアウトのブロック図

自由なレイアウトのブロック図

COLUMN

ヘッダーはナビゲーションなどを含むことも

ヘッダーは通常、webページの上部に配置するブロックのことを指しますが、ヘッダーの中にナビゲーションやキービジュアルを含むことがあります。一概に「これとこれが含まれるブロックがヘッダー」とは言い切ることはできませんが、多くのwebサイトでは、ロゴやサイトタイトル、グローバルナビゲーションが含まれるブロックをヘッダーとして扱っています。

ブロックを記述する順番

ブロックを用いたwebサイトデザインの定番レイアウトについて前述しましたが、この各ブロックをHTMLで記述する際も定番の順番があります。一般的には、ヘッダー、ナビゲーション、メインエリア、サブエリア、フッターの順で記述します。ヘッダーとナビゲーションの下には、情報の優先度を考えてブロックを記述します。

情報の重要度を意識した配置に

webブラウザや検索エンジンは、HTML内の上にある情報ほど重要な情報であると判断します。また、視覚に障がいをもつ方はwebページの内容を音声で読み上げてくれるwebブラウザを利用することもあります。その際、基本的にはHTML内の上の内容から順番に読み上げていくので、メインとなる内容を先に記述することが望ましいのです。

メインエリアよりもサブエリアが先に読み上げられると、求めている情報にたどり着くまでに時間がかかってしまいます。HTMLでは情報の優先度を考えてブロックを記述し、それぞれのブロックを左右に並べるなどのレイアウトを調整するのはCSSの役割となります。

199

Lesson 09　練習問題

Q1　ボックスモデル

下記文章で、空欄【 ❶ 】〜【 ❸ 】に当てはまる記述を答えてください。

---

box-sizingプロパティの値を〔 ❶ 〕に指定すると、width・heightプロパティで指定できる領域にpadding・borderの領域まで含めることができます。

HTMLの要素は大きく分けて「〔 ❷ 〕」と「〔 ❸ 〕」のいずれか性質に分類されます。各要素は、どちらに分類されるかの初期値が決まっています。

p要素・h1〜h6要素・div要素などは〔 ❷ 〕です。

a要素・img要素・span要素などは〔 ❸ 〕です。

Q2　HTML5のタグ

下記は、文書構造を考えて枠組みをマークアップしています。

【 ❶ 】〜【 ❹ 】に当てはまる記述を答えてください。

```
<body>

<〔 ❶ 〕>
<h1>サンプル商事</h1>
<〔 ❷ 〕>
<ul>
    <li><a href="greeting.html">ごあいさつ</a></li>
    <li><a href="company.html">会社案内</a></li>
    <li><a href="service.html">事業内容</a></li>
    <li><a href="contact.html">お問い合わせ</a></li>
</ul>
</〔 ❷ 〕>
</〔 ❶ 〕>

<〔 ❸ 〕>
<p>サンプル商事は仙台を拠点に、自社所有物件賃貸を長年行っています。迅速な対応・快適な住環境をご提供することを心がけています。物件をお探しの方、仲介の会社様もお気軽にお問い合わせください。</p>
</〔 ❸ 〕>

<〔 ❹ 〕>
<p><small>&copy; Sample.</small></p>
</〔 ❹ 〕>

</body>
</html>
```

Q1：❶ border-box　❷ ブロックレベル（またはブロック）　❸ インライン

Q2：❶ header　❷ nav　❸ main　❹ footer

ページ全体を
レイアウトしてみよう

An easy-to-understand guide to HTML & CSS

Lesson 10

前Lessonでは、レイアウトのために必要な基礎知識を学びました。このLessonでは要素の位置を変える、要素を並列化するなどのレイアウトを行います。webサイトの定番レイアウトや定番デザインを知り、「要素の並列化」「自由配置」「回り込み」など実際のwebサイト制作には欠かせない手法をマスターしましょう。

10-1 4つのwebレイアウトパターン

あなたが普段よく閲覧するwebサイトは、どのような見た目でしょうか。
文章や写真はどのように配置されているでしょうか。
webサイトはそれぞれ異なる見た目をしてはいますが、よく使われるレイアウトというものが存在します。
まずはwebサイトのレイアウトの「型」について学んでいきましょう。

1カラムのレイアウト

カラムとは「段組み」を指します。誌面で文章を読みやすいように段組みにして整えるように、webページにおいても段組みを行います。1カラムのレイアウトの場合、段組みは1つです。つまり、段組みをしない状態です。

マルチデバイス対応ページに向いている

1カラムのメリットは、内容を大きなサイズで掲載できる点です。幅を広く取れるために 文字サイズを大きくしたり、画像などの各パーツのサイズも大きめに扱えます。シンプルな構造のため、スマートフォンで見てもパソコンとあまり変わらない状態で閲覧することができます。逆に言うと、作り手側ではスマートフォンでの閲覧を意識してwebページを作る場合に、レイアウトしやすい手法です。
1カラムは業種を問わず人気のあるレイアウトです。情報を大きなサイズで表現できるので、コンテンツを印象的に表現することができます。余白を活かした高級感のあるデザインにしたり、空いているスペースにイラストや写真などを配置して華やかさを演出するなどの装飾が行いやすい、カスタマイズ性に富んだレイアウトです。

2カラムのレイアウト

2カラムは、2列の段組みレイアウトです。主役となる情報を掲載する部分である「メインコンテンツ」と、補足情報を掲載する部分の「サイドバー」を並べて配置します。昔から国内のwebサイトでよく使われている手法で、まだまだ見かけることも多いレイアウトです。右サイドバーもしくは左サイドバーに、ナビゲーションやバナーを配置するケースが多く見られます。情報を並列に並べることにより、たくさんの情報を一度に見せることができます。

特徴的なサイドバー

近年のwebサイトは「情報の質」が重要視されています。補足情報を掲載するサイドバーは、雑音となり得てしまうこともあります。そのため、2カラムのレイアウトは現在の主流からは少し外れています。
しかし「情報の種類が複数ある」「情報が多岐にわたる」など、コンテンツの見せ方によっては有効なレイアウト手法です。

3カラムのレイアウト

3カラムは3列の段組みレイアウトです。メインコンテンツに加えて サイドバーを2つ有するレイアウトを指すことが多いです。多種多様なコンテンツを含んだwebサイトに適しています。

多くの情報を伝達するサイト向き

たとえば「Yahoo! JAPAN」をはじめとする検索エンジンやポータルサイト、「CNN」などのニュースサイトによく用いられる手法です。

主役となる内容の左右にサイドバーを持つレイアウトは、たくさんの情報を伝達することを目的としたサイトに適しています。さまざまな情報を扱うニュース系のサイトをはじめ、オンラインストアでも多様な商品ジャンルを扱っていたり、ブログサイトなど記事の一覧や広告を多く掲載する必要があるサイトでも採用されています。

多段組みのレイアウト

ここまでカラム（段組み）レイアウトを紹介してきましたが、必ずしも型にはめて作らないといけないわけではありません。デザイナーのアイデアや情報の種類によっては自由なレイアウトも行います。3カラムよりも段組みが多い「多段組みのレイアウト」と呼ばれるデザイン手法もあります。多段組みは、ひとつの範囲の中で内容を複数のブロックとして表現することを指します。下に掲載した事例のwebサイトは、サイトの1ページをひとつの範囲と捉え、内容を大小さまざまなブロックで分けて表現しています。各コンテンツの見た目の大きさが違うことでデザインにメリハリが生まれ、それぞれに注目しやすくなるメリットがあります。

トレンドのレイアウト

毎年、世界的にデザインやレイアウトのトレンドが存在します。2021年は「パララックス・アニメーション」というスクロール動作に応じてさまざまな要素を動かし、コンテンツに動きや立体感を出す、視覚に訴える演出手法を取り入れたレイアウトがよく見られました。このような情報は、海外のwebサイトや海外のブログをまとめた記事でよく紹介されています。そのようなデザイン系のブログをこまめにチェックすると、最新のトレンドをつかめることができます。

10-2 段組みでレイアウトする

webサイトデザインの基本的なレイアウトはブロックを配置することと前述しました。
ここではブロックの配置を調整する方法を学びます。
ブロックを配置する方法は多種多様にありますが、
ここではwebサイト制作の現場で主流の方法を紹介します。

STEP 01 Flexboxでレイアウトする

 Lesson10 ▶ 10-2 ▶ 10-2-1

Flexboxとは「Flexible Box Layout Module」の略語で、レイアウトを簡単に設定できるCSSの機能です。難しい知識を必要とせずに、HTML要素の表示位置や順番を変更したりすることができます。まずはこの機能がどのようなものか体験してみましょう。HTMLの要素は縦に並びますが、Flexboxを使うことで簡単に横並びにすること

ができます。
Flexboxで要素を横並びにするには、親要素にCSSで「**display: flex;**」を指定します。上から順に並んでいた子要素が横並びになります。まずはFlexboxでレイアウトするための基本的な書き方をマスターしましょう。

書 式	Flexboxの指定方法

```
親要素のセレクタ { display: flex; }
```

記述例	header要素内の子要素を横並びにする

```
header { display: flex; }
```

COLUMN

Flexコンテナと Flexアイテム

Flexboxで「display: flex;」を指定した親要素を「Flexコンテナ」、その中に含まれる子要素を「Flexアイテム」と呼びます。

1 あらかじめ幅や高さなどの大きさを指定している子要素を横並びにしてみましょう。
[10-2-1]フォルダのHTMLファイル「index.html」をエディタで開きます。

```html
1  <!DOCTYPE html>
2  <html lang="ja">
3  <head>
4      <meta charset="UTF-8">
5      <link rel="stylesheet" href="css/style.css">
6      <title>Flexboxの基本</title>
7  </head>
8  <body>
9      <div class="box">
10         <div class="item">子要素1</div>
11         <div class="item">子要素2</div>
12         <div class="item">子要素3</div>
13         <div class="item">子要素4</div>
14     </div>
15 </body>
16 </html>
```

2 ブラウザでCSSを編集する前の表示を確認しましょう。

3 [10-2-1] > [css] フォルダのCSSファイル「style.css」をエディタで開き、「box」というクラス名がついた親要素に対して「**display: flex;** 」を指定します。HTMLの記述順にスタイルを沿わせるため、「.item」の上に記述します。

```
@charset "UTF-8";
.box {
    display: flex;
}

.item {
    width: 100px;
    height: 100px;
    padding: 10px;
    margin: 10px;
    background: #cccccc;
}
```

```
1   @charset "UTF-8";
2   .box {
3       display: flex;
4   }
5
6   .item {
7       width: 100px;
8       height: 100px;
9       padding: 10px;
10      margin: 10px;
11      background: #cccccc;
12  }
```

4 ブラウザでCSSを適用した状態の表示を確認しましょう。子要素が横並びになりました。

STEP 02 子要素の並ぶ方向を設定する

Lesson10 ▶ 10-2 ▶ 10-2-2

親要素に「display: flex;」を指定すると左端の子要素を基準にして横並びになりました。

「flex-direction」プロパティを使用すると、子要素の並ぶ方向を指定できます。flex-directionプロパティは親要素に指定します。スタイルの値は4つあるので、それぞれの意味を確認しましょう。

flex-directionプロパティの値

値	意味
row	子要素を左から右に並べる（初期値）
row-reverse	子要素を右から左に並べる
column	子要素を上から下に並べる
column-reverse	子要素を下から上に並べる

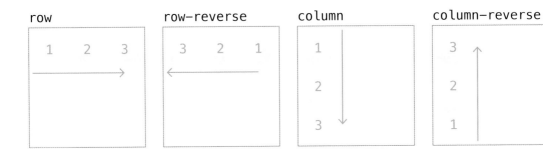

書 式	子要素が並ぶ方向の指定方法

親要素のセレクタ { flex-direction: 値; }

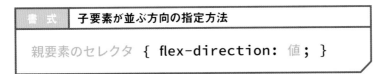

記述例	header要素内の子要素を右から左に並べる

header { flex-direction: row-reverse; }

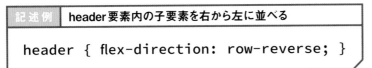

flex-directionプロパティを使用して子要素を右から左に並べてみましょう。

1　[10-2-2]フォルダの HTMLファイル「index.html」をエディタで開き、ブラウザで編集前の表示を確認しましょう。子要素が横並びになっています。

2 [10-2-2] > [css] フォルダのCSSファイル「style.css」をエディタで
開きます。「box」というクラス名がついた親要素に対して「**display:
flex;**」を指定しています。さらに「**flex-direction: row-
reverse;**」を指定して、子要素の並ぶ方向を変更してみましょう。

```
@charset "UTF-8";
.box {
    display: flex;
    flex-direction: row-reverse;
}

.item {
    width: 100px;
    height: 100px;
    padding: 10px;
    margin: 10px;
    background: #cccccc;
}
```

```
1  @charset "UTF-8";
2  .box {
3      display: flex;
4      flex-direction: row-reverse;
5  }
6
7  .item {
8      width: 100px;
9      height: 100px;
10     padding: 10px;
11     margin: 10px;
12     background: ■#cccccc;
13 }
```

3 ブラウザでCSSを適用した状態の表示を確認しましょう。
子要素が右側から左に並び替わります。

STEP 03　子要素の水平方向の揃えを設定する　　 Lesson10 ▶ 10-2 ▶ 10-2-3

親要素に「**display: flex;**」を指定して横
並びになった子要素は、親要素の左端を基準に
して並べられます。親要素の中央に子要素を並べ
るなど、水平方向の配置は「justify-content」プ
ロパティで指定できます。スタイルの値は6つあり
ますので、それぞれの意味を確認しましょう。

justify-content プロパティの値

値	意味
flex-start	左揃えで配置（初期値）
flex-end	右揃えで配置
center	中央揃えで配置
space-between	最初と最後の子要素を両端に配置し、そのあいだの子要素は均等に間隔をあけて配置
space-around	すべての子要素を均等な間隔で配置。最初の子要素の前と最後の子要素の後ろの余白は、子要素間の余白の半分の大きさになる
space-evenly	すべての子要素を均等な間隔で配置。最初の子要素の前と最後の子要素の後ろの余白も、子要素間の余白と同じ大きさになる

207

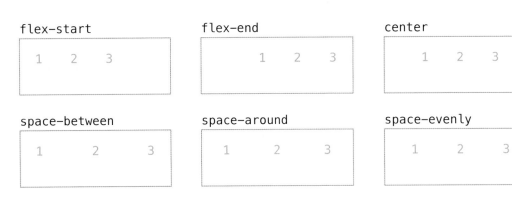

書　式	子要素の水平方向の配置を指定する方法

```
親要素のセレクタ { justify-content: 値; }
```

記述例	header 要素内の子要素を中央揃えにする

```
header { justify-content: center; }
```

justify-content プロパティを使用して、子要素の水平方向の配置を中央揃えに変更してみましょう。

1　[10-2-3] フォルダのHTMLファイル「index.html」をエディタとブラウザで開きます。
「box」というクラスのついた親要素にあらかじめ「`display: flex;`」を指定して、
子要素が横並びになっている状態です。

2　[10-2-3] > [css] フォルダのCSSファイル「style.css」をエディタで開き、「box」とい
　うクラス名の親要素に対して「**justify-content: center**」を追加します。

```
@charset "UTF-8";
.box {
    display: flex;
    justify-content: center;
}

.item {
    width: 100px;
    height: 100px;
    padding: 10px;
    margin: 10px;
    background: #cccccc;
}
```

```
1   @charset "UTF-8";
2   .box {
3       display: flex;
4       justify-content: center;
5   }
6
7   .item {
8       width: 100px;
9       height: 100px;
10      padding: 10px;
11      margin: 10px;
12      background: ■#cccccc;
13  }
```

3　ブラウザでCSSを適用した状態の表示結果を確認しましょう。子要素が中央揃えになります。

STEP 04　ブロックを配置する

Lesson10 ▶ 10-2 ▶ 10-2-4

Flexboxを使用してブロックの並びを変更し、2カラムレイ
アウトを実装してみましょう。このステップで制作する2カ
ラムレイアウトは、header要素の下部にあるmain要素と
aside要素を横並びに配置することにします。多くのweb
サイトは複数のブロックで構成されています。実際にweb
サイトの形を作ることで、Flexboxの理解を深めてみましょ
う。

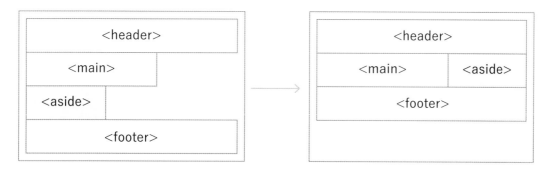

1　［10-2-4］フォルダのHTML
ファイル「index.html」をエ
ディタで開きます。

2　［10-2-4］フォルダのHTMLファイル「index.html」をブラウザで開き、CSSを編集する
前の表示結果を確認しましょう。レイアウトが視覚的にわかりやすくなるように各ブロック
に幅や高さ、背景色をあらかじめ指定しています。

3　メインエリア（main要素）とサブエリア（aside要素）をFlexboxで横並びにします。
Flexboxは子要素を横並びにするためのプロパティなので、各要素を子要素とするため
に親要素が必要となります。メインエリアとサブエリアをdiv要素で囲むことで、div要素
が親要素となります。webページ内にdivを使用することも多いので、他のdiv要素と重
複しないようにクラス名をつけると便利です。ここではクラス名を「container」とします。

```html
<div class="container">
    <main>
        <p>メインエリア</p>
    </main>
    <aside>
        <p>サブエリア</p>
    </aside>
</div>
```

```
 8    <body>
 9        <header>
10            <p>ヘッダー</p>
11        </header>
12        <div class="container">
13            <main>
14                <p>メインエリア</p>
15            </main>
16            <aside>
17                <p>サブエリア</p>
18            </aside>
19        </div>
```

4 [10-2-4] > [css] フォルダのCSSファイル「style.css」をエディタで開きます。先ほど
追加したdiv要素（クラス名:container）に「`display: flex;`」を指定します。

```
@charset "UTF-8";
header {
    width: 970px;
    height: 100px;
    padding:10px;
    background: #deffd8;
}

.container {
    display: flex;
}
```

```
1  @charset "UTF-8";
2  header {
3      width: 970px;
4      height: 100px;
5      padding:10px;
6      background: ■#deffd8;
7  }
8
9  .container {
10     display: flex;
11 }
12
13 main {
14     width: 600px;
15     height: 100px;
```

5 ブラウザでCSSを適用した状態の表示結果を確認しましょう。メインエリアとサブエリア
が横並びになり、2カラムレイアウトとなりました。

STEP 05　子要素の並びを逆にしてみる

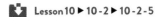
Lesson10 ▶ 10-2 ▶ 10-2-5

メインエリアとサブエリアの並びを逆にしてみましょう。親要素に
「flex-direction: row-reverse; 」を指定します。

1　[10-2-5]フォルダのHTMLファイル「index.html」をブラウザで開き、編集前の状態を
確認します。前ステップと同じく「display: flex; 」を用いて、メインエリアとサブエリアが
横並びでレイアウトされている状態になっています。

2　[10-2-5] > [css]フォルダのCSSファイル「style.
css」をエディタで開きます。div要素（クラス名
:container）に「**flex-direction: row-
reverse;** 」を指定します。

```
.container {
    width: 990px;
    display: flex;
    flex-direction: row-reverse;
}
```

```
1   @charset "UTF-8";
2   header {
3       width: 970px;
4       height: 100px;
5       padding:10px;
6       background: ■#deffd8;
7   }
8
9   .container {
10      width: 990px;
11      display: flex;
12      flex-direction: row-reverse;
13  }
14  |
```

3　ブラウザで表示結果を確認しましょう。メインエリアとサブエリアの並びが左右逆になりました。

10-3 自由に要素を配置する

Flexboxとは別にブロックや要素の配置を変更することができるプロパティに
「position」というものがあります。
このプロパティの大きな特徴は、ブロックや要素を自由に配置できるということです。
配置を変更する基本的な方法を学びましょう。

positionプロパティでレイアウトする

好きな箇所に配置できる

「position」プロパティはHTML要素の表示位置を制御する機能があります。要素は通常は挿入した箇所に表示されますが、このプロパティを使用することで、HTML要素を任意の位置に配置することができます。利点は、HTMLの文書構造に則ったうえで要素を自由に配置できることです。

webサイトの一部分で使う

このプロパティを使用してwebサイト全体のレイアウトを整えることもできますが、指定方法によってはコンテンツの内容が変動した際にレイアウトが崩れる場面があります。
webページのコンテンツの内容量は、ページごとに異なることが多いので、その都度ページごとに要素の配置位置を調整するのは効率的ではありません。そのためweb

サイト全体のレイアウトはFlexboxを使用して調整することを中心に考えたほうがいいでしょう。
webサイト制作の現場では、positionプロパティは、HTMLの文書構造は保ったまま、スポット的に自由な表現を行いたいときに使うことが多いです。

positionプロパティを使った配置の変更例

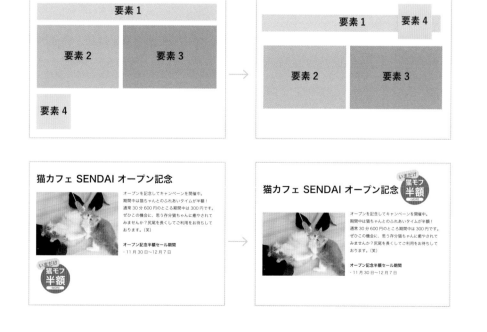

213

要素は基本的にHTMLで記述した順に表示されますが、positionプロパティを使うことで記述順に関係なく要素を配置することができます。HTMLで行ったマークアップ（文書への意味付け）をレイアウトのために変更する必要がありません。

COLUMN

positionプロパティでの配置変更は音声読み上げブラウザに対応

positionプロパティは、HTMLの記述順を変えることなく要素の配置を変更できるメリットがあると述べましたが、この他にもpositionプロパティで配置を変えた状態でも、音声読み上げブラウザではレイアウト位置とは関係なく情報の順列（HTMLの記述順）で読み上げられます。

positionプロパティについて学ぶ

positionプロパティでレイアウトを行うときは、要素を配置する値を指定して、配置位置を指定するプロパティと組み合わせます。

要素を配置する値は「**static**」「**relative**」「**absolute**」「**fixed**」の4つです。ここでは比較的よく使う「relative」と「absolute」を中心に使い方を学びましょう。配置位置を指定するプロパティは「**top**」「**right**」「**bottom**」「**left**」の4つがあります。

positionプロパティの値

値	意味
static	特に配置方法を指定しない（初期値）
relative	要素自身の左上を基準位置とした配置方法を指定（相対配置）
absolute	ウィンドウ全体の左上もしくは親要素の左上を基準位置とした配置方法を指定（絶対配置）
fixed	ブラウザのスクロールを無視した絶対配置（指定した要素は常に画面上に表示される）

書 式　positionの指定方法

```
セレクタ { position: 値; }
```

記述例　div要素を相対配置にする

```
div { position: relative; }
```

配置位置を指定するプロパティ

種類	意味
top	基準位置の上端から要素を配置する距離を指定
right	基準位置の右端から要素を配置する距離を指定
bottom	基準位置の下端から要素を配置する距離を指定
left	基準位置の左端から要素を配置する距離を指定

COLUMN

「top」と「bottom」、「right」と「left」は混同できない

配置位置を指定するプロパティは、基準位置からの距離を指定するものなので、相反する「上下」「左右」の指定は同時に行うことはできません。上端と左端からいくつ、上端と右端からいくつなど、どちらか一辺から配置位置の距離を指定します。

書 式　配置位置の指定方法

```
セレクタ {
    position: 値;
    top: 値と単位;
    left: 値と単位;
}
```

記述例　上端と左端から要素の位置を指定する

```
div {
    position: relative;
    top: 50px;
    left: 40px;
}
```

STEP 01 相対配置でレイアウトする

 Lesson10 ▶ 10-3 ▶ 10-3-1

あらかじめ幅や高さなどのサイズを指定している要素を、positionプロパティの値で
「**relative**」を指定して、要素の表示位置を変更してみましょう。

1 [10-3-1] フォルダのHTMLファイル「index.html」をエディタで開きます。

```
index.html — hcv2_download
エクスプローラー                     index.html ×
HCV2_DOWNLOAD              Lesson10 > 10-3 > 10-3-1 > index.html > ...
> Lesson01                 1   <!DOCTYPE html>
> Lesson03                 2   <html lang="ja">
> Lesson04                 3   <head>
> Lesson05                 4       <meta charset="UTF-8">
> Lesson06                 5       <link rel="stylesheet" href="css/style.css">
> Lesson08                 6       <title>「relative」の挙動</title>
> Lesson09                 7   </head>
∨ Lesson10                 8   <body>
  > 10-2                   9       <div class="item1">
  ∨ 10-3                  10           <p>要素1</p>
    ∨ 10-3-1             11       </div>
      > css              12       <div class="item2">
      > 完成             13           <p>要素2</p>
      index.html         14       </div>
    > 10-3-2             15   </body>
    > 10-3-3             16   </html>
  > 10-4
> Lesson11
> Lesson12
> Lesson13
> Lesson14
```

2 ブラウザでCSSを編集する前の表示を確認しましょう。2つの要素が縦に並んで配置されています。

```
[S] 「relative」の挙動    ×    +
←  →  C   ① 127.0.0.1:5500/Lesson10/10-3/10-3-1/index.html

要素1



要素2
```

3 [10-3-1] > [css] フォルダのCSSファイル「style.css」をエディタで開き、「item1」というクラス名がついた要素に対して「**position: relative;**」を指定します。

```css
charset "UTF-8";
.item1 {
    width: 100px;
    height: 100px;
    padding: 20px;
    background: #deffd8;
    position: relative;
}

.item2 {
    width: 100px;
    height: 100px;
    padding: 20px;
    background: #ffded8;
}
```

```css
 1  @charset "UTF-8";
 2  .item1 {
 3      width: 100px;
 4      height: 100px;
 5      padding: 20px;
 6      background: ■#deffd8;
 7      position: relative;
 8  }
 9
10  .item2 {
11      width: 100px;
12      height: 100px;
13      padding: 20px;
14      background: ■#ffded8;
15  }
```

ページ全体をレイアウトしてみよう Lesson 10 | 11 | 12 | 13 | 14 | 15

215

4　この時点で要素に変化はありません。これから要素を上端から50px分、左端から50px分離れたところに配置してみましょう。上端は「 `top: 50px;` 」、左端は「 `left: 50px;` 」で指定します。

```
.item1 {
    width: 100px;
    height: 100px;
    padding: 20px;
    background: #deffd8;
    position: relative;
    top: 50px;
    left: 50px;
```

```
1   @charset "UTF-8";
2   .item1 {
3       width: 100px;
4       height: 100px;
5       padding: 20px;
6       background: ■#deffd8;
7       position: relative;
8       top: 50px;
9       left: 50px;
10  }
11
```

5　ブラウザでCSSを適用した状態の表示結果を確認しましょう。要素が指定した位置に配置されました。「`relative`」で配置した要素は、要素がもともとあった位置を保持しながら、元の位置を基準にして移動します。

STEP 02　絶対配置でレイアウトする

Lesson10 ▶ 10-3 ▶ 10-3-2

あらかじめ幅や高さなどのサイズを指定している要素を、positionプロパティの値で「`absolute`」を指定して、要素の表示位置を変更してみましょう。

1　[10-3-2] フォルダのHTMLファイル「index.html」をエディタで開きます。

```
1   <!DOCTYPE html>
2   <html lang="ja">
3   <head>
4       <meta charset="UTF-8">
5       <link rel="stylesheet" href="css/style.css">
6       <title>「absolute」の挙動</title>
7   </head>
8   <body>
9       <div class="item1">
10          <p>要素1</p>
11      </div>
12      <div class="item2">
13          <p>要素2</p>
14      </div>
15  </body>
16  </html>
```

2 ブラウザでCSSを編集する前の表示を確認しましょう。サイズの異なる2つの要素が縦に並んで配置されています。

3 [10-3-2] > [css] フォルダのCSSファイル「style.css」をエディタで開き、「item1」というクラス名がついた要素に対して「**position: absolute;** 」を指定します。

```
@charset "UTF-8";
.item1 {
    width: 100px;
    height: 100px;
    padding: 20px;
    background: #deffd8;
    position: absolute;
}

.item2 {
    width: 150px;
    height: 150px;
    padding: 20px;
    background: #ffded8;
}
```

```
1   @charset "UTF-8";
2   .item1 {
3       width: 100px;
4       height: 100px;
5       padding: 20px;
6       background: #deffd8;
7       position: absolute;
8   }
9
10  .item2 {
11      width: 150px;
12      height: 150px;
13      padding: 20px;
14      background: #ffded8;
15  }
```

4 ブラウザでCSSを適用後の状態の表示結果を確認しましょう。要素2が要素1の後ろに潜りこんだようになります。「**absolute**」を指定した要素は、基本的にはブラウザウィンドウの左上を基準とした位置に移動するので、要素がもともとあった位置の高さが消え、その直下に並んでいた要素が、消えた高さの分だけ移動する特徴があるためです。

要素に「position: absolute;」を指定した際の挙動

子要素1に「position: absolute; 」を指定した際の挙動

子要素1はブラウザウインドウの左上に移動する

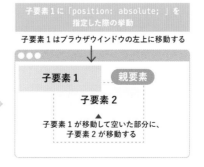

子要素1が移動して空いた部分に、子要素2が移動する

ページ全体をレイアウトしてみよう Lesson 10 11 12 13 14 15

5　ここから要素を上端から50px分、左端から50px分離れたところに配置してみましょう。
上端は「`top: 50px;`」、左端は「`left: 50px;`」を指定します。

```
.item1 {
    width: 100px;
    height: 100px;
    padding: 20px;
    background: #deffd8;
    position: absolute;
    top: 50px;
    left: 50px;
}
```

```
1   @charset "UTF-8";
2   .item1 {
3       width: 100px;
4       height: 100px;
5       padding: 20px;
6       background: #deffd8;
7       position: absolute;
8       top: 50px;
9       left: 50px;
10  }
```

6　要素1が指定した位置に配置されました。

STEP 03　複雑なレイアウトに挑戦する

Lesson10 ▶ 10-3 ▶ 10-3-3

「relative」と「absolute」の特徴を活かして、HTMLの文書構造を崩さずに複雑なレイアウトを行うことができます。HTMLは文書構造を意識しながら要素を正しい順番で記述することが大切ですが、デザイン上、文書構造を無視したレイアウトが必要になることがあります。デザインされた実際のwebサイトを見ていればわかるように、ブラウザ上では必ずしもHTMLファイルに記述されている要素の順番で表示されているとは限りません。

positionプロパティを活用することで、たとえばある画像の上にリンク要素を持たせた画像を配置する、といったことも可能です。実際に下図のようなレイアウトを実現してみましょう。

このステップで完成させるレイアウト

1 [10-3-3] フォルダのHTMLファイル「index.html」をエディタで開きます。2つの画像には親要素（div）が設定され、a要素には「btn」というクラス名がつけられています。

2 ブラウザでCSSを適用する前の表示を確認しましょう。横長の写真を含んだ画像と丸いグラフィックの2つが横並びで表示されています。これからa要素を持った画像（アクセスMapと記載されたグラフィック）を左隣りの画像の右下に配置していきます。

3 [10-3-3] >［css］フォルダのCSSファイル「style.css」をエディタで開き、まずは画像2つを囲む親要素（div）に対してpositionプロパティの値で「`relative`」を指定します。この際、親要素の右端の大きさを定めるために、widthプロパティで画像と同じ幅を指定します。

```
@charset "UTF-8";
div {
    width: 600px;
    position: relative;
}
```

```
1  @charset "UTF-8";
2  div {
3      width: 600px;
4      position: relative;
5  }
```

4 ブラウザでCSSを適用後の表示結果を確認しましょう。親要素の幅が定まったので、a要素を持った丸い画像は折り返して表示されます。

5 a要素を持った画像の位置を変更したいので、a要素に対してpositionプロパティの値を「`absolute`」で指定します。a要素の基準位置は、親要素の左上となりました。上の画像の右下に配置したいので、下端は「`bottom: 10px;`」、右端は「`right: 10px;`」を指定します。

```
div {
    width: 600px;
    position: relative;
}

a.btn {
    position: absolute;
    bottom: 10px;
    right: 10px;
}
```

```
1    @charset "UTF-8";
2    div {
3        width: 600px;
4        position: relative;
5    }
6
7    a.btn {
8        position: absolute;
9        bottom: 10px;
10       right: 10px;
11   }
```

6 ブラウザでCSSを適用後の表示を確認しましょう。a要素を持った画像が、指定の位置に配置されました。

COLUMN

見た目だけの余白調整は行わないようにする

強制的に改行を指定することができる\
タグですが、段落に余白を作るために使用するのは好ましくありません。\
タグの数だけ改行されて余白ができますが、そもそも\
は段落の途中でどうしても改行を入れる必要がある場合に挿入するもので、行間を調整するものではありません。

また、内容を含まないp要素（空要素）で段落を分けるのも好ましくありません。段落の見た目を整えるためだけに強制改行や空要素を挿入すると、webブラウザの表示幅やwebサイトを閲覧するデバイスの違いで、フォントサイズを変更した際に意図しない表示になることがあるので、余白の調整はHTML上のタグで工夫するよりもCSSを採用しましょう。

10-4 要素を回り込ませる

webサイトのデザインの基本的なレイアウトであるブロックの配置には、「Flexbox」を使用するのが
webサイト制作の現場では主流になりつつあると前述しましたが、これまでは「float」というプロパティを
使用するレイアウト方法が多く使われてきました。「Flexbox」の登場でfloatプロパティを使う場面が
変わってきましたが、まだまだ利用することが多いプロパティなので基本をマスターしましょう。

要素を浮かせるfloatプロパティ

div要素やp要素などブロックレベルの性質がある要素は、縦方向に並んで表示されます。これは、これらの要素がデフォルトでwebブラウザの幅いっぱいまで広がる横幅の情報を持っているためで、次の要素は下に積まれていきます。

「float」プロパティを使用することで、この特性を変えることができます。floatプロパティは要素を「浮かせる」という効果を持っています。指定する値は「`none`」「`left`」「`right`」の3つです。たとえば「`float: left;`」と指定すると、その要素は左側に浮いて寄り、あとに続く要素が空いたスペースに回り込んでいきます。この特性を活かして、下図のように印刷物でよくあるような、写真にテキストが回り込むレイアウトを実現することができます。

当店の猫スタッフを紹介

写真

男の子
この他にも、たくさんの猫がお客様のお越しをお待ちしています！ぜひ会いに来てください。
OG3（オジサン）は、アメリカンカールの男の子。性格はおおらかなみんなのお父さんといった感じで、鮭のおにぎりが大好物です。ちっち太郎は、セルカークレックスの男の子。運動神経抜群でアジリティーがとっても大好きです！甘えん坊さんでナデナデが好きなので、いっぱいかまってあげると喜びます。

↓

当店の猫スタッフを紹介

写真
`float:left;`

男の子
この他にも、たくさんの猫がお客様のお越しをお待ちしています！ぜひ会いに来てください。
OG3（オジサン）は、アメリカンカールの男の子。性格はおおらかなみんなのお父さんといった感じで、鮭のおにぎりが大好物です。ちっち太郎は、セルカークレックスの男の子。運動神経抜群でアジリティーがとっても大好きです！甘えん坊さんでナデナデが好きなので、いっぱいかまってあげると喜びます。

ページ全体をレイアウトしてみよう　Lesson 10 11 12 13 14 15

221

float プロパティの値

値	意味
none	要素を浮かせない（初期値）
left	要素を左側に寄せて、後に続く要素を右側に回り込ませる
right	要素を右側に寄せて、後に続く要素を左側に回り込ませる

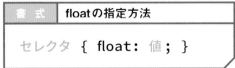

書　式	float の指定方法

```
セレクタ { float: 値; }
```

記述例	下の要素を右に回り込ませる

```
p.photo { float: left; }
```

STEP 01　写真にテキストを回り込ませる

Lesson10 ▶ 10-4 ▶ 10-4-1

1　［10-4-1］フォルダの HTML ファイル「index.html」をエディタで開きます。

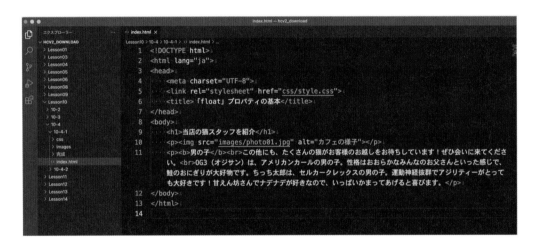

2　ブラウザで CSS を適用する前の表示を確認しましょう。

3 [10-4-1] > [css] フォルダの CSS ファイル「style.css」をエディタで開きます。
画像に float プロパティを設定し、値は「`left`」とします。画像とテキストの回り
込みを表現してみましょう。

```
@charset "UTF-8";
p img {
    float: left;
}
```

```
1  @charset "UTF-8";↵
2  p img {↵
3      float: left;↵
4  }↵
```

4 ブラウザで CSS を適用した表示
を確認しましょう。画像が浮くこと
で、空いたスペースにテキストが回
り込みました。

5 float プロパティで浮かせた要素の
高さよりも、回り込んだ要素の高さ
が上回る場合、回り込みきれなかっ
た内容は、浮かせた要素の下に配
置されます。ブラウザの横幅を縮
めて挙動を確認してみましょう。

---- ブラウザの横サイズ
を縮める

6 次に、画像を右に浮かせて寄せて、テキストが左側に回り込むようにしてみましょう。
画像に対して指定した float プロパティの値を「`right`」に変更します。

```
@charset "UTF-8";
p img {
    float: right;
}
```

```
1  @charset "UTF-8";↵
2  p img {↵
3      float: right;↵
4  }↵
```

7 ブラウザの横幅を広げて挙動を確
認してみましょう。

ブラウザの横幅を広げる ◀----

STEP **02**　clearプロパティで回り込みを解除する　📥 Lesson10 ▶ 10-4 ▶ 10-4-2

floatプロパティを使用して要素の回り込みを行うと、あとに続く要素すべてが空いたスペースに回り込もうとします。レイアウトによっては回り込みを解除する必要があります。回り込みの解除には「clear」プロパティを使用します。指定する値は「**none**」「**left**」「**right**」「**both**」の4つです。たとえば「**float: left;**」で浮いて左側に寄った要素があり、回り込んだ要素の中で回り込みを解除したいものには「**clear: left;**」を指定するという使い方をします。

clearプロパティの値

値	意味
none	回り込みを解除しない（初期値）
left	左寄せされた要素に対する回り込みを解除
right	右寄せされた要素に対する回り込みを解除
both	すべての回り込みを解除

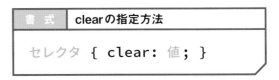

書　式	clearの指定方法

セレクタ { clear: 値; }

記述例	h2要素の回り込みを解除する

h2 { clear: left; }

1　[10-4-2]フォルダのHTMLファイル「index.html」をエディタで開きます。

```
1  <!DOCTYPE html>
2  <html lang="ja">
3  <head>
4      <meta charset="UTF-8">
5      <link rel="stylesheet" href="css/style.css">
6      <title>「clear」プロパティの基本</title>
7  </head>
8  <body>
9      <h1>当店の猫スタッフを紹介</h1>
10     <p><img src="images/photo01.jpg" alt="カフェの様子"></p>
11     <p><b>男の子</b><br>この他にも、たくさんの猫がお客様のお越しをお待ちしています！ぜひ会いに来てください。<br>OG3（オジサン）は、アメリカンカールの男の子。性格はおおらかなみんなのお父さんといった感じで、鮭のおにぎりが大好物です。ちっち太郎は、セルカークレックスの男の子。運動神経抜群でアジリティーがとっても大好きです！甘えん坊さんでナデナデが好きなので、いっぱいかまってあげると喜びます。</p>
12     <h2>営業時間</h2>
13     <dl>
14         <dt>平日</dt><dd>11：30〜19：00（最終受付18：30）</dd>
15         <dt>土日祝日</dt><dd>10：30〜19：00（最終受付18：30）</dd>
16         <dt>定休日</dt><dd>毎週火曜日</dd>
17     </dl>
18 </body>
19 </html>
```

2　ブラウザでCSSを編集する前の表示を確認しましょう。画像の左側にテキストが回り込んでいます。次の要素である見出し「営業時間」から回り込みを解除してみましょう。

3　[10-4-2] > [css] フォルダのCSSファイル「style.css」をエディタで開きます。画像に「**float: left;**」が指定されています。見出しh2要素から回り込みを解除するので、h2要素に対して「**clear: left**」を指定します。

```
@charset "UTF-8";
p img {
    float: left;
}

h2 {
    clear: left;
}
```

4　ブラウザでCSSを適用した表示を確認しましょう。回り込みが解除され、見出し要素以下の要素が、画像の下に落ちています。

---

floatプロパティで回り込んだあとの画像の装飾

画像に対してfloatプロパティを指定して、テキストを回り込ませることを行いましたが、回り込んだあとの画像とテキストが、ぴったりくっついて表示されています。この2つの要素にスペースを設けるには、画像に対して外側の余白をつけるmarginプロパティを指定するといいでしょう。

```
@charset "UTF-8";
p img {
    float: left;
    margin-right: 20px;
}
```

10-5　要素の横・縦方向の位置を指定してレイアウトする

「グリッドレイアウト」と呼ばれるレイアウト手法は
要素の横・縦方向の位置をまとめて指定しレイアウトを行うことができます。
要素の縦の位置を指定できることから複雑なレイアウトを行う際に
採用されることが多くなってきている手法です。ここではグリッドレイアウトの基本を紹介します。

STEP 01　グリッドレイアウトの準備をする

 Lesson10 ▶ 10-5 ▶ 10-5-1

グリッドレイアウト（CSS Grid Layout）は、body要素もしくは親要素を格子状に区切り、それに沿うように要素を配置していくCSSの機能です。正方形、長方形を混在させて区切ることができ、事前に全体の構造を指定できることから複雑なレイアウトを構成する際に採用されることが多いです。

グリッドレイアウトを行うには親要素にCSSで「**display: grid;**」を指定します。これで親要素を格子状に区切る指定を行えるようになります。ベーシックな2カラムレイアウトの実装を通して、基本的な書き方をマスターしましょう。

書　式	グリッドレイアウトの指定方法

```
親要素のセレクタ { display: grid; }
```

記述例	body要素内を格子状に区切るための準備

```
body { display: grid; }
```

このステップで完成させるレイアウト図

ヘッダー

ナビゲーション

メインコンテンツ　　　　　　　　　　　　　　　　　　　　サイドバー

フッター

1　まずは[10-5-1]フォルダのHTMLファイル「index.html」をエディタで開きます。

```
1  <!DOCTYPE html>
2  <html lang="ja">
3  <head>
4      <meta charset="UTF-8">
5      <link rel="stylesheet" href="css/style.css">
6      <title>グリッドレイアウトの基本</title>
7  </head>
8  <body>
9      <header>ヘッダー</header>
10     <nav>ナビゲーション</nav>
11     <main>メインコンテンツ</main>
12     <aside>サイドバー</aside>
13     <footer>フッター</footer>
14 </body>
15 </html>
```

2　ブラウザでCSSを適用する前の表示を確認しておきましょう。
子要素が縦に並んでいます。

127.0.0.1:5500/Lesson10/10-5/10-5-1/index.html

ヘッダー

ナビゲーション

メインコンテンツ

サイドバー

フッター

3　[10-5-1]>[css]フォルダのCSSファイル「style.css」をエディタで開きます。
body要素に対して「`display: grid;`」を指定します。これで親要素を格子状
に区切る指定を行えるようになります。この段階では見た目に変化はありません。

```
@charset "UTF-8";
body {
    display: grid;
}
```

```
1  @charset "UTF-8";
2  body {
3      display: grid;
4  }
5
```

STEP 02　親要素を格子状に区切る

Lesson10 ▶ 10-5 ▶ 10-5-2

親要素を何列×何行に区切るかを指定する

横方向を何列にするかを指定するには「grid-template-columns」プロパティ、縦方向を何行にするかを指定するには「grid-template-rows」プロパティを使用します。「grid-template-columns」プロパティ、「grid-template-rows」プロパティどちらも値を半角スペースで区切ることで何列、何行かを指定することができます。たとえば横方向に2列と指定したい場合は「**grid-template-columns: 100px 100px;**」、縦方向を3行とした

い場合は「**grid-template-rows: 100px 100px 100px;**」と指定します。

親要素をどのように区切るか指定するプロパティ

プロパティ	意味
grid-template-columns	親要素を何列で区切るか、区切った際の大きさ（横幅）も指定
grid-template-rows	親要素を何行で区切るか、区切った際の大きさ（高さ）も指定

書　式　横方向の分割の指定方法

親要素のセレクタ { grid-template-columns: 横幅の大きさ 横幅の大きさ; }
　　　　　　　　　　　　　　　　　　　　　　1列目　　　2列目

記述例　親要素を2列に指定する

body { grid-template-columns: 200px 200px; }

書　式　縦方向の分割の指定方法

親要素のセレクタ { grid-template-rows: 縦の大きさ 縦の大きさ; }
　　　　　　　　　　　　　　　　　　　　　　1行目　　　2行目

記述例　親要素を2行に指定する

body { grid-template-rows: 200px 200px; }

1　[10-5-2] フォルダのHTMLファイル「index.html」をエディタで開き、CSSを適用する前の表示を確認しておきましょう。

2 [css]フォルダの「style.css」をエディタで開きます。ここでは3列×4行の格子状で区切ります。body要素に「**grid-template-columns: 1fr 1fr 1fr;**」、「**grid-template-rows: 100px 100px 200px 100px;**」と指定します。新しく登場した「**fr**」という単位はfraction（分割、分数）を意味しています。グリッドレイアウトにおける幅（長さ）を指定できるもので、親要素の幅に応じて可変します。たとえば「2fr」と指定すれば幅は2列分となります。

グリッドレイアウトの幅を指定する単位「fr」

単位	役割
fr	グリッドレイアウトにおける幅の指定をする単位。値に単位をつけることで幅を○列分とすることができる

```css
body {
    display: grid;
    grid-template-columns: 1fr 1fr 1fr;
    grid-template-rows: 100px 100px 200px 100px;
}
```

```
1  @charset "UTF-8";
2  body {
3      display: grid;
4      grid-template-columns: 1fr 1fr 1fr;
5      grid-template-rows: 100px 100px 200px 100px;
6  }
```

3 ブラウザでCSSを適用した状態の表示を確認しましょう。body要素が格子状に3列×4行の格子状になったので、子要素の並び方が変わりました。

現在の格子状のイメージ図

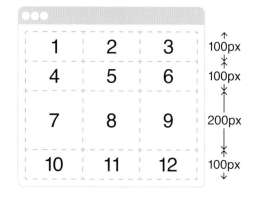

STEP 03　子要素の位置と大きさを指定する

Lesson10 ▶ 10-5 ▶ 10-5-3

格子状に分割された領域は「グリッドセル」と呼ばれ、境界線は「グリッドライン」と呼ばれます。このグリッドラインに沿って、列には左から右に向かって正の番号が割り振られ、行には上から下に向かって正の番号が割り振られます。この番号を目印にして子要素の配置と大きさを指定します。

子要素の配置と大きさを指定するには、列の場合「grid-column」プロパティ、行の場合は「grid-row」プロパティを使用します。指定する値は数値で、開始位置と終了位置を「/（スラッシュ）」で区切ります。ある子要素を左上から幅を3列分、高さを1行分とするならば「**grid-column: 1/4;**」「**grid-row: 1/2;**」と指定します。

グリッドセルとグリッドライン

子要素の位置と大きさを指定するプロパティ

プロパティ	意味
grid-column	子要素の横方向の配置位置と列の大きさ（横幅）を指定
grid-row	子要素の縦方向の配置位置と行の大きさ（高さ）を指定

書　式　子要素の横方向の配置と列の大きさの指定方法

子要素のセレクタ { grid-column: 数値 / 数値 ; }

記述例　header 要素内の子要素を左上端から表示し列の大きさを3列分に指定する

header { grid-column: 1/4; }

書　式　子要素の縦方向の配置と列の高さの指定方法

子要素のセレクタ { grid-row: 数値 / 数値 ; }

記述例　header 要素内の子要素を左上端から表示し行の大きさを1行分に指定する

header { grid-row: 1/2; }

1　[10-5-3] フォルダの HTML ファイル「index.html」をエディタで開き、CSS を適用する前の表示を確認します。

2 [css]フォルダの「style.css」をエディタで開きます。2カラムレイアウトを実装するために子要素それぞれの配置位置と大きさを指定します。ヘッダー、ナビゲーション、フッターの横幅は左端から右端いっぱいまで設けて、メインコンテンツとサイドバーは並列にします。下記のコードを記述しましょう。

```css
header {
    background: #d9fed3;
    padding: 20px;
    grid-column: 1/4;
    grid-row: 1/2;
}
nav {
    background: #fffdd7;
    padding: 20px;
    grid-column: 1/4;
    grid-row: 2/3;
}

main {
    background: #ffdbd3;
    padding: 20px;
    grid-column: 1/3;
    grid-row: 3/4;
}

aside {
    background: #d4fafe;
    padding: 20px;
    grid-column: 3/4;
    grid-row: 3/4;
}

footer {
    background: #fed3f0;
    padding: 20px;
    grid-column: 1/4;
    grid-row: 4/5;
}
```

```css
 8  header {
 9      background: #d9fed3;
10      padding: 20px;
11      grid-column: 1/4;
12      grid-row: 1/2;
13  }
14  nav {
15      background: #fffdd7;
16      padding: 20px;
17      grid-column: 1/4;
18      grid-row: 2/3;
19  }
20
21  main {
22      background: #ffdbd3;
23      padding: 20px;
24      grid-column: 1/3;
25      grid-row: 3/4;
26  }
27
28  aside {
29      background: #d4fafe;
30      padding: 20px;
31      grid-column: 3/4;
32      grid-row: 3/4;
33  }
34
35  footer {
36      background: #fed3f0;
37      padding: 20px;
38      grid-column: 1/4;
39      grid-row: 4/5;
40  }
```

3 ブラウザでCSSを適用した状態の表示を確認しましょう。2カラムレイアウトを実装できました。

Lesson10　練習問題

Q1　外側の余白

要素の外側の余白を指定するにはCSSの〔　〕を使います。

下記の候補から空欄【　】に当てはまる言葉を選んでください。

❶ space プロパティ　❷ margin プロパティ
❸ padding プロパティ

Q2　内側の余白

要素の内側の余白を指定するにはCSSの〔　〕を使います。

下記の候補から空欄【　】に当てはまる言葉を選んでください。

❶ padding プロパティ　❷ margin プロパティ
❸ border プロパティ

Q3　webサイト全体のレイアウト

webサイト全体のレイアウトを行う際、webサイト制作の現場
では〔　〕レイアウト方法を採用するのが主流です。

下記の候補から空欄【　】に当てはまるプロパティを選んでく
ださい。

❶ Flexbox　❷ Position　❸ Float

Q4　Flexboxレイアウトを行うには

Flexboxレイアウトを行うにはdisplayプロパティを使用しま
す。指定する値は〔　〕です。

下記の候補から空欄【　】に当てはまる値を選んでください。

❶ none　❷ block　❸ flex

Q5　子要素の水平方向の揃え

親要素に「display: flex;」を指定して横並びになった子要素
を、親要素の中央に並べたいときに使用するプロパティは
〔　〕です。

下記の候補から空欄【　】に当てはまるプロパティを選んでく
ださい。

❶ flex-direction　❷ justify-content　❸ text-align

Q6　自由配置

HTML要素の表示位置を制御して、好きな箇所に要素を配
置するプロパティは〔　〕です。

下記の候補から空欄【　】に当てはまるプロパティを選んでく
ださい。

❶ position　❷ float　❸ display

Q7　基準位置の指定

親要素もしくはウィンドウ全体の左上を基準位置とした配置を
したいとき、positionプロパティの値として正しいのは〔　〕
です。

下記の候補から空欄【　】に当てはまる値を選んでください。

❶ static　❷ relative　❸ absolute

Q8　混同できないプロパティ

positionプロパティでレイアウトを行うときは、要素を配置す
る値を指定して、配置位置を指定するプロパティと組み合わ
せます。配置位置を指定するプロパティは「top」「right」
「bottom」「left」ですが、一度に指定することができない組
合せは〔　〕です。

下記の候補から空欄【　】に当てはまる組合せを選んでくだ
さい。

❶ bottomプロパティとrightプロパティ
❷ topプロパティとbottomプロパティ
❸ leftプロパティとtopプロパティ

Q9　親要素を格子状に区切る

グリッドレイアウトを行うにはdisplayプロパティを使用します。
指定する値は〔　〕です。

下記の候補から空欄【　】に当てはまる値を選んでください。

❶ flex　❷ block　❸ grid

Q10　グリッドレイアウトで子要素の横方向の配置を指定する

グリッドレイアウトは親要素を格子状に区切り、子要素の配
置位置と大きさをそれぞれ指定します。子要素の横方向に対
する位置と大きさを指定するプロパティは〔　〕です。

下記の候補から空欄【　】に当てはまるプロパティを選んでく
ださい。

❶ grid-row
❷ grid-column
❸ grid-template-columns

Q1：❷　Q2：❶　Q3：❶　Q4：❸　Q5：❷
Q6：❶　Q7：❸　Q8：❷　Q9：❸　Q10：❷

リストと
ナビゲーションを
スタイリングしよう

An easy-to-understand guide to HTML & CSS

Lesson 11

ナビゲーションはwebサイトには必ずといっていいほど必
要なものです。ここではul要素やol要素で構築したリスト
項目をCSSで装飾し、ナビゲーションをスタイリングするた
めの基本をマスターしましょう。また、リストはwebサイトの
中でもよく使用される機能ですので、実用に即した装飾のコ
ツについても学んでいきましょう。

11-1 リストの装飾について学ぶ

Lesson04で学習したli要素でマークアップしたものは、
webブラウザで表示すると行頭に記号や番号の装飾が表示されます。
これらをリストマーカーと呼びます。
webサイトのデザインに合わせてCSSで装飾を変更してみましょう。

リストの先頭につく図形や数字の指定

ul要素の中のli要素には先頭に「・」、ol要素の中のli要素の先頭には「番号」が
リストマーカーとしてデフォルトで付与されます。これは、webブラウザが持っている
スタイルが効いているためです。

HTML

```
<ul>
    <li>いちご</li>
    <li>りんご</li>
    <li>バナナ</li>
</ul>
```

ul要素のリストマーカー（デフォルトのスタイル）

- いちご
- りんご
- バナナ

HTML

```
<ol>
    <li>いちご</li>
    <li>りんご</li>
    <li>バナナ</li>
</ol>
```

ol要素のリストマーカー（デフォルトのスタイル）

1. いちご
2. りんご
3. バナナ

これらデフォルトのリストマーカーを、CSSの「list-style-type」プロパティで別のも
のに変更することができます。ul要素の中のli要素の先頭に表示される「・」は、
list-style-typeプロパティの値でいうと「**disc**」に相当します。
まずはリストマーカーの種類と値と表示例を見てみましょう。

代表的なlist-style-typeプロパティの値

値	説明	表示
none	なし	
disc	黒丸	•
circle	白丸	○
square	黒四角	■
decimal	数字	1.
cjk-ideographic	漢数字	一.
decimal-leading-zero	0から始まる数字	01.
lower-roman	小文字のローマ字	i.
upper-roman	大文字のローマ字	I.
lower-greek	小文字のギリシャ語	α.

値	説明	表示
lower-alpha lower-latin	小文字のアルファベット	a.
upper-alpha upper-latin	大文字のアルファベット	A.
georgian	グルジア語	კ.
hebrew	ヘブライ語	א.
hiragana	ひらがな	あ.
hiragana-iroha	ひらがな（いろは順）	い.
katakana	カタカナ	ア.
katakana-iroha	カタカナ（イロハ順）	イ.

STEP 01 リストマーカーの種類を変更する

Lesson 11 ▶ 11-1 ▶ 11-1-1

ul要素の中のli要素のリストマーカーを白丸に変更してみましょう。list-style-type
プロパティの値を「**circle**」と指定します。

書 式	リストマーカーの指定方法

```
li { list-style-type: 種類; }
```

記述例	リストマーカーを黒四角に指定する

```
li { list-style-type: square; }
```

1 [11-1-1] フォルダのHTMLファイル「index.html」
をエディタで開き、ブラウザでCSSを適用する前の
表示を確認しましょう。

```
1  <!DOCTYPE html>
2  <html lang="ja">
3  <head>
4      <meta charset="UTF-8">
5      <link rel="stylesheet" href="css/style.css">
6      <title>猫のおやつ</title>
7  </head>
8  <body>
9      <ul>
10         <li>いちご</li>
11         <li>りんご</li>
12         <li>バナナ</li>
13     </ul>
14 </body>
15 </html>
```

🌐 猫のおやつ　　　　　　×　＋

← → C　① 127.0.0.1:5500/Lesson11/11-1/11-1-1/in

- いちご
- りんご
- バナナ

2 [11-1-1] > [css] フォルダのCSSファイル「style.
css」をエディタで開き、「@charset "UTF-8"; 」の
後ろで改行を入れて、以下を記述しましょう。

```
@charset "UTF-8";
li {
    list-style-type: circle;
}
```

```
1  @charset "UTF-8";
2  li {
3      list-style-type: circle;
4  }
5
```

3　ブラウザでCSSを適用した状態の表示を確認しましょう。黒丸のリストマーカーが白い丸に変わりました。

STEP 02　リストマーカーを消す

　Lesson11 ▶ 11-1 ▶ 11-1-2

リストをナビゲーションとして表現したい場合など、デザイン的にリストマーカーが邪魔になる場合があります。リストマーカーを表示しない場合はlist-style-typeプロパティの値を「**none**」に指定します。

1　[11-1-2] フォルダのHTMLファイル「index.html」をエディタで開き、ブラウザでCSSを適用する前の表示を確認しましょう。

2　[11-1-2] > [css] フォルダのCSSファイル「style.css」をエディタで開き、「@charset "UTF-8"; 」の後ろで改行を入れて、以下を記述しましょう。

```
@charset "UTF-8";
li {
    list-style-type: none;
}
```

```
1  @charset "UTF-8";
2  li {
3      list-style-type: none;
4  }
5
```

3　ブラウザでCSSを適用した状態の表示を確認しましょう。リストマーカーが消えました。

STEP 03　リストマーカーを画像にする

Lesson11 ▶ 11-1 ▶ 11-1-3

リストマーカーを画像にすることもできます。その場合はCSSの「list-style-image」プロパティで変更します。

書 式	リストマーカーの画像の指定方法

```
li { list-style-image: url(画像の場所 / ファイル名); }
```

記述例	画像ファイルをリストマーカーに指定する

```
li { list-style-image: url(../images/mark.png); }
```

1 [11-1-3] フォルダのHTMLファイル「index.html」を
エディタで開き、ブラウザでCSSを適用する前の表示
を確認しましょう。

2 [11-1-3] > [css] フォルダのCSSファイル「style.
css」をエディタで開き、「@charset "UTF-8";」の
後ろで改行を入れて、以下を記述しましょう。

[11-1-3] > [images] フォルダの画像ファイル「mark.png」
を、リストマーカーに指定します。

```
@charset "UTF-8";
li {
    list-style-image: url(../
    images/mark.png);
}
```

```
1  @charset "UTF-8";
2  li {
3      list-style-image: url(../images/mark.png);
4  }
5
```

3 ブラウザでCSSを適用した状態の表示を確認しま
しょう。リストマーカーが黒丸から指定した画像に変化
しています。

STEP 04 説明リストを装飾する

Lesson 11 ▶ 11-1 ▶ 11-1-4

dlタグで記述したリスト内のdt要素とdd要素は、改行の
情報を持っています。通常は項目が増えるごとに縦に連
なっていきます。
dl要素は用語とその説明が対で扱われるため、webサイ
トでは「日付と情報がセットになった更新情報のリスト」「質
問と回答がセットになったQ&A項目」などによく使用され
ます。ここでは日付と情報を並列で表示するCSSにトライ
してみましょう。

1 [11-1-4] フォルダのHTMLファイル「index.html」をエディタで開き、ブラウザでCSSを適用する前の表示を確認しましょう。

2 [11-1-4] > [css] フォルダのCSSファイル「style.css」をエディタで開き、「@charset "UTF-8"; 」の後ろで改行を入れて、以下を記述しましょう。floatプロパティやclearプロパティについて確認する場合は、P.221とP.224を参照してください。

```
@charset "UTF-8";
dt {
    float: left;
    clear: left;
    margin-right: 10px;
}
```

3 ブラウザでCSSを適用した状態の表示を確認しましょう。日付と内容が並列化されます。

11-2 ナビゲーションを装飾する

ナビゲーションは、webサイトにおいてユーザーが目的のページを表示して閲覧できるようにするための重要な要素です。CSSを使って各リスト項目を横並びで配置するなど、通常のリストよりも視覚的に目立たせることが大切です。
ここではシンプルなテキストベースのリストを、ナビゲーションとして装飾する基本を学んでみましょう。

STEP 01 リンク文字の色を変更する

Lesson11 ▶ 11-2 ▶ 11-2-1

ナビゲーションは、ページ内の通常のリンクとは差別化を図る必要があります。ここではwebサイトで使われる定番の手法、テキストベースのシンプルな装飾を覚えてみましょう。一般的には順番の指定を必要としない箇条書きであるul要素（P.078）でマークアップするため、他のリストとは見た目を差別化できるように装飾の基本について解説します。

a要素で追加したリンクの文字は、ブラウザでは基本的に青系統の色で表示されます。リンクの文字色は、web制作の現場では、webサイトのデザインに合せて変更することがほとんどです。リンクの文字色を変更するにはa要素に対してCSSの「color」プロパティでスタイルを適用します。ここでは、文字色を黒色に変更してみましょう。

書式	a要素の文字色の指定方法

```
a { color: 色の指定; }
```

記述例	a要素の文字色を黒に指定する

```
a { color: #000000; }
```

1 [11-2-1] フォルダのHTMLファイル「index.html」をエディタで開き、ブラウザでCSSを適用する前の表示を確認しましょう。

```
index.html — hcv2_download
エクスプローラー                    index.html .../11-2-2    index.html .../11-2-1 ×    index.html
∨ HCV2_DOWNLOAD              Lesson11 > 11-2 > 11-2-1 > index.html
  > Lesson01               1    <!DOCTYPE html>
  > Lesson03               2    <html lang="ja">
  > Lesson04               3    <head>
  > Lesson05               4        <meta charset="UTF-8">
  > Lesson06               5        <link rel="stylesheet" href="css/style.css">
  > Lesson08               6        <title>トップ</title>
  > Lesson09               7    </head>
  > Lesson10               8    <body>
  ∨ Lesson11               9        <nav id="global_navi">
    > 11-1                 10           <ul>
    ∨ 11-2                 11               <li><a href="index.html">トップページ</a></li>
      ∨ 11-2-1             12               <li><a href="course.html">講座案内</a></li>
        > css              13               <li><a href="works.html">作品紹介</a></li>
        > 完成             14               <li><a href="access.html">アクセス</a></li>
        <> index.html      15               <li><a href="conatct.html">お問い合わせ</a></li>
      > 11-2-2             16           </ul>
      > 11-2-3             17        </nav>
      > 11-2-4             18    </body>
    > 11-3                 19    </html>
    > 11-4
  > Lesson12
  > Lesson13
  > Lesson14
```

2 ［11-2-1］＞［css］フォルダのCSSファイル「style.css」をエディタで開き、「@
charset "UTF-8";」の後ろで改行を入れて、以下を記述しましょう。

```
@charset "UTF-8";
#global_navi a {
    color: #000000;
 }
```

```
1  @charset "UTF-8";
2  #global_navi a {
3      color: □#000000;
4  }
```

3 ブラウザでCSSを適用した状態の表示を確認しましょう。リンクの文字色が黒色に変化します。

STEP 02　疑似クラスでリンクのスタイルを変更する

 Lesson11 ▶ 11-2 ▶ 11-2-2

リンクにマウスポインタが乗ったり、クリックされた場合のスタイルを変化させるなど、ここではリンクに対して使用する代表的な疑似クラス「:hover疑似クラス」「:visited疑似クラス」の基本的な使い方を覚えましょう。たとえば、「:hover疑似クラス」を使用してcolorプロパティを指定すれば、リンクにマウスポインタが乗った際の文字色を変更することができます。

a要素に対する代表的な疑似クラス

クラス名	説明
:visited	訪問済みリンクのスタイルを指定
:hover	ユーザーの操作で要素にマウスポインタなどが乗った際のスタイルを指定
:active	ユーザーの操作で要素がアクティブになった際のスタイルを指定

a要素に対する代表的な疑似クラスの記述順

a要素に対して指定する擬似クラスは、マウスポインタが乗った際や、クリックしたあとなど、シーンによって反応するスタイルを指定するので、スタイルを記述する順番によっては上手くスタイルが適用されないことがあります。
意図したスタイルを適用するためには、下記の順番で記述します。

1. 「:link 疑似クラス」もしくはa要素にcolorプロパティを使用
2. 「:visited 疑似クラス」
3. 「:hover 疑似クラス」
4. 「:active 疑似クラス」

「:visited疑似クラス」を使用したい場合は、「:hover疑似クラス」よりも先に記述するなど、表現したいデザインに合わせて疑似クラスを使用しましょう。なお、必ずすべての疑似クラスを使う必要はありません。

書　式	疑似クラスの指定方法
`a: クラス名 { スタイル ; }`	

記述例	ポインタが乗った文字の色を指定する
`a:hover { color: #808080; }`	

疑似クラスでリンクを飾る

1 [11-2-2] フォルダのHTMLファイル「index.html」をエディタで開き、ブラウザでCSSを適用する前の表示を確認しましょう。

- トップページ
- 講座案内
- 作品紹介
- アクセス
- お問い合わせ

2 [11-2-2] > [css] フォルダのCSSファイル「style.css」をエディタで開き、前項で書いたコード「`#global_navi a { color: #000000; }`」の後ろで改行を入れて、下記のコードを記述しましょう。

```
#global_navi a:visited {
    color: #cccccc;
}

#global_navi a:hover {
    color: #808080;
}
```

```
1   @charset "UTF-8";
2   #global_navi a {
3       color: #000000;
4   }
5
6   #global_navi a:visited {
7       color: #cccccc;
8   }
9
10  #global_navi a:hover {
11      color: #808080;
12  }
13
```

3 ブラウザでCSSを適用した状態の表示結果を確認しましょう。リンクにマウスポインタを乗せたときと、リンクをクリックしたあとの文字色の変化を確かめます。

STEP 03　アニメーションによる変更を施す

Lesson 11 ▶ 11-2 ▶ 11-2-3

文字のリンクにマウスポインタが乗った際に変化を加える手軽な方法として、:hover疑似クラスを前項で解説しましたが、アニメーション効果を加える手法もあります。ここでは、リンクの文字色が緩やかに変化するスタイルを加えてみます。これはほんの少しの視覚効果ですが、クリックする部分をより目立たせることができます。

アニメーション効果を指定するtransitionプロパティ

アニメーションを加えるには「transition」プロパティを使用します。transitionプロパティは動きを指定するためのものなので、リンクにマウスポインタが乗った際の文字色を変化させるには、まずtransitionプロパティで動きを制御する値を指定して、その後に「:hover疑似クラス」でアニメーション終了後のスタイルを指定します。

| 書　式 | **transitionの指定方法** |

```
セレクタ{ transition: アニメーションを加えるプ
ロパティ名　変化の時間と単位　変化の種類; }
```

| 記述例 | **リンク文字の色を変化させる** |

```
a { transition: color 0.2s linear; }
```

変化の時間を指定する単位には「s」または「ms」を使用します。「s」は秒、「ms」はミリ秒という扱いになります。「s」で1秒を指定するには「1s」と記述します。変化の種類の値は右の表のとおりです。

時間指定の単位

単位	説明	秒で換算
s	second（秒）を意味する	1sは1秒
ms	milli seond（ミリ秒）を意味する	1msは1000分の1秒

変化の種類の指定

値	効果
default	変化なし
ease	開始時と終了時は緩やかに変化
linear	開始から終了まで一定に変化
ease-in	開始時は緩やかに変化
ease-out	終了時は緩やかに変化
ease-in-out	開始時と終了時がかなり緩やかに変化

transitionプロパティでリンクを飾る

1 [11-2-3] フォルダのHTMLファイル「index.html」をエディタで開き、ブラウザでCSSを適用する前の表示を確認しましょう。

2 [11-2-3] > [css] フォルダのCSSファイル「style.css」をエディタで開きます。transitionプロパティを使用して、マウスオーバー時の文字色を1秒かけて変化させます。ここでは文字色を変化させる際のアニメーションを指定するので、transitionプロパティでアニメーションを指定するプロパティ名は「**color**」にします。変化の種類には、一定で変化する「**linear**」を指定します。下記のコードを記述しましょう。

```
#global_navi a {
    transition: color 1s linear;
}
```

```
1  @charset "UTF-8";
2  #global_navi a {
3      transition: color 1s linear;
4  }
5
```

3 アニメーションが終了したあとの状態を「:hover疑似クラス」で指定します。手順 2 で記述したコードの続きから下記のコードを記述しましょう。

```
#global_navi a:hover {
    color: #808080;
}
```

```
1  @charset "UTF-8";
2  #global_navi a {
3      transition: color 1s linear;
4  }
5
6  #global_navi a:hover {
7      color: ◻#808080;
8  }
```

4 ブラウザでCSSを適用した状態の表示結果を確認しましょう。リンクにマウスポインタを乗せると、文字色がゆっくり変化します。

1秒かけてゆっくり変化 ——

STEP 04　リンク要素の装飾を外す

 Lesson 11 ▶ 11-2 ▶ 11-2-4

a要素で追加したテキストには、デフォルトでテキストにアンダーライン（下線）の装飾がつきます。ユーザーにとって、ここがリンクであるとわかりやすくなるので便利なのですが、webサイトのデザイン上、下線を表示させたくない場合もあります。

ここではリンクを設定したテキストに表示される装飾の外し方を学びましょう。リンク文字の装飾は「text-decoration」プロパティで制御します。値は「**none**」「**underline**」「**overline**」「**line-through**」の4つです。装飾を外すには「**none**」を指定します。

text-decorationプロパティの値

値	説明	表示
none	装飾をつけない（初期値）	リンク
underline	テキストに下線をつける（リンク要素の場合はこちらが初期値）	リンク
overline	テキストに上線をつける	リンク
line-through	テキストに打ち消し線をつける	リンク

書　式　a要素のライン表示の指定方法

```
a { text-decoration: 値; }
```

記述例　a要素の下線を外す

```
a { text-decoration: none; }
```

text-decorationプロパティでリンクを飾る

a要素のテキストについているアンダーラインを外してみましょう。

1　[11-2-4] フォルダのHTMLファイル「index.html」をエディタで開き、ブラウザでCSSを適用する前の表示を確認しましょう。

2　[11-2-4] > [css] フォルダのCSSファイル「style.css」をエディタで開きます。a要素に対して「**text-decoration: none;**」を指定します。

```
a {
    text-decoration: none;
}
```

```
1  @charset "UTF-8";
2  a {
3      text-decoration: none;
4  }
5
```

3 ブラウザでCSS適用後の見た目を確認しましょう。テキストのアンダーラインが消えました。

リンクをつけた画像の マウスオーバー時の装飾は 透過処理が簡単でおすすめ

a要素でimg要素を囲えば、画像にリンクを施すことができます。マウスオーバー時に画像に変化をつけるには透過がおすすめです。CSSの「opacity」プロパティだけで手軽に画像の透明度を変えることができます。透明度をつける値は「0.0」〜「1.0」のあいだで指定します。「0.0」が完全に透明化、「1.0」は変化なしです。
なお、opacityプロパティは要素自体を透過するので、透過しない画像形式はありません。

書 式	opacityの指定方法

セレクタ { opacity: 透明度; }

記述例	画像を半透明にする

a:hover img { opacity: 0.5; }

マウスオーバー時に「opacity: 0.5;」を指定

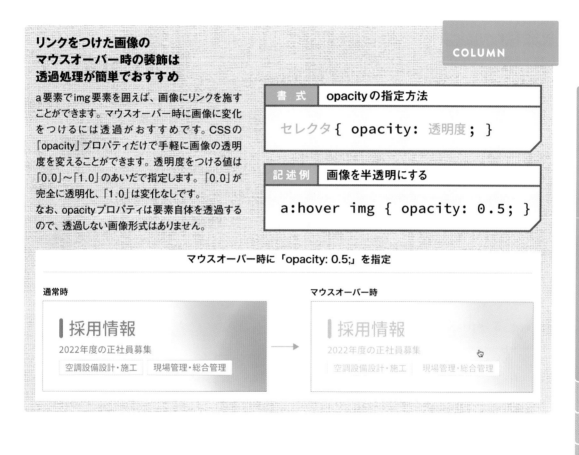

通常時　　　　　　　　　　　　　　　　　　マウスオーバー時

11-3 グローバルナビゲーションを作る

CSSでリスト要素を横並びに配置してグローバルナビゲーションを表現するには、
Lesson10で解説したFlexboxを使用するのが定番です。
その手法を解説します。

STEP 01 リンク要素の性質をブロックレベルに変更する

Lesson 11 ▶ 11-3 ▶ 11-3-1

実践の前に、グローバルナビゲーションの機能として重要なことをまずは押さえておきます。それはユーザーがストレスなく項目をクリックできることです。多くのwebサイトでは、ナビゲーション内の各項目自体がリンクエリア（クリックできるエリア）になっていますが、通常はテキストを含んだリンク要素のリンクエリアはテキスト部分のみです。この

リンクエリアを広げたり、レイアウトをしやすくするには「display」プロパティを使用して、リンク要素の性質をインラインからブロックレベルに変更します。ブロックレベルになることでリンク要素のリンクエリアは、幅や高さ、余白までを含むようになります。実際にどのような挙動になるのか確認してみましょう。

書 式	要素の性質を変更する指定方法

```
セレクタ { display: 値; }
```

記述例	リンク要素をブロックレベルに変更する

```
a { display: block; }
```

1 ［11-3-1］フォルダのHTMLファイル「index.html」をエディタで開きましょう。p要素内にa要素が挿入されています。

```
index.html — hcv2_download

エクスプローラー                    index.html ×
HCV2_DOWNLOAD            Lesson11 > 11-3 > 11-3-1 > ◇ index.html > ...
> Lesson01                 1  <!DOCTYPE html>
> Lesson03                 2  <html lang="ja">
> Lesson04                 3  <head>
> Lesson05                 4      <meta charset="UTF-8">
> Lesson06                 5      <link rel="stylesheet" href="css/style.css">
> Lesson08                 6      <title>リンクエリアを広げる</title>
> Lesson09                 7  </head>
> Lesson10                 8  <body>
∨ Lesson11                 9      <p><a href="index.html">リンク1</a></p>
  > 11-1                   10      <p class="linkarea"><a href="index.html">リンク2</a></p>
  > 11-2                   11  </body>
  ∨ 11-3                   12  </html>
    ∨ 11-3-1
      > css
      > 完成
      index.html
```

2 CSSを編集する前の状態を確認しましょう。リンクエ
リアが視覚的にわかりやすくなるように、p要素を枠線
で囲み、a要素には背景色を指定しています。どちら
のリンクもテキスト部分のみクリックできる状態です。

3 [11-3-1]＞[css]フォルダのCSSファイル「style.
css」をエディタで開きます。

```
1  @charset "UTF-8";
2  p {
3      border: 1px solid #cccccc;
4      padding: 10px;
5  }
6
7  a {
8      background: #cccccc;
9  }
```

4 下段のa要素(リンク2)の性質をブロックレベルに
変更してみましょう。変更するにはdisplayプロパティ
を使用し、値に「**block**」を指定します。下記のコー
ドを追加します。

```
p.linkarea a {
    display: block;
}
```

```
1  @charset "UTF-8";
2  p {
3      border: 1px solid #cccccc;
4      padding: 10px;
5  }
6
7  a {
8      background: #cccccc;
9  }
10
11  p.linkarea a {
12      display: block;
13  }
```

5 ブラウザでCSS適用後の見た目を確認しましょう。a
要素がブロックレベルに変化したことで幅(width)の
情報を持つようになり、リンクエリアが広がりました。

背景色がついている部分にマウスポインタを乗せて、
クリックできるか試してみましょう。

STEP 02　横並びのグローバルナビゲーションを作成する

Lesson11 ▶ 11-3 ▶ 11-3-2

ここからは実際に横並びのグローバルナビゲーションを作成してみましょう。ここでは図のように各リスト項目を縦線で区切った見た目の作成を実践します。

完成形

| トップページ | 講座案内 | 作品紹介 | アクセス | お問い合わせ |

1 まずはリスト項目を横並びにするまでを実践しましょう。［11-3-2］フォルダのHTMLファイル「index.html」をエディタで開きます。

```html
<!DOCTYPE html>
<html lang="ja">
<head>
    <meta charset="UTF-8">
    <link rel="stylesheet" href="css/style.css">
    <title>トップ</title>
</head>
<body>
    <nav id="global_navi">
        <ul>
            <li><a href="index.html">トップページ</a></li>
            <li><a href="course.html">講座案内</a></li>
            <li><a href="works.html">作品紹介</a></li>
            <li><a href="access.html">アクセス</a></li>
            <li><a href="conatct.html">お問い合わせ</a></li>
        </ul>
    </nav>
</body>
</html>
```

- トップページ
- 講座案内
- 作品紹介
- アクセス
- お問い合わせ

2 ［11-3-2］＞［css］フォルダのCSSファイル「style.css」をエディタで開きます。まずはFlexboxでリスト要素を横並びにする前に、レイアウトしやすいようにデフォルトの設定を変更しておきます。ul要素内のli

要素は、先頭に黒丸のリスト装飾がつきます。今回のレイアウトでは先頭のリスト装飾は必要ないので、ul要素に対してlist-style-typeプロパティ（P.234）を使用してリスト装飾を外しましょう。プロパティの値は「**none**」を指定します。

```css
#global_navi ul {
    list-style-type: none;
}
```

```css
@charset "UTF-8";
#global_navi ul {
    list-style-type: none;
}
```

3　ブラウザでCSSを適用した状態の表示を確認しましょう。リスト装飾が消えています。

4　ul要素にはデフォルトで外側の余白（margin）と内側の余白（padding）がついています。これらはそのままでも問題ないのですが、目に見えない空白があるとレイアウトする際に、それらを意識しながら調整することになるため、一度これらの余白設定を解除しましょう。marginプロパティ、paddingプロパティともに値を「0」と指定します。

```
#global_navi ul {
    list-style-type: none;
    margin: 0;
    padding: 0;
}
```

```
1  @charset "UTF-8";
2  #global_navi ul {
3      list-style-type: none;
4      margin: 0;
5      padding: 0;
6  }
```

5　ブラウザでCSSを適用した状態の表示を確認しましょう。リスト項目の周辺の余白が消えます。

トップページ
講座案内
作品紹介
アクセス
お問い合わせ

6　次にリスト項目を横並びにします。Flexboxで横並びにするので、各リスト項目の親要素であるul要素に「**display: flex;**」を指定します。子要素のli要素が横並びになります。

```
#global_navi ul {
    list-style-type: none;
    margin: 0;
    padding: 0;
    display: flex;
}
```

```
1  @charset "UTF-8";
2  #global_navi ul {
3      list-style-type: none;
4      margin: 0;
5      padding: 0;
6      display: flex;
7  }
```

7　ブラウザでCSSを適用した状態の表示を確認しましょう。リスト項目が横並びになりました。

トップページ講座案内作品紹介アクセスお問い合わせ

リストとナビゲーションをスタイリングしよう　Lesson　11｜12｜13｜14｜15

249

8 a要素の性質をブロックレベルに変更します。a要素に「**display: block;**」を指定します。

```
#global_navi ul li a {
    display: block;
}
```

```
1   @charset "UTF-8";
2   #global_navi ul {
3       list-style-type: none;
4       margin: 0;
5       padding: 0;
6       display: flex;
7   }
8
9   #global_navi ul li a {
10      display: block;
11  }
12
```

9 各リスト項目同士がくっついているので、余白を設けて区切りを明確にしましょう。ここではa要素に対してpaddingプロパティを使用して左右に20px分、上下に6px分の余白を指定します。下記のように記述します。

```
#global_navi ul li a {
    display: block;
    padding: 6px 20px;
}
```

```
1   @charset "UTF-8";
2   #global_navi ul {
3       list-style-type: none;
4       margin: 0;
5       padding: 0;
6       display: flex;
7   }
8
9   #global_navi ul li a {
10      display: block;
11      padding: 6px 20px;
12  }
```

10 ブラウザで見た目を確認しましょう。リスト同士の間隔だけでなく、各リスト項目のリンクエリアも広がりました。

11 各項目を縦線で区切り、リンクエリアの区切りを明確にしてみましょう。縦線の幅は「1px」、色は「#cccccc」とします。まずはul要素にborder-leftプロパティで左側に縦線を追加し、li要素にborder-rightプロパティで右側に縦線を追加します。

```
#global_navi ul {
    list-style-type: none;
    margin: 0;
    padding: 0;
    display: flex;
    border-left: 1px solid
    #cccccc;
}

#global_navi ul li {
    border-right: 1px solid
    #cccccc;
}
```

```
1   @charset "UTF-8";
2   #global_navi ul {
3       list-style-type: none;
4       margin: 0;
5       padding: 0;
6       display: flex;
7       border-left: 1px solid ■#cccccc;
8   }
9
10  #global_navi ul li {
11      border-right: 1px solid ■#cccccc;
12  }
13
14  #global_navi ul li a {
15      display: block;
16      padding: 6px 20px;
17  }
```

12 ブラウザでCSSを適用した状態の表示を確認しましょう。**各リスト項目が縦線で区切られました。**

以上でリスト項目をナビゲーションとして横並びにすることができました。前節のリンク要素の文字色を変更したり、疑似クラスを使用してリンクエリアにマウスポインタが乗ったときに背景色を変更するなどして、ユーザービリティの高いデザインの実装に挑戦してみてもよいでしょう。

CHECK！

ユーザービリティとは

本書で指すユーザービリティとは、webサイトにおける使いやすさを意味します。簡単にさまざまな情報や機能にアクセスできたり、ユーザーに混乱を与えずにストレスを感じさせない操作性が優れているサイトは、ユーザービリティが高いと言えるでしょう。

**気をつけたい
Flexboxレイアウトの特性**

COLUMN

Flexboxを使用したレイアウトで、配置を指定する子要素にインラインの性質がある要素が含まれる場合に、気をつけなければならない特性があります。それは、特に指定をしないかぎり、横並びになったインラインの上下の高さは、子要素ではなくインラインを基準にしてレンダリングされるというものです。

どのようなことが起きるかというと、たとえばul要素で横並びのナビゲーションをレイアウトした場合で、a要素の上下の高さ（padding、border、marginを含む）が、子要素（li要素）の高さ以上であった場合、差分が子要素の領域からはみ出してしまいます。はみ出した部分は目には見えない余白になるので、思うようにレイアウトができなかったり、思わぬところであとに続く要素のレイアウトが崩れたりする恐れがあります。

この特性を解消する方法はいくつかありますが、簡単な方法はa要素をブロックレベルに変更することです。具体的にはa要素に「display: block;」を指定します。a要素がブロックレベルになることで、a要素のボックスモデルが親要素の中に収納されます。意図しない空白が生じる可能性が低くなりレイアウトを行いやすくなるので、ナビゲーションをレイアウトする場合は、a要素をブロックレベルにすることをおすすめします。

リストとナビゲーションをスタイリングしよう　Lesson 11 | 12 | 13 | 14 | 15

251

11-4 パンくずリストを作る

Lesson04でパンくずリストのマークアップの基本を学びました。
ここでは、CSSを使ってwebサイトでよく見るパンくずリストの形にしてみましょう。

STEP 01 パンくずリストを作成する

Lesson 11 ▶ 11-4 ▶ 11-4-1

パンくずリストの元になるHTMLは、ul要素、ol要素で
マークアップするのが定番です。また、各リスト項目のあ
いだにはセパレーターをつけます。セパレーターには「>」
（不等号）や「/」（スラッシュ）、「|」（パイプ）などの記号や、
画像を指定するなど、さまざまなものがあります。

セパレーターとして使用する記号をHTMLに直接記述し
てもよいのですが、見た目を整えるための装飾はCSSで
施すほうが望ましいでしょう。HTMLに記述せずに、疑似
要素と疑似クラスで記号を挿入する方法が一般的です。
実際にパンくずリストを実装して理解を深めましょう。

1 [11-4-1]フォルダのHTMLファイル「index.html」
をエディタで開き、ブラウザでCSSを適用する前の
表示を確認しましょう。ol要素でマークアップしてい
るので各リストの行頭には番号がついています。

```
index.html — hcv2_download
エクスプローラー          ◇ index.html ×
HCV2_DOWNLOAD          Lesson11 > 11-4 > 11-4-1 > ◇ index.html > ...
> Lesson01            1  <!DOCTYPE html>
> Lesson03            2  <html lang="ja">
> Lesson04            3  <head>
> Lesson05            4      <meta charset="UTF-8">
> Lesson06            5      <link rel="stylesheet" href="css/style.css">
> Lesson08            6      <title>トップ</title>
> Lesson09            7  </head>
> Lesson10            8  <body>
∨ Lesson11            9      <ol class="breadcrumb">
  > 11-1             10          <li><a href="/">トップページ</a></li>
  > 11-2             11          <li><a href="/">ご利用案内</a></li>
  > 11-3             12          <li><a href="/">注意事項</a></li>
  ∨ 11-4/11-4-1      13      </ol>
    > css           14  </body>
    > 完成           15  </html>
    > index.html
> Lesson12
> Lesson13
> Lesson14
```

2 [11-4-1] > [css]フォルダのCSSファイル「style.css」をエディタで開きます。レイアウ
トをしやすくするために、ol要素にデフォルトでついている余白と行頭の装飾を外しましょう。

```
ol.breadcrumb {
    margin: 0;
    padding: 0;
    list-style-type: none;
}
```

```
1  @charset "UTF-8";
2  ol.breadcrumb {
3      margin: 0;
4      padding: 0;
5      list-style-type: none;
6  }
```

3 次にFlexboxレイアウトで、各リスト項目を横並びにします。親要素であるol要素に「`display: flex;`」を指定します。

```
ol.breadcrumb {
    margin: 0;
    padding: 0;
    list-style-type: none;
    display: flex;
}
```

```
 1   @charset "UTF-8";
 2   ol.breadcrumb {
 3       margin: 0;
 4       padding: 0;
 5       list-style-type: none;
 6       display: flex;
 7   }
```

4 いったん途中経過をブラウザで確認しましょう。リストの行頭の装飾がなくなり、横並びになりました。

トップページご利用案内注意事項

5 各リスト項目のあいだに記号を挿入します。記号の表示には「::after」疑似要素を使用します。li要素に対して疑似要素をつけて、contentプロパティで記号を指定します。各リストがくっついていて視認性が悪いので、挿入する記号に外側の余白（marginプロパティ）をつけて、区切りを明確にしましょう。

```
ol.breadcrumb li::after {
    content: ">";
    margin: 0 10px;
}
```

```
 8
 9   ol.breadcrumb li::after {
10       content: ">";
11       margin: 0 10px;
12   }
```

6 調整後の見た目をブラウザで確認しましょう。各リスト項目の後ろに記号が表示されています。

トップページ ＞ ご利用案内 ＞ 注意事項 ＞

7 最後のリスト項目の後ろについている記号は必要ないので、「:last-child」疑似クラスでcontentプロパティを無効にします。値は「**none**」を指定します。

```
ol.breadcrumb li:last-child::after {
    content: none;
}
```

```
 9   ol.breadcrumb li::after {
10       content: ">";
11       margin: 0 10px;
12   }
13
14   ol.breadcrumb li:last-child::after {
15       content: none;
16   }
```

8 調整後の見た目をブラウザで確認しましょう。最後のリスト項目の記号がなくなりました。以上でパンくずリストの完成です。

トップページ ＞ ご利用案内 ＞ 注意事項

リストとナビゲーションをスタイリングしよう　Lesson 11 12 13 14 15

Lesson 11　練習問題

Q1　リストマーカーの指定

ulの中のliには先頭に「・」、olの中のliの先頭には【　】がリストマーカーとして自動で付与されます。

下記の候補から空欄【　】に当てはまる言葉を選んでください。

❶ 番号　❷ 四角形　❸ 白丸

Q2　内側の余白

ulの中のliで先頭に「・」などがつくリストマーカーを制御するには、CSSの【　】を使います。

下記の候補から空欄【　】に当てはまる言葉を選んでください。

❶ list-style-type プロパティ
❷ list-marks プロパティ
❸ list-type プロパティ

Q3　リストマーカーを画像にする

リストマーカーを画像にするにはCSSの【　】を使います。

下記の候補から空欄【　】に当てはまる言葉を選んでください。

❶ list-marks-image プロパティ
❷ list-style-image プロパティ
❸ list-image-type-style プロパティ

Q4　疑似クラス

リンクにマウスポインタが乗ったときに、テキストの文字色を変える場合に使用する疑似クラスは【　】です。

下記の候補から空欄【　】に当てはまる言葉を選んでください。

❶ :hover 疑似クラス
❷ :active 疑似クラス
❸ :visited 疑似クラス

Q5　アニメーション

リンクにマウスポインタが乗ったとき、文字色を「1秒」かけて変化させるスタイルを正しく指定しているのは【　】です。

下記の候補から空欄【　】に該当する番号を選んでください。

❶ a { transition: color 1ms linear; }
❷ a { transition: color 0.1s linear; }
❸ a { transition: color 1s linear; }

Q6　リンク要素の装飾を外す

リンクのテキストには自動でアンダーライン（下線）が追加されますが、この装飾を消したい場合、CSSでは text-decoration:【　】; と指定します。

下記の候補から空欄【　】に当てはまる値を選んでください。

❶ delete　❷ none　❸ line-through

Q7　リンクエリアを広げる

ナビゲーションをレイアウトするとき、リンクエリア（クリックできるエリア）を広げたりレイアウトしやすくするにはa要素をブロックレベルにします。変更するには display:【　】; を指定します。

下記の候補から空欄【　】に当てはまる値を選んでください。

❶ block　❷ hako　❸ column

Q8　パンくずリスト

ol要素でマークアップしたリストをパンくずリスト（ナビゲーション）にします。各リスト項目を横並びにして、各リスト項目のあいだに記号を挿入します。記号をHTML内に記述しないで表現する場合は、【　】疑似要素を使用します。

下記の候補から空欄【　】に当てはまる言葉を選んでください。

❶ :next　❷ ::after　❸ ::last

 Q1:❶　Q2:❶　Q3:❷　Q4:❶　Q5:❸　Q6:❷　Q7:❶　Q8:❷

表をスタイリング
しよう

An easy-to-understand guide to HTML & CSS

Lesson 12

webページのコンテンツによっては、表（テーブル）で表現
したい部分があります。企業の概要や料金表など、表は
webサイトに登場する機会が多いものです。CSSで表を装
飾する基本をマスターして、読みやすい表が表現できるよう
に装飾方法を学んでいきましょう。

12-1 表の装飾について学ぶ

Lesson05で学習したようにHTMLだけで表組みを作成できますが、
装飾を加えることでより読みやすい表にすることができます。ここでは表を線で囲んだり、
セルに背景色をつけるなどの方法を学びます。最終的にはシンプルながらも読みやすく、
カスタマイズしやすい表が作れるようになるコツをマスターしてみましょう。

表の装飾の基本

webブラウザでは、基本的にはHTMLやCSSで装飾を施していない表組みは、線などで区分されていない文字の羅列として表示されます。ここではtableタグで作成した表組みを「表（テーブル）」として見やすくする方法を学んでいきます。CSSで装飾することで、セルを囲む線を表示させたり、見出し用のセルに背景色をつけるなど、さまざまな見た目を表現することができます。

HTMLのみ（線の指定なし）
セル1　セル2　セル3
セル4　セル5　セル6
セル7　セル8　セル9

→

CSSで装飾（線つけ＋色つけ）など		
セル1	セル2	セル3
セル4	セル5	セル6
セル7	セル8	セル9

次のステップから、表に枠線をつける方法を学んでみましょう。

STEP 01 表や各セルに枠線をつける

Lesson12 ▶ 12-1 ▶ 12-1-1

表に枠線をつけるにはborderプロパティを使用します。ここではtable要素、th要素、td要素すべてを線で囲みます。それぞれの要素にborderプロパティでスタイルを指定します。

書 式	線の指定方法

```
table { border: 線の太さ 線の種類 線の色; }
```

記述例	表に1ピクセルの線を指定する

```
table { border: 1px solid #000000; }
```

borderプロパティで設定できる「線の種類」については、Lesson08の「8-6 見出しを線で装飾する」（P.172）を参照してください。

各要素を1pxの黒い実線で囲む

1　［12-1-1］フォルダのHTMLファイル「index.html」をエディタで開き、まずはブラウザで表組みのデフォルト表示を確認します。

2　［12-1-1］＞［css］フォルダのCSSファイル「style.css」をエディタで開き、「@charset "UTF-8";」の後ろで改行を入れて、下記のコードを記述しましょう。

```
@charset "UTF-8";
table {
    border: 1px solid #000000;
}

th {
    border: 1px solid #000000;
}

td {
    border: 1px solid #000000;
}
```

```
1  @charset "UTF-8";
2  table {
3      border: 1px solid □#000000;
4  }
5
6  th {
7      border: 1px solid □#000000;
8  }
9
10 td {
11     border: 1px solid □#000000;
12 }
13
```

3　ブラウザでCSSを適用した状態の表示結果を確認しましょう。表全体と各セルが太さ1pxの黒い実線で囲われました。

STEP **02** 表の枠線の重なりを調整する

 Lesson12 ▶ 12-1 ▶ 12-1-2

デフォルトの設定では表内の隣接する境界線は離れて表示されます。この境界線の重なりを調整するには「border-collapse」プロパティを使用します。border-collapseプロパティの主な値を右表で見てみましょう。

代表的なborder-collapseプロパティの値

値	意味
collapse	隣接するセルの線を重ねる
separate	隣接するセルの線の間隔をあける

webブラウザが持つCSSの初期値では「**separate**」が設定されているので、各セルを囲む枠線が離れて表示されています。

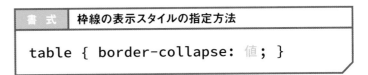

CSSの初期値「separate」では枠線が二重に表示される

ここでは枠線を重ねてみましょう。このプロパティは表全体に関する指定なので、table要素に対してスタイルを適用します。

> **書 式** | 枠線の表示スタイルの指定方法
>
> table { border-collapse: 値; }

> **記述例** | 枠線の重なりを指定する
>
> table { border-collapse: collapse; }

セルを囲む線を1本にする

1 STEP01の「style.css」を引き続き編集するか、[12-1-2]フォルダのHTMLファイル「index.html」と、[css]フォルダのCSSファイル「style.css」をエディタで開きます。table要素に対して「**border-collapse: collapse;**」を追記しましょう。

```
@charset "UTF-8";
table {
    border: 1px solid #000000;
    border-collapse: collapse;
}
```

```
1  @charset "UTF-8";
2  table {
3      border:1px solid □#000000;
4      border-collapse: collapse;
5  }
6
```

2 ブラウザでCSSを適用した状態の表示結果を確認しましょう。各セルの線が1本で表示されるようになりました。

🌐 テーブル装飾の基礎   × +

← → C ① 127.0.0.1:5500/Lesson12/12-1/12-1-2/index.html

当店の人気猫の種類

名前	原産	毛	体重	タイプ
アメリカンショートヘアー	アメリカ	短毛	3.5〜6.5キロ	セミコビー
シャム	タイ	短毛	2.5〜4キロ	オリエンタル
スコティッシュフォールド	スコットランド	短毛・長毛	2.5〜6キロ	セミコビー

STEP 03 セルの内側に余白をつける

Lesson 12 ▶ 12-1 ▶ 12-1-3

ブラウザの初期設定ではセル内に余白がなく、枠線を表示すると線と文字がくっついているような見た目になります。

名前	原産	
アメリカンショートヘアー	アメリカ	短
シャム	タイ	短

枠線と文字のあいだに余白がない

このままでは表として見にくいので、paddingプロパティを使用して枠線と文字のあいだの間隔を広げます。ここでは各セルに余白を設定したいので、table要素を除いたth要素、td要素に対してスタイルを指定します。

書 式	セルの内側の余白の指定方法

```
セレクタ { padding: 数値と単位; }
```

記述例	見出しセルの内側に余白を指定する

```
th { padding: 8px; }
```

線と文字のあいだを空ける

1 STEP02の「style.css」を引き続き編集するか、[12-1-3]フォルダのHTMLファイル「index.html」と、[css]フォルダのCSSファイル「style.css」をエディタで開きます。th要素、td要素それぞれに「**padding: 8px;**」を追記しましょう。

```
th {
    border:1px solid #000000;
    padding: 8px;
}

td {
    border:1px solid #000000;
    padding: 8px;
}
```

```
7   th {
8       border:1px solid □#000000;
9       padding: 8px;
10  }
11
12  td {
13      border:1px solid □#000000;
14      padding: 8px;
15  }
```

2 ブラウザでCSSを適用した状態の表示結果を確認しましょう。各セルに8pxの余白ができて読みやすくなりました。

テーブル装飾の基礎 × +

← → C ① 127.0.0.1:5500/Lesson12/12-1/12-1-3/index.html

当店の人気猫の種類				
名前	原産	毛	体重	タイプ
アメリカンショートヘアー	アメリカ	短毛	3.5〜6.5キロ	セミコビー
シャム	タイ	短毛	2.5〜4キロ	オリエンタル
スコティッシュフォールド	スコットランド	短毛・長毛	2.5〜6キロ	セミコビー

表をスタイリングしよう Lesson 12 | 13 | 14 | 15

12-2 横線・縦線のみの表を作る

セルの四方を線で囲むのではなく、下線や縦線だけのシンプルな表の装飾方法を学んでいきましょう。
ある一方向にだけ線をつけてセルを区切る方法は、
かちっとした雰囲気になりすぎず、閉塞感の少ない印象に仕上がります。
borderプロパティで装飾するコツをつかんでみましょう。

STEP 01 各セルに横線のみを表示する

 Lesson12 ▶ 12-2 ▶ 12-2-1

各セルが線に囲まれていなくとも、横方向だけや縦方向だけに線がついたスタイルで見やすい表を作成できます。表の内容が規則性のある線や間隔で区切られていれば、表として認識させることができるのです。

特定の部分に線をつけるためにborderプロパティの応用を学んでみましょう。ここでは、横線をつけるためにborder-bottomプロパティを使用します。

書 式	セルに横線をつける指定方法

```
セレクタ { border-bottom: 線の太さ 線の種類 線の色; }
```

記述例	見出しセルの下辺に線をつける

```
th { border-bottom: 1px solid #000000; }
```

横線だけの表を作る

1 [12-2-1]フォルダのHTMLファイル「index.html」をエディタで開きます。

2 ブラウザでCSSを適用する前の表示を確認しましょう。

3 [12-2-1]＞[css]フォルダのCSSファイル「style.css」をエディタで開きます。あらかじめtable要素に対して、隣接する線が重なるように設定してあります。th要素とtd要素それぞれに、横線をつけるためのborder-bottomプロパティと、間隔を調整するためのpaddingプロパティを設定します。下記のコードを記述しましょう。

```
th {
    border-bottom: 1px solid
    #000000;
    padding: 8px;
}

td {
    border-bottom: 1px solid
    #000000;
    padding: 8px;
}
```

```
1  @charset "UTF-8";
2  table {
3      border-collapse: collapse;
4  }
5
6  th {
7      border-bottom: 1px solid □#000000;
8      padding: 8px;
9  }
10
11 td {
12     border-bottom:1px solid □#000000;
13     padding: 8px;
14 }
```

4 ブラウザでCSSを適用した表示を確認しましょう。太さ1pxの黒い実線が表の各行の下に表示され、文字とのあいだには8pxの余白が設定されました。

隣り合うセルを1本にした場合の線の太さとスタイルの優先度

COLUMN

「border-collapse: collapse; 」で重ねるように指定した線は、隣り合うセルの線の太さが同じであれば相殺された太さで表示されます。あるtd要素の左右に太さ1pxの線をつけたとします。その場合、太さ2pxの線にはならず、1pxの線として表示されます。これは上下の場合でも同じです。

また、隣接する線の太さが同じ場合、線の方向によってスタイルの優先度が異なります。「border-top」よりも「border-bottom」、「border-left」よりも「border-right」のほうが優先度が高くなっています。これらの隣接する線のスタイルは、線のサイズをより太く指定したスタイルが最優先されます。

STEP 02 各セルに縦線のみを表示する

 Lesson12 ▶ 12-2 ▶ 12-2-2

ここでは、各セルを縦線のみで区切る表現をつけるために、border-leftプロパティと border-rightプロパティを使用します。HTMLファイルは、STEP01と同じ内容です。

書 式	セルに縦線をつける指定方法

セレクタ { border-left: 線の太さ 線の種類 線の色; }
　　　　　　　　または border-right

記述例	見出しセルの右側に線をつける

th { border-right: 1px solid #000000; }

縦線だけの表を作る

1 [12-2-2]フォルダのHTMLファイル「index.html」と、[css]フォルダのCSSファイル「style.css」をエディタで開きます。縦線をつけるため、th要素とtd要素それぞれに「**border-left: 1px solid #000000;**」「**border-right: 1px solid #000000;**」を追記しましょう。

```
@charset "UTF-8";
table {
    border-collapse: collapse;
}

th {
    border-left: 1px solid #000000;
    border-right: 1px solid #000000;
    padding: 8px;
}

td {
    border-left: 1px solid #000000;
    border-right: 1px solid #000000;
    padding: 8px;
}
```

```
1  @charset "UTF-8";
2  table {
3      border-collapse: collapse;
4  }
5
6  th {
7      border-left: 1px solid #000000;
8      border-right: 1px solid #000000;
9      padding: 8px;
10 }
11
12 td {
13     border-left: 1px solid #000000;
14     border-right: 1px solid #000000;
15     padding: 8px;
16 }
```

2 ブラウザでCSSを適用した状態の表示結果を確認しましょう。各列の左右に太さ1pxの黒い実線が表示され、文字とのあいだには8pxの余白が設定されました。

当店の人気猫の種類

名前	原産	毛	体重	タイプ
アメリカンショートヘアー	アメリカ	短毛	3.5〜6.5キロ	セミコビー
シャム	タイ	短毛	2.5〜4キロ	オリエンタル
スコティッシュフォールド	スコットランド	短毛・長毛	2.5〜6キロ	セミコビー

12-3 さまざまな装飾の表を作る

前節まででセルを線で囲んだり、セルの内側に余白をつけるなど、
表を装飾する基本を学びました。ここでは表の内容の視認性を保ちつつ
さらに飾り付けをする例を学んでいきましょう。
内容が同じHTMLファイルを使い、4パターンの表の装飾を行います。

STEP 01 内容を破線で区切る

Lesson12 ▶ 12-3 ▶ 12-3-1

表と内部のセルを線で囲みますが、表の外側を実線、内
部を破線にすることで、柔らかな印象の表を作ることがで
きます。

名前	原産	毛	体重
アメリカンショートヘアー	アメリカ	短毛	3.5〜6.5キロ
シャム	タイ	短毛	2.5〜4キロ

1 [12-3-1] フォルダのHTMLファイル「index.html」をエディタ
で開き、ブラウザでCSSを適用する前の表示を確認しましょう。

2　[12-3-1] > [css] フォルダのCSSファイル「style.css」をエディタで開き、
　　borderプロパティを使用して表を実線で囲みます。

```
@charset "UTF-8";
table {
    border: 1px solid #cccccc;
}
```

```
1    @charset "UTF-8";
2    table {
3        border: 1px solid ■#cccccc;
4    }
5
```

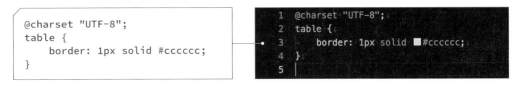

3　隣接するセルが離れて表示されるので、table要素に対してborder-collapse
　　プロパティを使用して、隣接するセルが重なり合うようにします。

```
@charset "UTF-8";
table {
    border: 1px solid #cccccc;
    border-collapse: collapse;
}
```

```
1    @charset "UTF-8";
2    table {
3        border: 1px solid ■#cccccc;
4        border-collapse: collapse;
5    }
6
```

4　各セルをborderプロパティを使用して、破線で囲みます。

```
th {
    border: 1px dashed #cccccc;
}

td {
    border: 1px dashed #cccccc;
}
```

```
6
7    th {
8        border: 1px dashed ■#cccccc;
9    }
10
11   td {
12       border: 1px dashed ■#cccccc;
13   }
14
```

5 各セルがくっつきすぎている印象があり文字が読みにくいので、paddingプロパティを使用して各セルの内側に余白をつけて、線と文字との間隔を調整しましょう。

```
th {
    border: 1px dashed #cccccc;
    padding: 10px;
}

td {
    border: 1px dashed #cccccc;
    padding: 10px;
}
```

名前	原産	毛	体重	タイプ
アメリカンショートヘアー	アメリカ	短毛	3.5〜6.5キロ	セミコビー
シャム	タイ	短毛	2.5〜4キロ	オリエンタル
スコティッシュフォールド	スコットランド	短毛・長毛	2.5〜6キロ	セミコビー

6 より内容の区分がわかりやすくなるように、見出し行の文字揃えを揃えましょう。text-alignプロパティ(P.181参照)を使用して、th要素内の文字を左揃えにします。これで完成です。

```
th {
    border: 1px dashed #cccccc;
    padding: 10px;
    text-align: left;
}
```

名前	原産	毛	体重	タイプ
アメリカンショートヘアー	アメリカ	短毛	3.5〜6.5キロ	セミコビー
シャム	タイ	短毛	2.5〜4キロ	オリエンタル
スコティッシュフォールド	スコットランド	短毛・長毛	2.5〜6キロ	セミコビー

表をスタイリングしよう　Lesson 12 | 13 | 14 | 15

STEP 02　見出し行にだけ線をつける

 Lesson 12 ▶ 12-3 ▶ 12-3-2

なにも装飾を施していない表に、セルの内側の余白を調整して、見出しにあたる行に線をつけるだけのシンプルな装飾です。シンプルなのでさまざまなタイプのwebサイトデザインと相性のよい万能な装飾です。

名前	原産	毛	体重	タイプ
アメリカンショートヘアー	アメリカ	短毛	3.5〜6.5キロ	セミコビー
シャム	タイ	短毛	2.5〜4キロ	オリエンタル
スコティッシュフォールド	スコットランド	短毛・長毛	2.5〜6キロ	セミコビー

1 [12-3-2]フォルダのHTMLファイル「index.html」と、[css]フォルダのCSSファイル「style.css」をエディタで開き、見出し行にborder-bottomプロパティを使用して下線を追加しましょう。

```
@charset "UTF-8";
th {
    border-bottom: 1px solid
    #cccccc;
}
```

```
1  @charset "UTF-8";
2  th {
3      border-bottom: 1px solid ■#cccccc;
4  }
5
```

名前	原産	毛	体重	タイプ
アメリカンショートヘアー	アメリカ	短毛	3.5〜6.5キロ	セミコビー
シャム	タイ	短毛	2.5〜4キロ	オリエンタル
スコティッシュフォールド	スコットランド	短毛・長毛	2.5〜6キロ	セミコビー

2 各セルがくっつきすぎている印象があり文字が読みにくいので、paddingプロパティを使用して各セルの内側に余白をつけて、文字と文字の間隔を調整しましょう。

```
th {
    border-bottom: 1px solid
    #cccccc;
    padding: 10px;
}

td {
    padding: 10px;
}
```

```
1  @charset "UTF-8";
2  th {
3      border-bottom: 1px solid ■#cccccc;
4      padding: 10px;
5  }
6
7  td {
8      padding: 10px;
9  }
10
```

127.0.0.1:5500/Lesson12/12-3/12-3-2/index.html

名前	原産	毛	体重	タイプ
アメリカンショートヘアー	アメリカ	短毛	3.5〜6.5キロ	セミコビー
シャム	タイ	短毛	2.5〜4キロ	オリエンタル
スコティッシュフォールド	スコットランド	短毛・長毛	2.5〜6キロ	セミコビー

3 より内容の区分がわかりやすくなるように、見出し行の文字揃えを揃えましょう。text-alignプロパティを使用して、th要素内の文字を左揃えにします。

```
th {
    border-bottom: 1px solid
    #cccccc;
    padding: 10px;
    text-align: left;
}

td {
    padding: 10px;
}
```

```
 1  @charset "UTF-8";
 2  th {
 3      border-bottom: 1px solid ■#cccccc;
 4      padding: 10px;
 5      text-align: left;
 6  }
 7
 8  td {
 9      padding: 10px;
10  }
```

名前	原産	毛	体重	タイプ
アメリカンショートヘアー	アメリカ	短毛	3.5〜6.5キロ	セミコビー
シャム	タイ	短毛	2.5〜4キロ	オリエンタル
スコティッシュフォールド	スコットランド	短毛・長毛	2.5〜6キロ	セミコビー

STEP 03　見出し行に背景色をつける

Lesson 12 ▶ 12-3 ▶ 12-3-3

見出し行に背景色をつけて、より目立たせる装飾です。背景に敷く色の種類や濃さで印象が変わるので、webサイトの雰囲気に合った色や濃度を選びましょう。色味の濃い背景で文字が読みにくくなる場合は文字色を白色にするなど、可読性が損なわれない工夫もしましょう。
また、背景色をつけることで、デザイン的に重さが増すので、頭でっかちな印象にならないように、内容部分のセルに線をつけるのもおすすめです。見出し行が横並びなら、内容部分のセルには下線、見出し行が縦並びなら、内容部分のセルには縦線をつけます。

名前	原産	毛	体重	タイプ
アメリカンショートヘアー	アメリカ	短毛	3.5〜6.5キロ	セミコビー
シャム	タイ	短毛	2.5〜4キロ	オリエンタル
スコティッシュフォールド	スコットランド	短毛・長毛	2.5〜6キロ	セミコビー

1 [12-3-3] フォルダのHTMLファイル「index.html」と、[css] フォルダのCSSファイル「style.css」をエディタで開き、見出しにあたる行にbackgroundプロパティを使用して背景に色を敷きましょう。

```
@charset "UTF-8";
th {
    background: #cccccc;
}
```

```
1  @charset "UTF-8";
2  th {
3      background: ■#cccccc;
4  }
```

名前	原産	毛	体重	タイプ
アメリカンショートヘアー	アメリカ	短毛	3.5〜6.5キロ	セミコビー
シャム	タイ	短毛	2.5〜4キロ	オリエンタル
スコティッシュフォールド	スコットランド	短毛・長毛	2.5〜6キロ	セミコビー

2 隣接するセルが離れて表示されるので、table要素に対してborder-collapseプロパティ
を使用して、隣接するセルが重なり合うようにします。

```
table {
    border-collapse: collapse;
}


th {
    background: #cccccc;
}
```

```
1    @charset "UTF-8";
2    table {
3        border-collapse: collapse;
4    }
5
6    th {
7        background: ■#cccccc;
8    }
9
```

3 各セルがくっつきすぎている印象があり文字が読みにくいので、paddingプロパティを使
用して各セルの内側に余白をつけて、文字と文字の間隔を調整しましょう。

```
th {
    background: #cccccc;
    padding: 10px;
}

td {
    padding: 10px;
}
```

```
5
6    th {
7        background: ■#cccccc;
8        padding: 10px;
9    }
10
11   td {
12       padding: 10px;
13   }
14
```

4 内容部分のセルにborder-bottomプロパティを使用
して下線を追加します。

```
td {
    padding: 10px;
    border-bottom: 1px solid
    #cccccc;
}
```

```
 5
 6  th {
 7      background: ■#cccccc;
 8      padding: 10px;
 9  }
10
11  td {
12      padding: 10px;
13      border-bottom: 1px solid ■#cccccc;
14  }
```

🌐 猫ちゃん紹介　　×　＋

← → C ⓘ 127.0.0.1:5500/Lesson12/12-3/12-3-3/index.html

名前	原産	毛	体重	タイプ
アメリカンショートヘアー	アメリカ	短毛	3.5〜6.5キロ	セミコビー
シャム	タイ	短毛	2.5〜4キロ	オリエンタル
スコティッシュフォールド	スコットランド	短毛・長毛	2.5〜6キロ	セミコビー

STEP 04　セブラ調で表現する

📥 Lesson12 ▶ 12-3 ▶ 12-3-4

1行ごとに背景色をつける装飾です。擬似クラス「:nth-child」を使うことで、偶数行だけ、あるいは奇数行だけにスタイルをつけるといったことが簡単に行えます。「nth-child」はセレクタに追加して条件を指定するものです。使い方はセレクタの末尾に：（コロン）を記入しnth-childを記入します。末尾に（値）を記入して使用します。

nth-child 擬似クラスの値

値	説明
odd	奇数にのみ適用する
even	偶数にのみ適用する
数字n	適用したい項目の順番の数値
数字n+数字	n番目以降すべてに適用する

書　式	nth-childの指定方法

```
セレクタ:nth-child(値) { スタイル; }
```

記述例	奇数行のみ背景色を指定する

```
table tr:nth-child(odd) { background: #cccccc; }
```

奇数の行のみ
スタイルが
反映される

名前	原産	毛	体重	タイプ
アメリカンショートヘアー	アメリカ	短毛	3.5〜6.5キロ	セミコビー
シャム	タイ	短毛	2.5〜4キロ	オリエンタル
スコティッシュフォールド	スコットランド	短毛・長毛	2.5〜6キロ	セミコビー

表をスタイリングしよう　Lesson 12　13　14　15

269

1 ［12-3-4］フォルダのHTMLファイル「index.html」と、［css］フォルダのCSSファイル「style.css」をエディタで開きます。隣接するセルが離れて表示されるのを防ぐために、table要素に対してborder-collapseプロパティを使用して、隣りのセルが重なり合うようにします。

```
@charset "UTF-8";
table {
    border-collapse: collapse;
}
```

2 各セルがくっつきすぎている印象があり文字が読みにくいので、paddingプロパティを使用して各セルの内側に余白をつけて、文字と文字の間隔を調整しましょう。

```
th {
    padding: 10px;
}

td {
    padding: 10px;
}
```

3 より内容の区分がわかりやすくなるように、見出し行の文字揃えを揃えましょう。
text-alignプロパティを使用して、th要素内の文字を左揃えにします。

```
th {
    padding: 10px;
    text-align: left;
}
td {
    padding: 10px;
}
```

4 奇数行にのみ背景色をつけてみましょう。「:nth-child」疑似クラスでスタイルを適用する対象を奇数行のみに指定して、backgroundプロパティで背景色を指定します。

```
table tr:nth-child(odd) {
    background: #f0f0f0;
}
```

表をスタイリングしよう Lesson 12 | 13 | 14 | 15

Lesson12 練習問題

Q1 枠線をつける

表を実線で囲む際に使用するには【　】を使います。

下記の候補から空欄【　】に当てはまる言葉を選んでください。

❶ border プロパティ

❷ color プロパティ

❸ height プロパティ

Q2 見出しセルのセレクタ

表内の見出しセルにスタイルを適用しようと思います。見出しセルはセレクタとしては【　】と記述します。

下記の候補から空欄【　】に当てはまる言葉を選んでください。

❶ th

❷ td

❸ caption

Q3 表の枠線の重なりを調整

表内のすべての要素を線で囲んだら、隣接するセルが離れて表示されています。これを解消するために表の枠線の重なりを【　】を使い調整します。

下記の候補から空欄【　】に当てはまる言葉を選んでください。

❶ border-width プロパティ

❷ border-collapse プロパティ

❸ border-color プロパティ

Q4 セルの内側の余白を調整

セルの内側の余白を調整するのに【　】を使います。

下記の候補から空欄【　】に当てはまる言葉を選んでください。

❶ margin プロパティ

❷ cell-padding プロパティ

❸ padding プロパティ

Q5 セルの下側にだけ線をつける

セルの下側にだけ線をつけるには【　】を使います。

下記の候補から空欄【　】に当てはまる言葉を選んでください。

❶ border プロパティ

❷ border-left プロパティ

❸ border-bottom プロパティ

Q6 線の太さ

表内すべてのtd要素の左右に太さ1pxの線をつけたとします。その場合、隣接するセルの線の太さは【　】になります。

下記の候補から空欄【　】に当てはまる言葉を選んでください。

❶ 2px

❷ 1px

❸ 4px

Q7 特定の行に背景色をつける❶

表内の奇数行にのみ背景色をつけます。
nth-child疑似クラスを使用して行を指定する際、セレクタは【　】になります。

下記の候補から空欄【　】に当てはまる言葉を選んでください。

❶ table tr:nth-child(odd)

❷ table th:nth-child(odd)

❸ table td:nth-child(odd)

Q8 特定の行に背景色をつける❷

表内の偶数行にのみ背景色をつけます。
nth-child疑似クラスを使用して行を指定する値として正しいのは【　】になります。

下記の候補から空欄【　】に当てはまる言葉を選んでください。

❶ :nth-child(odd)

❷ :nth-child(even)

❸ :nth-child(1n)

 Q1:❶　Q2:❶　Q3:❷　Q4:❸　Q5:❸　Q6:❷　Q7:❶　Q8:❷

フォームを
スタイリングしよう

An easy-to-understand guide to HTML & CSS

Lesson 13

HTMLの中でも記述が複雑なform要素。フォームは閲覧者がクリックしたり、入力したりと実際に操作が行われる特殊なコンテンツです。操作される分、使いやすいことが閲覧者への配慮となり、閲覧者に優しいwebサイト作成の一環でもあります。ここではフォームを使いやすくする装飾のコツを学んでいきましょう。

13-1 フォームの装飾について学ぶ

お問い合わせフォームは web サイトとユーザーの双方をつなぐ大切な要素です。
form 要素でマークアップしたフォームは、そのままでも整備された見た目になっていますが、
よりユーザーにとって使いやすいものにできるよう、
Lesson06 で作成したお問い合わせフォームの見た目を整えてみましょう。

使いやすさを考えて見た目を整える

Lesson06 の **6-3**（P.128）で作成したお問い合わせ
フォームのように、フォームはデフォルトでもしっかりとデ
ザインされていて、そのままでも利用することができる状態
になっています。ただ、見出しや段落などの要素と違って、
フォームは「ユーザーが操作する要素」のため、デフォル
トのデザインよりも使いやすさを向上させられるように、

CSS で装飾することが大切です。たとえば、入力フィール
ドの枠内の余白を広げてゆとりを持たせたり、文字を大き
めにして見やすくしたりすれば、ユーザビリティの向上
に繋がります。細かな部分の見た目を装飾する前に、まず
はフォーム全体の装飾を整えてみましょう。

装飾前と完成形

装飾前

装飾後

STEP 01　説明リストの見た目を整える

 Lesson 13 ▶ 13-1 ▶ 13-1-1

お問い合わせフォームは、説明リスト（dl 要素）でマークアップしました。この説明リ
ストを表組みのように、1 行が横並びになるように変更してみましょう。通常は dt 要
素と dd 要素の内容は縦に並んで表示されますが、float プロパティ（P.221）を使用
して横並びにします。

1 [13-1-1] フォルダのHTMLファイル「index.html」をエディタで開き、ブラウザでCSS
を適用する前の表示を確認しましょう。6 - 3 で作成したフォームが表示されます。

デフォルトのデザイ
ンのフォーム画面

2 [13-1-1] > [css] フォルダのCSSファイル「style.css」をエディタで開きます。まずは各フォーム項目を包括しているdl要素の幅を指定して、下辺以外の辺に線をつけましょう。幅はwidthプロパティ、各辺の線はborder-topプロパティ、border-rightプロパティ、border-leftプロパティで指定します。下記のコードを記述しましょう。

```
@charset "UTF-8";
dl {
    width: 990px;
    border-top: 1px solid #cccccc;
    border-right: 1px solid #cccccc;
    border-left: 1px solid #cccccc;
}
```

3 ブラウザで現在の状態の表示を確認しましょう。入力フォーム全体が下辺を除いて1pxの枠線で囲われました。

4 次にdt要素とdd要素を横並びにします。dt要素に対して「**float: left;**」を指定することで、dt要素が浮きあがって左側に寄り、あとに続くdd要素が回り込みます。下記のコードを記述します。

```
dl dt {
    float: left;
}
```

5 ブラウザで現在の状態の表示を確認しましょう。各フォーム項目が横並びになりました。

6 枠線と各フォーム項目がくっついているので、適度な余白を設けて見やすくする調整を行います。まずはdt要素を整えます。内側の余白 (padding) を設けて、文字の色も茶系に変えてみましょう。下記のコードを記述します。

```css
dl dt {
    float: left;
    padding: 1em;
    color: #998484;
}
```

```css
1  @charset "UTF-8";
2  dl {
3      width: 990px;
4      border-top: 1px solid #cccccc;
5      border-right: 1px solid #cccccc;
6      border-left: 1px solid #cccccc;
7  }
8
9  dl dt {
10     float: left;
11     padding: 1em;
12     color: #998484;
13 }
```

7 ブラウザで現在の状態の表示結果を確認しましょう。dt要素の文字色が変化し見出しのように表現され、周囲に余白ができました。余白を設けた分、dd要素の高さが大きく異なったためにレイアウトは崩れていますが、この次の手順で整えます。

277

8 dd要素の上下にdt要素に設けた上下の内側の余白と同じ値を指定します。また、下辺に線をつけて、各項目の区切りをつけましょう。このとき、dd要素にデフォルトで設定されている外と内側の余白がレイアウトに影響するので、外側の余白をなくします。内側の余白の左辺に一定のスペースを設けて、dd要素の行頭を統一します。下記のコードを記述します。

```
dl dd {
    border-bottom: 1px solid #cccccc;
    margin: 0;
    padding: 1em 0 1em 18em;
}
```

```
 9  dl dt {
10      float: left;
11      padding: 1em;
12      color: ■#998484;
13  }
14
15  dl dd {
16      border-bottom: 1px solid ■#cccccc;
17      margin: 0;
18      padding: 1em 0 1em 18em;
19  }
20
```

9 ブラウザで現在の状態の表示結果を確認しましょう。横並びのレイアウトの崩れが解消され、dd要素の行頭が揃い、区切り線も設定されて見やすくなりました。

10 入力必須項目として「`required`」を指定したinput要素が、より目立つようにしてみましょう。ここでは該当するdt要素につけた「※」マークを赤くします。「※」マークは「must」というクラス名をつけたspan要素でマークアップしている（P.130）ので、この部分をセレクタに指定して、下記のコードを記述します。

```
dl dt .must {
    color: #d23939;
}
```

```
14
15  dl dd {
16      border-bottom: 1px solid ■#cccccc;
17      margin: 0;
18      padding: 1em 0 1em 18em;
19  }
20
21  dl dt .must {
22      color: ■#d23939;
23  }
```

11 ブラウザで表示結果を確認しましょう。「※」マークが、より目立つようになりました。

お名前※	田中 太郎
ふりがな※	たなか たろう
メールアドレス※	sample@test.com

スタイル適用前

お名前※	田中 太郎
ふりがな※	たなか たろう
メールアドレス※	sample@test.com

スタイル適用後

説明リストを線で囲む際の注意

COLUMN

今回、外側のdl要素には下辺を除いた3辺の線を指定し、中のdd要素の下辺に線を指定して、表のマス目のような罫線に見えるようにしました。これは隣接する線は重なって見えるという特性が影響して、1辺1pxの太さで指定した部分が、表示上2pxの太さで見えないようにするための対策です。

フォームをスタイリングしよう Lesson 13 14 15

13-2　使いやすい装飾を施す

前ページでは、お問い合わせフォーム全体の見た目を調整しました。
このままでも十分に活用できるデザインになっていますが、
フォームのパーツにさらに細かな装飾をして、
よりユーザーが使いやすくなるようにしてみましょう。

STEP 01　タイプ別のinput要素にスタイルを指定する

Lesson13 ▶ 13-2 ▶ 13-2-1

input要素にtype属性を指定することで、さまざまな入力
や選択用の項目を挿入できます。デザイン上、type属性
ごとに個別のスタイルを設定したい場面も出てくることが
ありますが、その場合は属性ごとにスタイルを適用するた
めの「属性セレクタ」を使用します。

属性セレクタは「要素名 [属性名 =" 属性値 "]」として
指定します。たとえばtype属性が「text」のinput要素を
指定するには、「**input[type="text"]**」というセ
レクタにします。

書　式	type属性の指定方法

```
input[type="type属性"] { プロパティ: 値; }
```

記述例	type属性がtextのinput要素にスタイルを指定する

```
input[type="text"] { width: 50%; }
```

入力エリアを広げる

ここでは、メールアドレスの入力エリアをユーザーが入力
しやすいように調整してみましょう。デフォルトの状態でも
問題ないのですが、実際に入力されるメールアドレスは文
字数が多いものもありますので、入力エリアの幅を調整し
てみましょう。

1 ［13-2-1］フォルダのHTMLファイル「index.html」をエディタで開き、ブラウザでCSS
を適用する前の表示を確認しましょう。

2 ［13-2-1］＞［css］フォルダのCSSファイル「style.css」をエディタで開きます。メール
アドレス入力エリアの幅を広げてみましょう。type属性が「**email**」のものだけにスタイ
ルを適用するので、セレクタは**input[type="email"]**となります。幅はwidthプ
ロパティを指定して値を「50％」に指定してみましょう。最終行に記述します。

```
input[type="email"] {
    width: 50%;
}
```

```
21  dl dt .must {
22      color: ■#d23939;
23  }
24
25  input[type="email"] {
26      width: 50%;
27  }
```

フォームをスタイリングしよう　Lesson 13 | 14 | 15

3 スタイルを適用した状態をブラウザの表示結果で確認しましょう。メールアドレスの入力エリアの幅が広くなりました。

メールアドレス※　[sample@test.com]

スタイル適用前

⬇

メールアドレス※　[sample@test.com]

スタイル適用後

STEP 02　すべてのinput要素を装飾する

 Lesson13 ▶ 13-2 ▶ 13-2-2

前のステップでは、属性の種類別にinput要素を装飾しましたが、ここではフォーム内すべてのinput要素に対してスタイルを適用してみましょう。「お名前」や「メールア

ドレス」の入力エリアにあらかじめ表示されている文字を大きくします。そして入力エリアの余白を増やして、文字が読みやすくなるように装飾します。

1 STEP01の「style.css」を引き続き編集するか、[13-2-2]フォルダのHTMLファイル「index.html」と、[css]フォルダのCSSファイル「style.css」をエディタで開きます。すべてのinput要素に対してスタイルを適用するので、セレクタは「**input**」になります。文字の大きさはfont-sizeプロパティを使用し、値には「1em」を指定します。親要素の文字の大きさ1文字分と同等の大きさに変化します。
また、入力エリアと文字がくっついて見えるので、paddingプロパティを使用して入力エリアの内側に「5px」の余白を設けましょう。下記のコードを記述します。

```
input {
    font-size: 1em;
    padding: 5px;
}
```

```
24
25  input[type="email"] {
26      width: 50%;
27  }
28
29  input {
30      font-size: 1em;
31      padding: 5px;
32  }
33
```

2 スタイルを適用した状態をブラウザの表示で確認しましょう。各入力エリア内の文字が大きくなり、見やすくなりました。

お名前※　[田中 太郎]

ふりがな※　[たなか たろう]

メールアドレス※　[sample@test.com]

スタイル適用前

⬇

お名前※　[田中 太郎]

ふりがな※　[たなか たろう]

メールアドレス※　[sample@test.com]

スタイル適用後

STEP 03 label要素を装飾する

Lesson13 ▶ 13-2 ▶ 13-2-3

「お問い合わせの種別」のチェックボックスと、「性別」の
ラジオボタンの横に並んだ選択肢の間隔を調整してみま
しょう。各選択肢のあいだを広げることで、押し間違いの
防止に役立ちます。この2つの項目は異なるinput要素

のtype属性を使用していますが、どちらもlabel要素で囲
んでいるので、ここでは一括でスタイルを適用するために、
セレクタには「**label**」を指定します。

1 STEP02の「style.css」を引き続き編集するか、[13-2-3]フォルダのHTMLファイル
「index.html」と、[css]フォルダのCSSファイル「style.css」をエディタで開きます。横に
並んだ選択肢の間隔を広めるために、右側に余白を設けます。外側の余白を設けるので
margin-rightプロパティを使用して値は「1em」を指定してみましょう。下記のコードを記述
します。

```
label {
    margin-right: 1em;
}
```

```
29  input {
30      font-size: 1em;
31      padding: 5px;
32  }
33
34  label {
35      margin-right: 1em;
36  }
```

2 スタイルを適用した状態をブラウザの表示結
果で確認しましょう。各選択肢の右側に1文
字分の余白ができました。

スタイル適用前

スタイル適用後

STEP 04 select要素を装飾する

Lesson13 ▶ 13-2 ▶ 13-2-4

「どこでお知りになりましたか?」の選択肢の文字サイズを調整して読みやすくしましょ
う。select要素にスタイルを適用するので、セレクタは「**select**」となります。

1 STEP03の「style.css」を引き続き編集するか、[13-2-4]フォルダのHTMLファイル
「index.html」と、[css]フォルダのCSSファイル「style.css」をエディタで開きます。「ど
こでお知りになりましたか?」のプルダウンメニューの文字サイズが小さいので、font-size
プロパティで大きくしてみましょう。下記のコードを記述します。

```
select {
    font-size: 1em;
}
```

```
35      margin-right: 1em;
36  }
37
38  select {
39      font-size: 1em;
40  }
```

フォームをスタイリングしよう Lesson 13 | 14 | 15

2 スタイルを適用した状態をブラウザの表示結果で確認しましょう。文字が大きくなりました。

どこでお知りになりましたか？　[チラシ・DM ▼]

スタイル適用前

どこでお知りになりましたか？　[チラシ・DM ▼]

スタイル適用後

COLUMN

select要素に指定したスタイルはブラウザによっては機能しない

select要素、その子要素のoption要素は、各webブラウザによって扱いが異なります。この要素については、どのブラウザでも同様のスタイルを適用するにはJavaScriptなどCSS以外の手法が必要となる場合があります。CSSに慣れないうちは、この要素はCSSで無理に変更を加えず、webブラウザごとのスタイルに任せたほうがよいでしょう。

STEP 05 テキストエリアを装飾する

Lesson13 ▶ 13-2 ▶ 13-2-5

「お問い合わせ・ご質問内容」のテキストエリアは、文字量によって大きさが変動しますが、あらかじめ幅を広げておくほうがユーザーが操作するうえで親切でしょう。widthプ ロパティを使用して、ここでは1行30文字分の幅を指定してみます。また、テキストエリア内に入力された文字の大きさや、内側の余白も合わせて整えてみましょう。

1 STEP04の「style.css」を引き続き編集するか、[13-2-5]フォルダのHTMLファイル「index.html」と、[css]フォルダのCSSファイル「style.css」をエディタで開きます。テキストエリアに対して、widthプロパティを使用して値を「30em」とします。文字の大きさはfont-sizeプロパティを使用して値を「1em」、内側の余白はpaddingプロパティを使用して値は「5px」とします。下記のコードを記述します。

```
textarea {
    width: 30em;
    font-size: 1em;
    padding: 5px;
}
```

```
38  select {
39      font-size: 1em;;
40  }
41
42  textarea {
43      width: 30em;
44      font-size: 1em;
45      padding: 5px;
46  }
```

2 スタイルを適用した状態をブラウザの表示で確認しましょう。入力欄の幅と、フォームに入力する文字が大きくなりました。

お問い合わせ・ご質問内容　あいうえお

スタイル適用前

お問い合わせ・ご質問内容　あいうえお

スタイル適用後

13-3 ボタンをデザインする

前節では、お問い合わせフォーム全体をユーザーが操作しやすいように細かく装飾しました。
最後にフォームに入力した内容を送信する「送信ボタン」の装飾を実践します。
デフォルトの送信ボタンは小さめに表示されるので、
よりクリックしやすくする装飾の指定方法を学びましょう。

STEP 01 送信ボタンを目立たせる

Lesson13 ▶ 13-3 ▶ 13-3-1

お問い合わせフォームにおいて、最終目標は送信ボタンをクリックさせることです。CSSで目立つように装飾を行います。まずはボタンを画面中央に配置してみましょう。送信ボタンを包括する「submit」というクラス名がついた

p要素に対して、text-alignプロパティを使用しボタンの位置を調整します。また、送信ボタンのサイズを大きくして、よりクリックしやすくします。

1 [13-3-1]フォルダのHTMLファイル「index.html」と、[css]フォルダのCSSファイル「style.css」をエディタで開きます。送信ボタンを中央に配置するために、送信ボタンを包括するp要素にスタイル「**text-align: center;**」を指定します。下記のコードを記述します。

```css
p.submit {
    text-align: center;
}
```

```
42    textarea {
43        width: 30em;
44        font-size: 1em;
45        padding: 5px;
46    }
47
48    p.submit {
49        text-align: center;
50    }
```

2 スタイルを適用した状態をブラウザの表示で確認しましょう。送信ボタンが画面中央に配置されます。

285

フォームをスタイリングしよう Lesson 13 | 14 | 15

3 次に送信ボタンを大きくして見た目を整えてみましょう。大きさの変更に加えて、背景色をつけ、文字サイズなどを変更して、他の要素と視覚的に差別化し目立つようにします。input要素のtype属性にスタイルを適用するために、セレクタは「`input[type="submit"]`」とします。

ボタンの大きさは内側の余白をpaddingプロパティで指定して、同時に背景色をbackgroundプロパティで設定します。背景色と文字色によっては、文字の視認性が低下することがあります。ここでは文字がより鮮明に見えるように文字色を白色にして、太字に変更します。下記のコードを記述しましょう。

```
input[type="submit"] {
    padding: 20px 100px;
    background: #7f6666;
    color: #ffffff;
    font-weight: bold;
}
```

```
51
52  input[type="submit"] {
53      padding: 20px 100px;
54      background: ■#7f6666;
55      color: □#ffffff;
56      font-weight: bold;
57  }
```

4 スタイルを適用した状態をブラウザの表示で確認しましょう。ボタンが大きくなり、目立つようになりました。

COLUMN

文字の太さを変更するプロパティ「font-weight」

「font-weight」プロパティを使用すると、文字の太さを変更することができます。

設定できる値	説明
数値（100・200・300・400・500・600・700・800・900）	数値の分だけ太く
normal	標準の太さ
bold	文字を太く（数値の700と同じ）
lighter	相対的に一段階細く
bolder	相対的に一段階太く

STEP **02**　ボタンの角を丸くする

Lesson13 ▶ 13-3 ▶ 13-3-2

送信ボタンの角に丸みを持たせてみましょう。要素の角を丸めるには「border-radius」プロパティを使用します。このプロパティは、枠線のない要素や画像にも利用できます。borderプロパティと同様に上下左右、個別にスタイルを適用することができます。ここでは4つの角を一括で変更します。

要素の角の丸みを指定するプロパティ

プロパティ	説明
border-radius	4つの角を一括で指定
border-top-left-radius	要素の左上の角を指定
border-top-right-radius	要素の右上の角を指定
border-bottom-right-radius	要素の右下の角を指定
border-bottom-left-radius	要素の左下の角を指定

書　式　要素の角の丸みの指定方法

```
セレクタ { border-radius: 値; }
```

記述例　送信ボタンの4つの角の丸みを指定する

```
input[type="submit"] { border-radius: 8px; }
```

1　STEP01の「style.css」を引き続き編集するか、[13-3-2]フォルダのHTMLファイル「index.html」と、[css]フォルダのCSSファイル「style.css」をエディタで開きます。送信ボタンの4つ角を「10px」分丸くします。border-radiusプロパティを使用して値は「10px」と指定します。下記のコードを記述しましょう。

```
input[type="submit"] {
    padding: 20px 100px;
    background: #7f6666;
    font-size: 1em;
    color: #ffffff;
    font-weight: bold;
    border-radius: 10px;
}
```

```
52  input[type="submit"] {
53      padding: 20px 100px;
54      background: #7f6666;
55      font-size: 1em;
56      color: #ffffff;
57      font-weight: bold;
58      border-radius: 10px;
59  }
60
```

2　スタイルを適用した状態をブラウザの表示で確認しましょう。ボタンの角が丸くなりました。

STEP 03 マウスカーソルの表示を変更する  Lesson13 ▶ 13-3 ▶ 13-3-3

a要素でリンクを指定したテキストや画像などにマウスポインタを合わせると、カーソルの形状が矢印から指差しマークに変化します。クリックできることをユーザーに知らせることができる便利な仕様ですが、input要素で実装したボタンではクリックできる部分にマウスポインタを乗せてもカーソルの形状に変化はありません。

ここでは、送信ボタンにマウスポインタが乗った際に、リンクと同様にカーソルの形を指差しマークに変化させる指定を行います。マウスカーソル装飾の指定には「cursor」プロパティを使用します。指差しマークにするには、値に「**pointer**」を指定します。

マウスカーソルの種類を指定する値

値	説明	カーソルの表示画像
default	デフォルトの形状（矢印）	
pointer	リンクであることを示す	
text	テキストであることを示す	
move	移動できることを示す	
cell	表のセルまたは一連のセルが選択できることを示す	
not-allowed	操作が受け付けられないことを示す	

書 式 | マウスカーソルの形状の指定方法

```
セレクタ { cursor: 値; }
```

記述例 | 送信ボタン上のマウスカーソルを指差しマークに指定する

```
input[type="submit"] { cursor: pointer; }
```

1 STEP02の「style.css」を引き続き編集するか、[13-3-3]フォルダのHTMLファイル「index.html」と、[css]フォルダのCSSファイル「style.css」をエディタで開きます。cursorプロパティを使用してマウスカーソルの形を変更してみましょう。下記のコードを記述します。

```
input[type="submit"] {
    padding: 20px 100px;
    background: #7f6666;
    font-size: 1em;
    color: #ffffff;
    font-weight: bold;
    border-radius: 10px;
    cursor: pointer;
}
```

```
52  input[type="submit"] {
53      padding: 20px 100px;
54      background: #7f6666;
55      font-size: 1em;
56      color: #ffffff;
57      font-weight: bold;
58      border-radius: 10px;
59      cursor: pointer;
60  }
61
```

2 スタイルを適用した状態をブラウザの表示結果で確認しましょう。送信ボタンにマウスオンすると、マウスカーソルの形が指差しマークに変化します。

STEP 04　マウスオーバー時の装飾をする

 Lesson13 ▶ 13-3 ▶ 13-3-4

送信ボタンにマウスポインタを乗せた際にボタンの色が変化するように飾り、よりクリックしやすい感じを演出しましょう。ここでは「:hover」疑似クラスを使用して、変化時の

装飾には要素の不透明度を指定するopacityプロパティ（P.245参照）で要素の表示を薄くしてみましょう。

1 STEP03の「style.css」を引き続き編集するか、[13-3-4]フォルダのHTMLファイル「index.html」と、[css]フォルダのCSSファイル「style.css」をエディタで開きます。セレクタ「**input[type ="submit"]**」に「:hover」疑似クラスを追加して、マウスオーバー時の装飾を指定します。opacityプロパティを使用して、要素の不透明度を80%に指定します。指定する値は「0.8」になります。下記のコードを記述しましょう。

```
input[type="submit"]:hover {
    opacity: 0.8;
}
```

```
61
62 input[type="submit"]:hover {
63     opacity: 0.8;
64 }
65 
```

2 スタイルを適用した状態をブラウザの表示で確認しましょう。送信ボタンにマウスポインタを乗せると、送信ボタン全体の色が変化します。

変化前

変化後

Lesson13　練習問題

Q1　タイプ別のinput要素のセレクタ

input要素でtype属性を「text」と指定した要素にスタイルを指定するとき、セレクタでinput[type="〔　　〕"]と指定します。

下記の候補から空欄【　】に当てはまる言葉を選んでください。

❶ text
❷ textarea
❸ textbox

Q2　input要素のセレクタ

input要素そのものにスタイルを指定する場合、セレクタは〔　　〕となります。

下記の候補から空欄【　】に当てはまる言葉を選んでください。

❶ select
❷ input
❸ label

Q3　テキストエリアの幅

textarea要素でマークアップしたテキストエリアの幅を50文字分にしたいとき、下記の候補の中で正しいスタイルの記述は〔　　〕です。

空欄【　】に当てはまるものを❶～❸の中から選んでください。

❶ textarea { width: 50px;}
❷ textarea { width: 50%;}
❸ textarea { width: 50em;}

Q4　ボタンの角を丸くする

要素の角を一括で丸くするプロパティは〔　　〕を使用します。

下記の候補から空欄【　】に当てはまる言葉を選んでください。

❶ border プロパティ
❷ border-radius プロパティ
❸ roundedcorners プロパティ

Q5　マウスカーソルの変更

要素にマウスポインタが乗った際のマウスカーソルの表示を制御するにはcursorプロパティを使用します。マウスカーソルを指差しマークに変更するには値〔　　〕を指定します。

下記の候補から空欄【　】に該当するものを選んでください。

❶ cursor-pointer
❷ finger
❸ pointer

Q6　不透明度の指定

要素の不透明度を指定するには〔　　〕プロパティを使用します。

下記の候補から空欄【　】に当てはまるものを選んでください。

❶ opacity
❷ display
❸ background

Q1：❶　Q2：❷　Q3：❸
Q4：❷　Q5：❸　Q6：❶

webサイト制作を
実践してみよう

An easy-to-understand guide to HTML & CSS

Lesson 14

HTML & CSS学習のまとめと復習です。これまでの学習内容を振り返りながら、実際に1つのwebサイトを作成します。webサイトを作る際は複数のHTMLやCSSファイルを作成します。制作を効率的に進めるための考え方も解説していきます。

14-1 コーディングの準備をする

ここまで学習してきた内容の総まとめとして、
実際にwebサイトを作成してみましょう。
このLessonでは、プログラミング学習塾のwebサイトを作ります。

webサイト全体を確認する

Lesson14 ▶ 完成サイト

このLessonで作成するページとサイトの全体像（サイトマップ）を確認しておきましょう。
当Lessonで解説をしていないページも、「完成サイト」フォルダに格納してあります。

サイトマップ

コース紹介ページ(course.html)
14-4（P.309）で作成

受講料金ページ (price.html)
完成ファイルのみ提供

アクセスページ
（access.html）
14-5（P.315）で作成

トップページ (index.html)
14-2（P.296）・14-3（P.302）で作成

サイトマップページ
（sitemap.html）
完成ファイルのみ提供

プライバシーポリシーページ
（privacypolicy.html）
完成ファイルのみ提供

体験授業お申し込みページ
（entry.html）
完成ファイルのみ提供

フォルダとファイル構成

- 完成サイト
  - images　画像を格納するフォルダ
  - css　CSSファイルを格納するフォルダ
    - normalize.css ※
    - style.css
  - index.html　トップページ（ホーム）
  - course.html　コース紹介
  - price.html　受講料金
  - access.html　アクセス
  - entry.html　体験授業お申し込み
  - privacypolicy.html　プライバシーポリシー
  - sitemap.html　サイトマップ

「normalize.css」は本Lessonの途中で配布サイトからダウンロードし、「css」フォルダに格納します。学習ファイルには含まれておりませんので、注意が必要です。

CHECK!

完成サイトを表示する前に

完成サイトの正しい表示には、P.295で解説するCSSファイルが必要になります。詳しくは「normalize.cssをダウンロードする」の手順4までを参考にして、ファイルを導入してから表示してください。

サイト制作実習の進め方

まずはトップページ（index.html）を作成します。それを元に他ページのデータも作っていくスタイルで制作を進めていきます。トップページは画面サイズに応じて表示を最適化する「レスポンシブデザイン」の実習も行います。Lesson15では完成サイトのデータを実際にサーバーにアップロードしてインターネット上に公開してみます。
各ページに使用するテキストや画像ファイルは［Lesson 14］＞［素材］フォルダに収録してあります。必要なテキストをコピーし、HTMLファイルに貼り付けて使用します。

なお、本書では「受講料金」「体験授業お申し込み」「プライバシーポリシー」「サイトマップ」ページは完成データのみを収録しています。

［素材］フォルダ内のテキスト一覧

index.txt	トップページのテキスト・14-2で使用します
course.txt	コース紹介ページのテキスト・14-4で使用します
access.txt	アクセスページのテキスト・14-5で使用します

制作環境を準備する

1 [Lesson14] フォルダの中に新規フォルダを作成しましょう。名前は「作業フォルダ」にします。このフォルダの中にwebサイトのデータを入れていきます。

2 [作業フォルダ] の中に「css」フォルダを作成します。CSSファイルを格納するためのフォルダができました。

作業フォルダ

css

3 [Lesson14] > [素材] フォルダの中にある [images] フォルダをコピーして、[作業フォルダ] にペーストします。[images] フォルダの中には、webページに使用する画像ファイル一式が入っています。

| catchcopy.png | course01.jpg | course02.jpg | logo.png | price01.jpg | price02.jpg |

| price03.jpg | price04.jpg | top01.jpg | top02.jpg | visual.jpg |

css   images

作業フォルダの中に2つのフォルダが入っている　　フォルダの中の画像ファイル

CSS フレームワークを導入する

Google Chrome、Firefox、Safari、Internet Explorer、Microsoft Edgeなど、webブラウザにはさまざまな種類があります。これらのwebブラウザは、それぞれがデフォルトで適用する独自のCSSを持っています。そのため、同じHTMLファイルやCSSファイルを表示させてもwebブラウザごとに独自のデフォルトの値が引き継がれ、要素のサイズや余白の表示が異なって表示されることがあります。

左からGoogle Chrome、Firefox、Safariで同じHTMLファイルを表示させた状態。同じ記述でもwebブラウザによって見え方が異なる

不要なスタイルを無効にする

ブラウザごとに異なる、微妙な表示の差を一つひとつ調整していくのは、あまり効率のよいものではありません。スタートラインをあらかじめ揃えておけば、個別対応の必要がなくなります。ブラウザごとの多少の差違は個性ではあるのですが、やはり見た目はある程度統一しておきたいものです。そこでCSSフレームワークを導入すると、webブラウザごとに異なる表示の影響に左右されずにスタイルを記述していくことができます。webブラウザの持つデフォルトのCSS指定は基本的に残しつつ、各種ブラウザごとの表示の違いをなくしてくれます。数あるCSSフレームワークの中でも有名なものが「normalize.css」です。本書ではnormalize.cssを採用して、webサイトを作成していきます。

normalize.cssをダウンロードする

1 配布しているwebサイト「Normalize.css」（https://necolas.github.io/normalize.css/）にアクセスし、「Download」ボタンをクリックします。

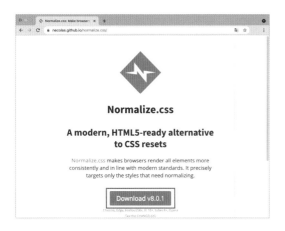

2 ブラウザにCSSファイルが表示されるのでページを保存します。Google ChromeのmacOS版では、［ファイル］メニューの［ページを別名で保存］をクリックします。Windows版では、「：」ボタンの［その他のツール］＞［名前を付けてページを保存］を実行します。ファイル名は変更せず、保存場所は［作業フォルダ］の中の［css］フォルダを選びます。

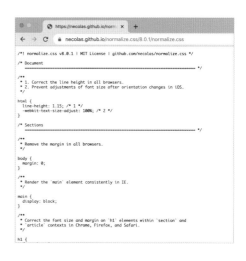

3 Visual Studio Codeを起動してサイドバーを確認しましょう。［作業フォルダ］＞［css］の中にnormalize.cssが入っています。これで本レッスンでnormalize.cssを使うための準備は完了です。

4 **2**の手順で［完成サイト］＞［css］の中にもnormalize.cssをダウンロードしておきましょう。このフォルダはLesson15の学習でも使用します。

normalize.cssとは　＜ **CHECK!**

normalize.cssとはブラウザごとに異なるタグのスタイルの相違を吸収し、各タグのデフォルトのスタイルを提供するCSSファイルです。ニコラス・ギャラガー氏が無償で提供しています。基本的にnormalize.css自体の編集は行いません。

14-2 トップページのHTMLを記述する

一般的にwebサイトのデータ制作で最初に取りかかるのは、
トップページの作成です。
トップページが完成したら、それをフォーマットとして他のページのデータも作っていきます。
まずはトップページのHTMLを記述していきましょう。

トップイメージを確認する

Lesson14 ▶ 完成サイト

［完成サイト］フォルダの中にあるindex.htmlをブラウザ
で表示しましょう。これがトップページが完成した状態です。
トップページではwebページの全体のレイアウトをします。
webページをレイアウトするための主要な要素やCSSの
指定方法をおさらいしていきます。のちほど、他ページに

も同様の全体レイアウトの設定を適用させていきます。
webサイトのレイアウトの骨格を作っていくイメージです。
トップページはheader要素・main要素・footer要素を使
用して大きく3分割します。その後にheader要素内にサイ
ト見出しやナビゲーションを記述したり、main要素内に文
章や画像を配置してページのコンテンツを作っていきます。

完成イメージ

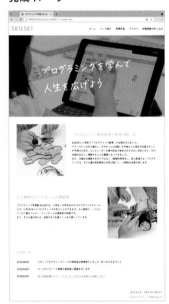

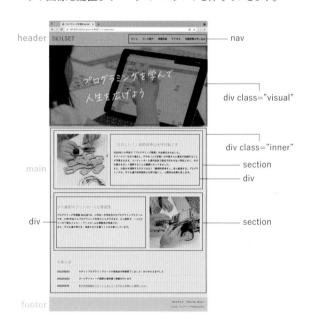

STEP 01 head要素をマークアップする

Lesson14 ▶ 素材／Lesson14 ▶ 14-2

1 HTMLファイルを作成します。Visual Studio Code
のメニューから［ファイル］＞［新規ファイル］をクリッ
クします。

2 名称未設定ファイルが開きました。Visual Studio Codeのメニューから[ファイル]>[保存]をクリックし、14-1で作成した[作業フォルダ]の中に「index.html」という名前で保存します。

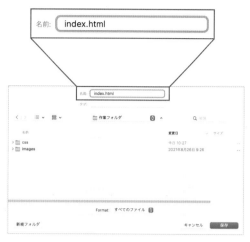

3 まずはhead要素を記述していきましょう。1行目にDOCTYPE宣言を記述し、HTML要素を記述します。

```
<!DOCTYPE html>
<html lang="ja">

</html>
```

```
1  <!DOCTYPE html>
2  <html lang="ja">
3
4  </html>
```

4 HTML要素の内側にhead要素を記述します。

```
1  <!DOCTYPE html>
2  <html lang="ja">
3  <head>
4
5  </head>
6  </html>
```

5 head要素の中にmeta要素を書いていきましょう。まずは文字コードを指定するmeta要素を記述します。charset属性には「**UTF-8**」を指定します。

```
1  <!DOCTYPE html>
2  <html lang="ja">
3  <head>
4      <meta charset="UTF-8">
5  </head>
6  </html>
```

6 webサイトの概要を示すmeta要素を記述します。name属性の値には「**description**」を指定し、content属性の値にはページの説明文を指定します。テキストは[素材]>[index.txt]にあります。

```
3  <head>
4      <meta charset="UTF-8">
5      <meta name="description"
       content="東京都新宿区のプログ
       ラミングスクール「プログラミング
       学習塾 SKILSET」。少人数制で、
       一人ひとりへの丁寧なフォロー・
       アットホームな雰囲気が特長です。
       子ども達の考える・成長する力を養
       います。">
6  </head>
```

7 title要素を記述します。テキストは[素材]>[index.txt]を利用してもOKです。

```
3  <head>
4      <meta charset="UTF-8">
5      <meta name="description"
       content="東京都新宿区のプログ
       ラミング（中略）養います。">
6      <title>プログラミング学習塾
       SKILSET｜東京都新宿区のプログ
       ラミングスクール</title>
7  </head>
```

webサイト制作を実践してみよう　Lesson 14　15

297

8 head要素の中で、2つのスタイルシートを読み込む記述をします。normalize.cssとstyle.cssです。これらのスタイルシートはHTMLファイル「index.html」と同じディレクトリにある[css]フォルダに格納されています（style.cssはP.302から作成するのでまだ格納されていません）。head要素の記述はここまでです。

```
3  <head>
4      <meta charset="UTF-8">
5      <meta name="description" content="
       東京都新宿区のプログラミング（中略）養いま
       す。">
6      <title>プログラミング学習塾 SKILSET｜東
       京都新宿区のプログラミングスクール</title>
7      <link rel="stylesheet" href="css/
       normalize.css">
8      <link rel="stylesheet" href="css/
       style.css">
9  </head>
```

STEP 02　body要素をマークアップする

1 bodyタグを記述しましょう。CSSで装飾する際に利用するため、ページごとにbodyタグに固有のclass名をつけます。トップページには「home」とつけます。各ページで同じ名称のタグが出てきたときに装飾を振り分けるために利用します。

```
9  </head>
10 <body class="home">
11
12 </body>
13 </html>
```

2 body要素の中に要素の大枠を記述します。完成図で分解したページの構成（P.296）は大きく3つのエリアに分かれていました。headerタグ、mainタグ、footerタグの3つを記述します。

```
10 <body class="home">
11
12 <header>
13 </header>
14
15 <main>
16 </main>
17
18 <footer>
19 </footer>
20
21 </body>
```

STEP 03　header要素をマークアップする

1 headerタグの内側の要素を記述していきます。imgタグを使って店名の画像を配置します。画像ファイル「logo.png」は、HTMLファイル「index.html」と同じディレクトリにある[images]フォルダに格納されています。

```
12 <header>
13     <img src="images/logo.png"
       alt="プログラミング学習塾 SKILSET">
14 </header>
```

2 店名の画像は、大見出しの役割を持たせるためh1タグで囲みます。また、aタグを使ってトップページへのリンクを設定します。

```
12 <header>
13     <h1><a href="index.html">
       <img src="images/logo.
       png" alt="プログラミング学習塾
       SKILSET"></a></h1>
14 </header>
```

3 h1タグを記述した次の行にグローバルナビゲーションを記述します。まずは全体を囲むnavタグを記述します。その内側にulタグとliタグで項目をリストにしていきます。リンクするwebページはすべて、記述するページと同じディレクトリにあるため、aタグのhref属性の値にはHTMLファイル名を指定します。

```
12  <header>
13      <h1><a href="index.html"><img src="images
        /logo.png" alt="プログラミング学習塾 SKILSET"></a></
        h1>
14      <nav>
15          <ul>
16              <li><a href="index.html">ホーム</a></li>
17              <li><a href="course.html">コース紹介</a></
                li>
18              <li><a href="price.html">受講料金</a></
                li>
19              <li><a href="access.html">アクセス</a></
                li>
20              <li><a href="entry.html">体験授業お申し込み
                </a></li>
21          </ul>
22      </nav>
23  </header>
```

SK!LSET

- ホーム
- コース紹介
- 受講料金
- アクセス
- 体験授業お申し込み

STEP 04　main 要素をマークアップする

1 次にmain要素の内側の要素を記述していきます。完成図で分解したmain要素内の構成 (P.296) は大きく2つのエリアに分かれていました。メイン画像とコンテンツ部分の外枠となる2つのdiv要素にclass名を設定して記述します。

```
25  <main>
26      <div class="visual"></
        div>
27      <div class="inner"></
        div>
28  </main>
```

2 class属性で「visual」と名前をつけたdiv要素の内側に段落要素を記述します。その内側にimgタグを使ってキャッチコピーの画像を配置します。キャッチコピーは白い文字の画像のため、白い背景と同化していて目視はできない状態です。なお、テキストは [素材] > [index.txt] を利用してもOKです。

```
25  <main>
26      <div class="visual">
27          <p><img src="images/
            catchcopy.png" alt="
            プログラミングを学んで人生
            を広げよう"></p>
28      </div>
29      <div class="inner"></div>
30  </main>
```

SK!LSET

- ホーム
- コース紹介
- 受講料金
- アクセス
- 体験授業お申し込み

3 class属性で「inner」と名前をつけたdiv要素の内側に、section要素を2回記述します。

```
29      <div class="inner">
30          <section></section>
31          <section></section>
32      </div>
33  </main>
```

4 section要素の内側は、テキストと画像の2つのエリアに分かれます。テキスト
が入るエリアにはdiv要素を使います。画像はp要素とimg要素で記述します。

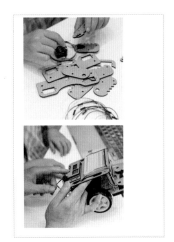

```
29  <div class="inner">
30      <section>
31          <div></div>
32          <p><img src="images/top01.jpg" alt=
              "授業の様子"></p>
33      </section>
34      <section>
35          <div></div>
36          <p><img src="images/top02.jpg" alt=
              "ロボットプログラミング"></p>
37      </section>
38  </div>
```

5 テキストが入るdiv要素の内側を記述していきます。見出しはh2要素を、文章はp要素
を使って記述します。テキストは［素材］＞［index.txt］を利用してもOKです。

```
30  <section>
31      <div>
32          <h2>「たのしい！」知的好奇心を呼び起こす</h2>
33          <p>2020年に小学校で「プログラミング教育」が必修化されました。<br>
34          テクノロジーは日々進化し、ITやAI（人工知能）は今後さらに普及が加速することが予想されま
              す。コンピューターも現代社会で身近で欠かせない存在となり、その仕組みを正しく理解するこ
              とは重要になってきました。<br>
35          また、仕組みを理解するだけではなく「論理的思考をし、自ら創造する」プログラミングは、子
              ども達の知的探究心を呼び起こし、人間的な成長も促します。</p>
36      </div>
37      <p><img src="images/top01.jpg" alt="授業の様子"></p>
38  </section>
39  <section>
40      <div>
41          <h2>少人数制のアットホームな雰囲気</h2>
42          <p>プログラミング学習塾　SKILSETは、小学生〜中学生向けのプログラミングスクールです。
              小学1年生からプログラミングを学ぶことができます。少人数制で、一人ひとりへの丁寧なフォ
              ロー・アットホームな雰囲気が特長です。<br>
43          また、子ども達の考える・成長する力を養うことを大事にしています。</p>
44      </div>
45      <p><img src="images/top02.jpg" alt="ロボットプログラミング"></p>
46  </section>
```

「たのしい！」知的好奇心を呼び起こす

2020年に小学校で「プログラミング教育」が必修化されました。
テクノロジーは日々進化し、ITやAI（人工知能）は今後さらに普及が加速することが予想されます。コンピューターも現代社会で身近で欠か
せない存在となり、その仕組みを正しく理解することは重要になってきました。
また、仕組みを理解するだけではなく「論理的思考をし、自ら創造する」プログラミングは、子ども達の知的探究心を呼び起こし、人間的
な成長も促します。

少人数制のアットホームな雰囲気

プログラミング学習塾 SKILSETは、小学生〜中学生向けのプログラミングスクールです。小学1年生からプログラミングを学ぶことができ
ます。少人数制で、一人ひとりへの丁寧なフォロー・アットホームな雰囲気が特長です。
また、子ども達の考える・成長する力を養うことを大事にしています。

CHECK!

br要素

br要素は、文中に改行を指定する
要素です。空要素なので終了タグ
は必要ありません。改行をして表示
することが妥当な内容の場合での
み使用しましょう。複数行の空白な
ど、見た目の都合で挿入しないよう
に注意してください。見た目の調整
はCSSで行うようにしましょう。

6 メインコンテンツの一番下にある「お知らせ」を記述します。見出しにはh2要素を使用します。お知らせのリストは、日付と内容が対となる情報のため、dl要素・dt要素・dd要素で記述します。最後のdd要素は、a要素を使って体験授業お申し込みページにリンクさせます。

```
46        </section>
47        <h2>お知らせ</h2>
48        <dl>
49            <dt>2022/06/30</dt><dd>ロボットプログラミング
              コースの発表会が無事終了しました！おつかれさまでした</
              dd>
50            <dt>2022/04/20</dt><dd>ゴールデンウィーク期間も
              通常通り授業を行います</dd>
51            <dt>2022/03/15</dt><dd><a href="entry.
              html">春の体験授業がスタートしました！まずはお気軽に
              ご連絡ください</a></dd>
52        </dl>
53    </div>
```

お知らせ

2022/06/30
　　ロボットプログラミングコースの発表会が無事終了しました！おつかれさまでした
2022/04/20
　　ゴールデンウィーク期間も通常通り授業を行います
2022/03/15
　　春の体験授業がスタートしました！まずはお気軽にご連絡ください

STEP 05　footer 要素をマークアップする

1 footer要素の内側にあるナビゲーションを記述します。サイトマップとプライバシーポリシーへのリンクを設定します。

```
56 <footer>
57     <ul>
58         <li><a href="sitemap.html">サイトマップ<a></
           li>
59         <li><a href="privacypolicy.html">プライバ
           シーポリシー</a></li>
60     </ul>
61 </footer>
```

2022/04/20
　　ゴールデンウィーク期間も通常通り授業を行います
2022/03/15
　　春の体験授業がスタートしました！まずはお気軽にご連絡ください

- サイトマップ
- プライバシーポリシー

2 ナビゲーションの下にコピーライトを記述します。コピーライトはsmall要素で囲みます。small要素とは、免責・警告・法的規制・著作権・ライセンス要件などの注釈や細目を表す際に使用する要素です。

```
60        </ul>
61        <p><small>&copy; 2022 プログラミ
          ング学習塾 SKILSET.</small></p>
62 </footer>
63
64 </body>
65 </html>
```

ゴールデンウィーク期間も通常通り授業を行います
2022/03/15
　　春の体験授業がスタートしました！まずはお気軽にご連絡ください

- サイトマップ
- プライバシーポリシー

© 2022 プログラミング学習塾 SKILSET.

「©」は特殊文字　**CHECK !**

コピーライトの行頭に記述する「©」は特殊文字の1種です。特殊文字とは、閲覧環境の違いなどにより表示できない一部の文字のことです。どの環境でも共通して表示させるためには「**©**」と記述することで、この記号を表示させることができます。

これでトップページのHTMLができあがりました。

14-3 トップページのCSSを記述する

トップページにCSSで装飾をつけていきましょう。
このタイミングでwebサイトのすべてのページに共通する装飾も記述します。
そしてトップページにのみ適用させる装飾を記述します。
効率的な記述の仕方も解説します。

STEP 01　文字とリンクの基本設定を記述する

 Lesson14 ▶ 14-3

1 Visual Studio Codeのメニューから［ファイル］>［新規ファイル］をクリックします。

2 名称未設定ファイルが開きました。Visual Studio Codeのメニューから［ファイル］>［保存］をクリックし、［作業フォルダ］>［css］フォルダの中に「style.css」という名前で保存します。このファイルに、webサイト内のすべてのwebページのスタイルを記述していきます。

3 1行目にファイルの文字エンコーディングを記述します。「**UTF-8**」と指定します。

```
@charset "UTF-8";
```

```
esson14 > 作業フォルダ > css > # style.css
1  @charset "UTF-8";
```

4 bodyセレクタに、文字に関する基本の指定を記述します。1行の高さは「1.7」文字分に、文字サイズは「16px」、書体はfont-familyで複数の種類を指定しましょう。文字色は「黒（#000000）」です。カラーコード「#000000」は「#000」に短縮して記述します（P.314 CHECK!参照）。

```
1  @charset "UTF-8";
2  body {
3      line-height: 1.7;
4      font-size: 16px;
5      font-family: -apple-system, BlinkMacSystemFont, "Helvetica Neue", "游ゴ
       シック Medium", YuGothic, YuGothicM, "Hiragino Kaku Gothic ProN",
       Meiryo, sans-serif;
6      color: #000;
7  }
```

5 共通のパーツに関する指定を記述していきます。リンクの装飾を指定しましょう。a要素に疑似クラス（P.148参照）を使用してリンクの状態に応じた文字色を個別に指定します。未訪問時（:link）は青系、訪問済み（:visited）は紫系の色に設定します。また、マウスオーバー（:hover）の際は、リンクの下線を削除するように指定します。

```css
 8  a,
 9  a:link {
10      color: #3585b7;
11  }
12  a:visited {
13      color: #6252b7;
14  }
15  a:hover {
16      text-decoration: none;
17      color: #555;
18  }
```

書体の指定　CHECK!

指定しているものは、すべてゴシック体のフォントです。優先して適用したいフォントから順番に書きます。閲覧者の環境に指定したフォントが存在しない場合は、何らかのゴシック体のフォントで表示するよう「sans-serif」を最後に必ず記述します。明朝体のフォントを表示させたい場合は「serif」を記述します。フォント名にスペースが含まれる、または日本語表記の場合は、フォント名を「'（シングルクォーテーション）」か「"（ダブルクォーテーション）」で囲みます。

- ホーム
- コース紹介
- 受講料金
- アクセス

- ホーム
- コース紹介
- 受講料金
- アクセス

- ホーム
- コース紹介
- 受講料金
- アクセス

左から順に「ホーム」のリンクの通常時、「ホーム」のリンクが訪問済み、「ホーム」のリンクをマウスオーバーした際の見え方

COLUMN

複数セレクタの書き方

セレクタを「 ,（カンマ）」で区切ると、複数のセレクタにまとめて同じスタイルを適用することができます。そのときに1行で続けて記述すると、セレクタの数が増えた場合に区切りがわかりづらくなります。そのようなときは1つのセレクタと「 ,（カンマ）」を記述した直後で改行する方法がおすすめです。

```css
3  #sidebar table,#sidebar th,#sidebar td {
4      border: none;
5      padding: 0;
6  }
```

```css
3  #sidebar table,
4  #sidebar th,
5  #sidebar td {
6      border: none;
7      padding: 0;
8  }
```

セレクタごとに改行すると可読性が高くなり、記述ミスも予防できる

6 コードを見やすくするため、大枠の要素の名前をコメントとして記述します。

```css
20  /* header */
21
22  /* footer */
23
24  /* main */
25
26  /* home */
27
28  /* course */
29
30  /* price */
31
32  /* access */
33
34  /* entry */
35
36  /* sitemap */
```

コメント　CHECK!

コード内に記述するコメントは、目印として使ったり、一時的にコードを無効にするときに使用します。HTMLでは「<!--」と「-->」で、CSSでは「/*」と「*/」で囲んだ範囲がコメントとして扱われ、ブラウザには無視されます。コメントを記述することを「コメントアウト」と言います。

webサイト制作を実践してみよう　Lesson 14｜15

STEP 02 header内の要素をスタイリングする

1 コメント「`/* header */`」の下に、headerタグとその内側の要素に関する指定を記述します。まずはheader要素のdisplayプロパティの値に「**flex**」を指定して（P.204参照）、塾名とヘッダーのナビゲーションを横並びにします。h1要素は上に「20px」・左に「20px」の余白を作ります（P.191参照）。nav要素はmarginプロパティの値の上下と右を「0」にし、左を「**auto**」を指定します。左の余白に「auto（自動計算）」を指定することによって、nav要素は右端にレイアウトされます。左の余白が目いっぱい増えることによって、要素が右に追い込まれるイメージです（P.192参照）。

```
20  /* header */
21  header {
22      display: flex;
23  }
24  header h1 {
25      margin: 20px 0 0 20px;
26  }
27  header nav {
28      margin: 0 0 0 auto;
29  }
```

2 次の行から、ヘッダーのナビゲーションについて指定します。ul要素のlist-style-typeプロパティの値に「**none**」を指定して、リストの先頭に表示するマーカーを非表示にします（P.236参照）。marginプロパティで上下に「20px」の余白を設け、paddingプロパティの値を「0」にすることでリストの先頭にある余分な余白をカットします。さらに、ul要素のdisplayプロパティの値に「**flex**」を指定して、横並びにします。

```
30  header nav ul {
31      list-style-type: none;
32      margin: 20px 0;
33      padding: 0;
34      display: flex;
35  }
```

3 ヘッダーのナビゲーションのリンクについて指定します。a要素のdisplayプロパティの値に「**block**」を指定して、リンクエリアを広げます（P.246参照）。内側の上下に「10px」、左右に「15px」の余白を作り、下線を削除して文字色を黒にします。マウスオーバーした際の文字色は濃いグレー（#888）です。

```
36  header nav ul li a,
37  header nav ul li a:link,
38  header nav ul li a:visited {
39      display: block;
40      padding: 10px 15px;
41      text-decoration: none;
42      color: #000;
43  }
44  header nav ul li a:hover {
45      color: #888;
46  }
```

STEP 03　footer内の要素をスタイリングする

1　コメント「`/* footer */`」の下に、footer要素とその内側の要素に関する指定を記述していきます。まずは、footer要素にペールグリーンの背景色を施し、内側の余白を左右上下「20px」に指定します。

```
48  /* footer */
49  footer {
50      background: #f2f8f8;
51      padding: 20px;
52  }
```

2022/03/15

春の体験授業がスタートしました！まずはお気軽にご連絡ください

- サイトマップ
- プライバシーポリシー

© 2022 プログラミング学習塾 SKILSET.

2　フッターのナビゲーションについて指定します。ul要素のlist-style-typeプロパティの値に「**none**」を指定して、リストの先頭に表示するマーカーを非表示にします。marginプロパティで下に「5px」の余白を空け、paddingプロパティの値を「0」にすることでリストの先頭にある余分な余白をカットします。さらに、ul要素のdisplayプロパティの値に「**flex**」を指定して、横並びにします。右寄せにするためにjustify-contentプロパティの値を「**flex-end**」にします（P.207参照）。

```
53  footer ul {
54      list-style-type: none;
55      margin: 0 0 5px;
56      padding: 0;
57      display: flex;
58      justify-content: flex-end;
59  }
```

2022/03/15

春の体験授業がスタートしました！まずはお気軽にご連絡ください

　　　　　　　　　　　　　　　　　　　　　　　　　　　　　サイトマッププライバシーポリシー

© 2022 プログラミング学習塾 SKILSET.

3　フッターのナビゲーションのリンクについて指定します。li要素の左に「20px」の余白を空けます。a要素の下線は削除し、文字サイズを「13px」、文字色を「黒（#000）」にします。マウスオーバーしたときの文字色は濃いグレー（#888）にします。

```
60  footer ul li {
61      margin: 0 0 0 20px;
62  }
63  footer ul li a,
64  footer ul li a:link,
65  footer ul li a:visited {
66      text-decoration: none;
67      font-size: 13px;
68      color: #000;
69  }
70  footer ul li a:hover {
71      color: #888;
72  }
```

2022/03/15

春の体験授業がスタートしました！まずはお気軽にご連絡ください

　　　　　　　　　　　　　　　　　　　　　　　　　　　サイトマップ　プライバシーポリシー

© 2022 プログラミング学習塾 SKILSET.

---

4 コピーライトにあたるfooter要素内のp要素のmargin
プロパティの値を「0」にし、他の要素との隙間をなくします。文字揃えは「右寄せ」にし、文字色は濃いグレー（#888）にします。

```
73  footer p {
74      margin: 0;
75      text-align: right;
76      color: #888;
77  }
```

春の体験授業がスタートしました！まずはお気軽にご連絡ください

サイトマップ　プライバシーポリシー

© 2022 プログラミング学習塾 SKILSET.

STEP 04 サイト内共通のmain要素をスタイリングする

1 メインコンテンツについて指定していきます。すべてのページのメインコンテンツに共通するパーツはコメント「`/* main */`」の直下に記述しましょう。main要素のすぐ内側のdiv要素には「inner」というclass名がついているので、classセレクタを使って指定します。幅は「990px」に指定し、marginプロパティの値で左右を「`auto`」にすることで左右中央寄せになるように記述します。上下には「50px」の隙間を空けます。

```
79  /* main */
80  main .inner {
81      width: 990px;
82      margin: 50px auto;
83  }
```

2 メインコンテンツのh2要素は、上に「50px」、下に「20px」の隙間を設けます。また文字の太字スタイルを解除し、文字サイズを「25px」、文字色はエメラルドグリーン（#00b6bd）にします。写真や文章であるp要素は、下に「15px」の隙間を空けます。

```
84  main h2 {
85      margin: 50px 0 20px;
86      font-weight: normal;
87      font-size: 25px;
88      color: #00b6bd;
89  }
90  main p {
91      margin: 0 0 15px;
92  }
```

3 お知らせのリストについて指定します。お知らせはdl要素・dt要素・dd要素で定義しています。他ページのメインコンテンツでも共通のデザインを使用するため、コメント「`/* main */`」の付近に追記します。まずは、dl要素の幅をコンテンツ幅と同じにするため、widthプロパティの値を「100%」にします。dt要素のfloatプロパティの値に「`left`」を指定して、左に浮遊させます。これによって、dd要素がdt要素の右側に回り込みます。dt要素自体は回り込まないようにclearプロパティの値に「`both`」を指定します。

```
93  main dl {
94      width: 100%;
95  }
96  main dl dt {
97      float: left;
98      clear: both;
99  }
```

4 dt要素の上下に「10px」の余白を指定します。dd要素の下部に太さ「1px」のグレー（#ccc）の実線、他の要素との隙間はなくし、上下に「10px」、左に「15%」の余白を設けます。

```
96   main dl dt {
97       float: left;
98       clear: both;
99       padding: 10px 0;
100  }
101  main dl dd {
102      border-bottom: solid 1px #ccc;
103      margin: 0;
104      padding: 10px 0 10px 15%;
105  }
```

STEP 05　トップページだけの要素をスタイリングする

1 トップページ特有の指定はコメント「`/* home */`」の直下に記述しましょう。メインビジュアルを囲むdiv要素には「visual」というclass名がついているので、classセレクタを使って指定します。[images] フォルダにある背景画像「visual.jpg」を、「左右中央」、上を起点にして配置します（P.178参照）。背景画像のサイズに合わせて高さを「550px」にします。内側の余白を上「150px」、左右と下を「0(px)」に指定します。box-sizingプロパティの値を「`border-box`」にすることで、heightプロパティの値の「550px」にpaddingプロパティの値の数値を含めます（P.195参照）。

```
107  /* home */
108  .home main .visual {
109      background: url(../images/visual.
         jpg) no-repeat center top;
110      height: 550px;
111      padding: 150px 0 0;
112      box-sizing: border-box;
113  }
```

2 続いて、内側のp要素について記述します。text-alignプロパティの値に「**center**」を指定し、テキストを中央揃えにします。

```
114  .home main .visual p {
115      text-align: center;
116  }
```

3 main要素の内側のsection要素について指定します。テキストと画像を2段組みにするため、displayプロパティの値に「**flex**」を指定し、すぐ内側のdiv要素（テキスト）とp要素（画像を内包）を横並びにします。最後にsection要素の上に、他の要素と「50px」の隙間を作ります。

```
117  .home main section {
118      display: flex;
119      margin-top: 50px;
120  }
```

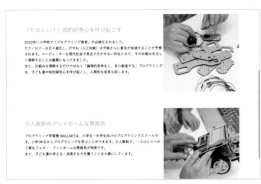

4 section要素の中のdiv要素について指定します。テキストの右側に「40px」の余白を作り、写真とのあいだに隙間を設けます。

```
121  .home main section div {
122      padding: 0 40px 0 0;
123  }
```

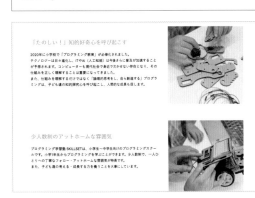

5 2つあるsection要素のうち、1つ目のレイアウトを変更します。疑似クラス「**:first-child**」を使って指定します（P.149参照）。section要素の中は、左からdiv要素、p要素の順番に表示されています。flex-directionプロパティの値に「**row-reverse**」を指定することで、順番を逆にします（P.206参照）。レイアウトが変わったため、1つ目のsection要素の中のdiv要素の余白「40px」を左に指定しなおします。

```
124  .home main section:first-child {
125      flex-direction: row-reverse;
126  }
127  .home main section:first-child
     div {
128      padding: 0 0 0 40px;
129  }
```

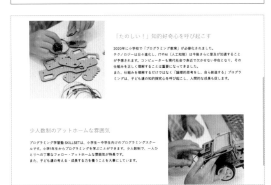

14-4 コース紹介ページを作る

前節まででトップページが完成しました。
それをフォーマットとして他のページのデータも作っていきましょう。
ここでは、コース紹介ページを作成します。

コース紹介ページを確認する

Lesson 14 ▶ 完成サイト

トップページ以外のページを作っていきます。この学習ステップではwebサイトで複数ページを効率的に作成するための方法を学びます。また、table要素の記述方法もおさらいします。
学習塾のコース紹介ページを作ります。［完成サイト］フォ

ルダの中にあるcourse.htmlをブラウザで開きます。これがコース紹介ページが完成した状態です。header要素・footer要素はトップページと共通のパーツになります。トップページのHTMLファイルを複製し、main要素の中のコンテンツを書き変えてページを作ります。

完成イメージ

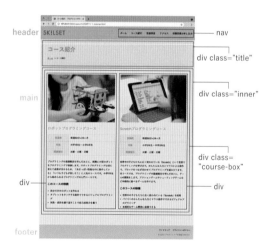

STEP 01　コース紹介ページのHTMLを記述する

Lesson 14 ▶ 素材／
Lesson 14 ▶ 14-4

1　前項で作成した「index.html」を複製してHTMLファイルを作っていきましょう。［作業フォルダ］の中にある「index.html」をエディタで開きます。Visual Studio Codeのメニューから［ファイル］>［名前を付けて保存...］をクリックし、［作業フォルダ］の中に「course.html」という名前で保存します。

2 meta descriptionとtitle要素の値、body要素のclass名を書き変え、main要素内の記述は削除します。テキストは[素材]>[course.txt]を利用してもOKです。header要素・footer要素はトップページと共通のパーツのため、変更しません。

```
 1  <!DOCTYPE html>
 2  <html lang="ja">
 3  <head>
 4      <meta charset="UTF-8">
 5      <meta name="description" content="東京都新宿区のプログラミングスクール「プログラミ
        ング学習塾 SKILSET」のコースを紹介します。少人数制で、一人ひとりへの丁寧なフォロー・アット
        ホームな雰囲気が特長です。子ども達の考える・成長する力を養います。">
 6      <title>コース紹介｜プログラミング学習塾 SKILSET</title>
 7      <link rel="stylesheet" href="css/normalize.css">
 8      <link rel="stylesheet" href="css/style.css">
 9  </head>
10  <body class="course">
11
12  <header>
（中略）
23  </header>
24
25  <main>
26  すべて削除
27  </main>
28
29  <footer>
（中略）
35  </footer>
36
37  </body>
38  </html>
```

SK!LSET　　　　　　　　　ホーム　コース紹介　受講料金　アクセス　体験授業お申し込み

サイトマップ　プライバシーポリシー
© 2022 プログラミング学習塾 SKILSET.

3 main要素の中の大枠を記述します。完成図で分解したページの構成（P.309）は大きく2つのエリアに分かれていました。div要素を2回記述し、それぞれclass名を割り振ります。

```
25  <main>
26      <div class="title"></div>
27      <div class="inner"></div>
28  </main>
```

4 class属性で「title」と名前をつけたdiv要素の内側に要素を記述します。ページ名である「コース紹介」は大見出しの役割を持たせるため、h1タグで囲みます。次にパンくずリストを、ol要素・li要素を使って記述します。

```
25  <main>
26      <div class="title">
27          <h1>コース紹介</h1>
28          <ol>
29              <li><a href="index.
                html">ホーム</a></li>
30              <li>コース紹介</li>
31          </ol>
32      </div>
33      <div class="inner"></div>
34  </main>
```

SK!LSET　　　　　　　　　ホーム　コース紹介　受講料金　アクセス　体験授業お申し込み

コース紹介

1. ホーム
2. コース紹介

サイトマップ　プライバシーポリシー
© 2022 プログラミング学習塾 SKILSET.

5 class 属性で「inner」と名前をつけたdiv要素の内側に要素を記述します。全体を囲むdiv要素に「course-box」というclass名をつけ、その内側にdiv要素を2回記述します。

```
33  <div class="inner">
34      <div class="course-box">
35          <div></div>
36          <div></div>
37      </div>
38  </div>
```

6 「course-box」とクラス名をつけたdiv要素の内側にある、1つ目のdiv要素の中身を記述していきます。p要素を記述し、その内側にimg要素で画像を挿入します。［images］フォルダ内の画像ファイル「course01.jpg」を指定します。

```
33  <div class="inner">
34      <div class="course-box">
35          <div>
36              <p><img
                src="images/
                course01.jpg"
                alt="ロボットプログラ
                ミング"></p>
37          </div>
38          <div></div>
39      </div>
40  </div>
```

SK!LSET　　　ホーム　コース紹介　受講料金　アクセス　体験授業お申し込み

コース紹介

1. ホーム
2. コース紹介

7 見出し「ロボットプログラミングコース」はh2要素を、コースの詳細はtable要素・tr要素・th要素・td要素、説明文はp要素を使って記述します。

```
35  <div>
36      <p><img src="images/course01.jpg"
        alt="ロボットプログラミング"></p>
37      <h2>ロボットプログラミングコース</h2>
38      <table>
39          <tr><th>授業数</th><td>毎週60分×
            24ヶ月</td></tr>
40          <tr><th>対象</th><td>小学1年生
            ～小学4年生</td></tr>
41          <tr><th>開講曜日</th><td>水曜・土
            曜・日曜</td></tr>
42      </table>
43      <p>プログラミングの基礎概念を学んだあとに、
        実際に小型ロボットをプログラミングで制御しま
        す。ロボットプログラミングは目に見えて成果が
        分かるため、「あきっぽい性格なのに熱中してい
        る」「いつも子どもが楽しそう」と人気のコース
        です。小学1年生から始められるプログラミング
        の入門コースです。</p>
44  </div>
```

ロボットプログラミングコース

授業数　毎週60分×24ヶ月
対象　　小学1年生～小学4年生
開講曜日 水曜・土曜・日曜
プログラミングの基礎概念を学んだあとに、実際に小型ロボットをプログラミングで制御します。ロボットプログラミングは目に見えて成果が分かるため、「あきっぽい性格なのに熱中している」「いつも子どもが楽しそう」と人気のコースです。小学1年生から始められるプログラミングの入門コースです。

8 さらに、見出し「このコースの特徴」はh3要素を、箇条書きはul要素・li要素を使って記述します。1つ目のdiv要素の中身の記述は完成です。

```
43              <p>プログラミングの（中略）の入門コースです。</p>
44              <h3>このコースの特徴</h3>
45              <ul>
46                  <li>自分だけのロボットを作れる</li>
47                  <li>タブレットをタッチする操作でできるビジュアルプログラミング</li>
48                  <li>失敗・成功を繰り返すことで自己成長力を養う</li>
49              </ul>
50          </div>
51          <div></div>
52  </div>
```

このコースの特徴

- 自分だけのロボットを作れる
- タブレットをタッチする操作でできるビジュアルプログラミング
- 失敗・成功を繰り返すことで自己成長力を養う

webサイト制作を実践してみよう Lesson 14 | 15

9 クラス名「course-box」とつけたdiv要素の内側にある、2つ目のdiv要素の中身も同様に記述します。これで、コース紹介ページのHTMLは完成です。

```
51  <div>
52      <p><img src="images/course02.jpg" alt="Scratchプロ
        グラミング"></p>
53      <h2>Scratchプログラミングコース</h2>
54      <table>
55          <tr><th>授業数</th><td>毎週90分×24ヶ月</td></tr>
56          <tr><th>対象</th><td>小学3年生～中学3年生</td></
            tr>
57          <tr><th>開講曜日</th><td>火曜・土曜・日曜</td></
            tr>
58      </table>
59  <p>世界中の子どもたちに広く使われている「Scratch」という言語
    でプログラミングを学びます。かんたんな入力とマウスによる操作で、
    ブロックをつなぎ合わせてプログラミングを組み立てます。本コースで
    は、プログラミングの基礎概念を学んだあとに、ゲームの開発をしま
    す。アクションゲームやシューティングゲームなど本格的に遊べるゲー
    ムを作ります。</p>
60      <h3>このコースの特徴</h3>
61      <ul>
62          <li>世界中の子どもたちに広く使われている「Scratch」を採
            用</li>
63          <li>パソコンのかんたんな入力とマウス操作でできるビジュアル
            プログラミング</li>
64          <li>本格的なゲーム開発に挑戦できる</li>
65      </ul>
66  </div>
```

Scratchプログラミングコース

授業数	毎週90分×24ヶ月
対象	小学3年生～中学3年生
開講曜日	火曜・土曜・日曜

世界中の子どもたちに広く使われている「Scratch」という言語でプログラミングを学びます。かんたんな入力とマウスによる操作で、ブロックをつなぎ合わせてプログラミングを組み立てます。本コースでは、プログラミングの基礎概念を学んだあとに、ゲームの開発をします。アクションゲームやシューティングゲームなど本格的に遊べるゲームを作ります。

このコースの特徴

- 世界中の子どもたちに広く使われている「Scratch」を採用
- パソコンのかんたんな入力とマウス操作でできるビジュアルプログラミング
- 本格的なゲーム開発に挑戦できる

STEP 02 コース紹介ページのCSSを記述する

 Lesson14 ▶ 14-4

1 ［作業フォルダ］の中のスタイルシート「style.css」をエディタで開きます。メインコンテンツについて指定していきます。ページタイトルとパンくずナビゲーションは、トップページ以外のページに共通するパーツです。これらを囲うdiv要素には「title」というclass名がついているので、classセレクタを使って記述します。メインコンテンツで共通するパーツは、コメント「/* main */」の中に記述します。内側の上下左右に「50px」ずつ余白を空け、背景色をペールグリーン(#f2f8f8)にします。

```
106  main .title {
107      padding: 50px;
108      background:
         #f2f8f8;
109  }
110
111  /* home */
```

SK!LSET   ホーム　コース紹介　受講料金　アクセス　体験授業お申し込み

コース紹介

1. ホーム
2. コース紹介

2　続いてh1要素のスタイルを指定します。他の要素との隙間をなくし、1行の高さを「1」文字分、文字サイズは「40px」、文字色はエメラルドグリーン（#00b6bd）にします。

```
110  main .title h1 {
111      margin: 0;
112      line-height: 1;
113      font-size: 40px;
114      color: #00b6bd;
115  }
```

3　パンくずリストについて指定します。ol要素のlist-style-typeプロパティの値に「**none**」を指定して、リストの先頭に表示するマーカーを非表示にします。marginプロパティで上に「30px」の余白を空け、paddingプロパティの値を「0」にすることでリストの先頭の余分な余白をカットします。displayプロパティの値を「**flex**」にして、リストの項目を横並びにします。文字サイズは「13px」にします。

```
116  main .title ol {
117      list-style-type: none;
118      margin: 30px 0 0;
119      padding: 0;
120      display: flex;
121  }
122  main .title ol li {
123      font-size: 13px;
124  }
```

4　パンくずリストの「>」というマークをcontentプロパティで追加し、疑似要素「**::after**」を使って指定します（P.150参照）。他の要素との隙間は右を「5px」、左を「10px」空けます。最後のli要素では不要なため、疑似クラス「**:last-child**」を使って指定を打ち消します。

```
125  main .title ol li::after {
126      content: ">";
127      margin: 0 5px 0 10px;
128  }
129  main .title ol li:last-
     child::after {
130      content: none;
131  }
```

5　表のレイアウトを調整します。table要素の幅を「100%」にし、文字揃えは「中央揃え」にします。table 要素・th 要素・td 要素に「1px」の薄いグレー（#ccc）の実線をつけ、border-collapseプロパティの値を「**collapse**」にすることで、隣り合う線を重ねた状態で表示することができます。th要素・td要素は内側に「10px」の余白を設けます。最後にth要素の背景色をペールグリーン（#f2f8f8）にし、文字色はエメラルドグリーン（#00b6bd）を指定します。

```
132  main table {
133      width: 100%;
134      margin-bottom: 30px;
135  }
136  main table,
137  main table th,
138  main table td {
139      border: solid 1px #ccc;
140      border-collapse:
         collapse;
141  }
142  main table th,
143  main table td {
144      padding: 10px;
145  }
146  main table th {
147      background: #f2f8f8;
148      color: #00b6bd;
149  }
```

6 「このコースの特徴」のul要素の余白を指定します。直後の要素との間隔は「60px」、
内側の余白は左に「20px」空けます。

```
150  main ul {
151      margin: 0 0 60px;
152      padding: 0 0 0 20px;
153  }
```

7 コメントアウト「`/* course */`」の下に、コース紹介ページ特有の指定を記述してい
きます。2つのコース全体を囲むdiv要素は「course-box」というclass名がついているた
め、classセレクタを使います。displayプロパティの値に「**flex**」を指定して、横並びに
します。内側のdiv要素の幅は「475px」にします。

```
179  /* course */
180  .course main .course-box {
181      display: flex;
182      justify-content: space-
         between;
183      margin-top: 50px;
184  }
185  .course main .course-box div
     {
186      width: 475px;
187  }
```

8 h2要素の上の余白を調整します。「0」を指定します。これで、
コース紹介ページのコーディングは終了です。

```
188  .course main h2 {
189      margin-top: 0;
190  }
```

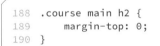

CHECK!

文字数に合わせて幅を指定する方法

文字数に合わせて幅を指定する際は、単位を「em」に指定する方法がおすすめです。「em」は文字のサイズを基準とする相対的な単位のため、閲覧環境による文字サイズの表示のズレにも左右されることなく、想定どおりのレイアウトを実現できます。

カラーコードは短縮できる場合がある

CSSでは通常6桁のカラーコードで色を指定しますが、短縮できる場合があります。カラーコードは赤の2桁、緑の2桁、青の2桁を組み合わせて6桁になります。たとえば「#ff00ee」を分解して見ていくと、赤は「ff」緑は「00」青は「ee」という構成の色だとわかります。この場合、それぞれの色の2桁を1桁にするイメージで短縮でき、「#f0e」と記述できます。各色の2桁が同じではない場合は短縮できません。

14-5 アクセスページを作る

アクセスページを作成します。
場所を紹介するページのため、地図を掲載します。
今回は、Googleマップを利用して
地図をwebページに埋め込みます。

アクセスページを確認する

Lesson14 ▶ 完成サイト

アクセスページを作ります。この学習ステップでは外部サービスをwebページに埋め込む方法も学びます。[完成サイト]フォルダの中にあるaccess.htmlをブラウザで開きます。これがアクセスページが完成した状態です。

header要素・footer要素は他のページと共通のパーツです。コース紹介ページのHTMLファイルを複製し、main要素の中のコンテンツを書き変えてページを作ります。

完成イメージ

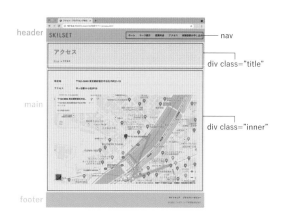

header — nav

main — div class="title"

div class="inner"

footer

STEP 01 アクセスページのHTMLを記述する

Lesson14 ▶ 素材／
Lesson14 ▶ 14-5

1 前節で作成した「course.html」を複製してHTMLファイルを作っていきましょう。[作業フォルダ]の中にある「course.html」をエディタで開きます。Visual Studio Codeの上部のメニューから[ファイル]>[名前を付けて保存...]をクリックし、[作業フォルダ]の中に「access.html」という名前で保存します。

2 meta descriptionとtitle要素の値、body要素のclass名、main要素内のh1とパンくずリストの記述を書き換えましょう。テキストは［素材］＞［access.txt］を利用してもOKです。**`<div class="inner">～</div>`** で囲っているメインコンテンツの中身は削除します。

```
1   <!DOCTYPE html>
2   <html lang="ja">
3   <head>
4       <meta charset="UTF-8">
5       <meta name="description" content="プログラミングスクール「プログラミング学習塾
        SKILSET」は東京都新宿区にあります。市ヶ谷駅から徒歩1分の場所です。">
6       <title>アクセス｜プログラミング学習塾 SKILSET</title>
7       <link rel="stylesheet" href="css/normalize.css">
8       <link rel="stylesheet" href="css/style.css">
9   </head>
10  <body class="access">
11
12  <header>
（中略）
23  </header>
24
25  <main>
26      <div class="title">
27          <h1>アクセス</h1>
28          <ol>
29              <li><a href="index.html">ホーム</a></li>
30              <li>アクセス</li>
31          </ol>
32      </div>
33      <div class="inner">
34      すべて削除
35      </div>
36  </main>
37
38  <footer>
（中略）
44  </footer>
45
46  </body>
47  </html>
```

3 メインコンテンツの中身を記述していきます。所在地とアクセス方法をdl要素・dt要素・dd要素を使って記述します。main要素のdl要素・dt要素・dd要素に対しては、すでにトップページの制作時に装飾が施されています。同じスタイルシートを使用しているため、その装飾がそのまま適用されます。

```
33  <div class="inner">
34      <dl>
35          <dt>所在地</dt>
36          <dd>〒162-0846 東京都新
            宿区市谷左内町21-13</dd>
37          <dt>アクセス</dt>
38          <dd>市ヶ谷駅から徒歩1分</
            dd>
39      </dl>
40  </div>
```

アクセス

ホーム ＞ コース紹介

所在地　　　〒162-0846 東京都新宿区市谷左内町21-13

アクセス　　市ヶ谷駅から徒歩1分

STEP 02　Googleマップを埋め込む

Lesson 14 ▶ 14-5

1　地図はGoogleマップを埋め込みます。webブラウザの新しいタブまたはウィンドウで
　Googleマップ（https://www.google.co.jp/maps/）を開き、サイトに掲載したい場所の
　住所を検索❶します。表示された場所で間違いなければ［共有］をクリック❷します。

2　［地図を埋め込む］をクリックします。

3　地図のサイズを選びましょう。［カスタムサイズ］を選
　択します。

4　サイズを入力❶します。今回は幅「990」px、高さ
　「600」pxにします。［HTMLをコピー］をクリック❷し
　て、地図のコードをコピーします。

5 再び、エディタで開いていたHTMLファイル「access.html」を表示させます。dl要素の次の行に、先ほどコピーした地図のコードを貼り付けます。これで、アクセスページの完成です。

```
33  <div class="inner">
34      <dl>
   〜（省略）〜
39      </dl>
40      <iframe src="https://www.
        google.com/maps/embed?pb=!1m18
        !1m12!1m3!1d3240.332537206515!
        2d139.73344221507463!3d35.6934
        33636910484!2m3!1f0!2f0!3f0!3m
        2!1i1024!2i768!4f13.1!3m3!1m2!
        1s0x60188c5e412329bb%3A0x7db38
        e6732953dc!2z44CSMTYyLTA4NDYg5
        p2x5Lqs6YO95paw5a6_5Yy65biC6LC
        35bem5YaF55S677yS77yR4oiS77yR7
        7yT!5e0!3m2!1sja!2sjp!4v162823
        1849834!5m2!1sja!2sjp"
        width="990" height="600"
        style="border:0;"
        allowfullscreen=""
        loading="lazy"></iframe>
41  </div>
```

外部サービスの埋め込み

COLUMN

Googleマップとは、Googleが提供する地図サービスです。この地図をwebページに埋め込むと、Googleマップの機能をwebページ上でそのまま使用することができます。

Googleマップのほかにも、webページに埋め込むことができる外部サービスは多数存在します。たとえば、SNS（ソーシャルネットワーキングサービス）の時系列の投稿の埋め込みを見かけたことはないでしょうか。多くのSNSには、埋め込み方法の解説ページや埋め込みコードを発行するページがあります。情報発信の目的に合わせ、外部サービスの埋め込みも活用して魅力的なwebサイトを作成していきましょう。

左はFacebook、右はTwitterの埋め込みコードを発行するページ

14-6 レスポンシブデザインにする

webサイトを作る上で、スマートフォンやタブレットなどの
モバイル端末への対応は必須と言っていいほどになりました。
このLessonでは「レスポンシブデザイン」という手法で
モバイル端末での表示を最適化します。

完成イメージを確認する

Lesson14 ▶ 完成サイト

「レスポンシブデザイン（レスポンシブウェブデザイン）」とは、ユーザーが使用するデバイスの画面サイズに応じて表示を最適化するデザインのことです。1つのHTMLファイルに対して、デバイスごとのCSSを用意してそれぞれの表示を最適化させる仕組みが特徴です。パソコン・スマートフォン・タブレットなど複数のデバイスに対して個別にHTMLファイルを用意する必要がないため、制作後の管理・メンテナンスが容易になります。

まずは、このLessonで整えるページの全体像を確認しておきましょう。［完成サイト］フォルダの中にあるindex.htmlをブラウザで開きます。スマートフォンでの表示を確認するため、Google Chromeのデベロッパーツールを開きます。

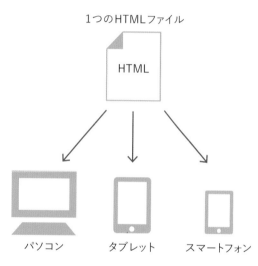

1つのHTMLファイル

HTML

パソコン　　　タブレット　　スマートフォン

1 Google Chromeのウィンドウ右上にある［⋮］>［その他のツール］>［デベロッパーツール］を選択します。

2 デベロッパーツールのメニューからモバイル端末のアイコンをクリックします。

3 プレビュー画面の上部にあるメニューから端末の種類を変更できます。このLessonでは「iPhone 6/7/8」で表示して作業します。

4　スマートフォンでの表示を確認できるようになりました。レスポンシブデザインの作業中は、
デベロッパーツールを開いておきましょう。デベロッパーツールを閉じるときは、デベロッ
パーツールの右上の「×」マークをクリックします。

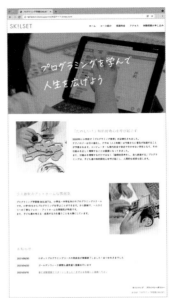

パソコンでの表示（左）とスマートフォンでの表示（右）

STEP 01　viewportを記述する

Lesson14 ▶ 14-6

1　[作業フォルダ] の中にある「index.html」
をエディタで開きます。

2　meta要素を追記します。name属性の値には「viewport」を指
定し、content属性の値には「**width=device-width,
initial-scale=1.0**」を記述します。これにより、横幅
の表示領域をデバイスの画面幅に合わせ、初期倍率を1に指定
できました。

```
1  <!DOCTYPE html>
2  <html lang="ja">
3  <head>
4      <meta charset="UTF-8">
5      <meta name="viewport"
       content="width=device-width,
       initial-scale=1.0">
6      <meta name="description"
       content="東京都新宿区のプログラミングス
       クール「プログラミング学習塾　SKILSET」。
       少人数制で、一人ひとりへの丁寧なフォロー・
       アットホームな雰囲気が特徴です。子ども達の
       考える・成長する力を養います。">
```

CHECK!

initial-scale（初期倍率）とは

プロパティ「initial-scale（初期倍率）」では、ページにアクセ
スしたときの初期のズーム倍率を数値で指定します。たとえば
「1.5」を指定した場合は1.5倍になります。通常は1倍（原
寸大）を指定します。

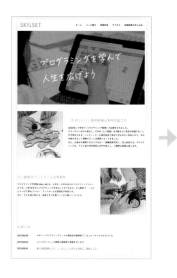 

viewport

viewport（ビューポート）とは、現在画面に表示されている領域のことです。スマートフォンやタブレットなどのモバイル端末に対して、webページの表示を最適化させる際に指定が必要です。指定しない場合は「ウィンドウ幅によってコンテンツが隠れない最小の横幅」または初期値が適用されるため、モバイル端末ではコンテンツが自動で縮小表示されてしまいます。

STEP 02　文字と画像の基本設定を記述する

1　[作業フォルダ] > [css] にある「style.css」をエディタで開きます。bodyなどページ全体に対しての記述の下にメディアクエリ「`@media screen and (max-width:767px) {`」～「`}`」を記述します。このカッコ内に記述するスタイルは、ディスプレイの画面幅が767px以下のときのみに適用されます。

```
15  a:hover {
16      text-decoration: none;
17      color: #555;
18  }
19  @media screen and (max-width:767px) {
20  }
21
22  /* header */
```

最適なブレイクポイントは状況によって違う

レスポンシブデザインでは画面サイズ（横幅）によってスタイルを切り替えます。切り替えるポイントのことを「ブレイクポイント」と言います。スマートフォン・タブレットはさまざまな画面サイズが存在します。webサイトの要件定義・その時代に普及しているデバイスによって、最適なブレイクポイントは異なります。

当レッスンでは、パソコン・タブレット向けのスタイルは汎用的なタブレット端末を考慮した画面サイズである768pxまでと定義し、それ以下をスマートフォンの画面サイズと定義しています。そのため、スマートフォン向けのスタイルを適用させるブレイクポイントを767pxと記述します。

2　body要素に文字サイズ「15px」を指定します。画像が画面幅からはみ出ないようにimg要素の最大幅を「100%」にします。その際、画像の比率が崩れないよう高さに「auto」を指定します。

```
19  @media screen and (max-
    width:767px) {
20      body {
21          font-size: 15px;
22      }
23      img {
24          max-width: 100%;
25          height: auto;
26      }
27  }
```

メディアクエリ

メディアクエリ（Media Queries）は、端末の種類や画面サイズなどによって読み込むCSSを変更する際に使用します。レスポンシブデザインには欠かせない記述です。メディアタイプ（端末の種類）は主に「screen（ディスプレイ）」「print（印刷用）」がよく使用されます。

webサイト制作を実践してみよう　Lesson 14　15

STEP 03　main要素の幅を調整する

1 main要素に関する記述の下にメディアクエリを記述します。main要素の内側のdiv要素のサイズを調整していきましょう。「inner」というclass名がついているので、classセレクタを使って指定します。幅は「100％」、paddingプロパティの値は左右を「20px」にします。

```
159  main ul {
160      margin: 0 0 60px;
161      padding: 0 0 0
         20px;
162  }
163  @media screen and
     (max-width:767px) {
164      main .inner {
165          width: 100%;
166          padding: 0
             20px;
167      }
168  }
169
170  /* home */
```

2 widthと左右paddingを合わせると画面幅をはみ出てしまうため「**box -sizing: border-box**」を指定します。contentにpaddingとborderも含まれるようになるため、画面幅に収まります。

```
163      @media screen and (max-width:767px) {
164      main .inner {
165          width: 100%;
166          padding: 0 20px;
167          box-sizing: border-box;
168      }
169      }
170
171      /* home */
```

STEP 04　header内の要素のスタイルを整える

1 header要素に関する記述の下にメディアクエリを記述します。header要素には「display: flex;」が指定されているため、子要素であるh1要素とnav要素が横並びになっています。それを打ち消すため、header要素に「**display: block;**」を記述します。

```
53  header nav ul li a:hover {
54      color: #888;
55  }
56  @media screen and (max-width:767px)
    {
57      header {
58          display: block;
59      }
60  }
61
62  /* footer */
```

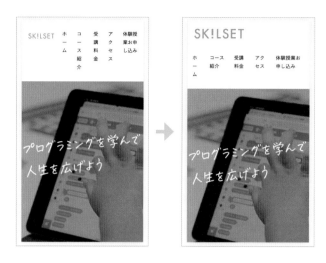

2 h1要素を調整します。marginプロパティの値は上に「10px」を指定し、文字揃えは中央にします。h1要素内の画像の幅は「150px」に指定します。

```
56    @media screen and (max-width:767px) {
57        header {
58            display: block;
59        }
60        header h1 {
61            margin: 10px 0 0;
62            text-align: center;
63        }
64        header h1 img {
65            width: 150px;
66        }
67    }
68
69    /* footer */
```

3 ヘッダーのナビゲーションを調整します。ul要素にはmarginプロパティで余白が付いています。値を「0」にすることで打ち消します。また、子要素であるli要素が折り返せるように「**flex-wrap: wrap**;」を指定します。li要素の幅は「25％」にし、最後のli要素は疑似クラス「**:last-child**」を使用して「100％」を指定します。

```
67        header nav ul {
68            margin: 0;
69            flex-wrap: wrap;
70        }
71        header nav ul li {
72            width: 25%;
73        }
74        header nav ul li:last-child {
75            width: 100%;
76        }
77    }
78
79    /* footer */
```

webサイト制作を実践してみよう　Lesson 14｜15

4　ナビゲーションのリンクのスタイルを調整します。
paddingプロパティの値は上下を「10px」、左右を
「0」にし、文字揃えは中央にします。最後のli要素の
リンクは疑似クラス「**:last-child**」を使用して、
背景色をエメラルドグリーン（#00b6bd）、文字の色
を白（#fff）にします。

```
77      header nav ul li a,
78      header nav ul li a:link,
79      header nav ul li
        a:visited {
80          padding: 10px 0;
81          text-align: center;
82      }
83      header nav ul li:last-
        child a {
84          background: #00b6bd;
85          color: #fff;
86      }
87  }
88
89  /* footer */
```

STEP 05　main内の要素のスタイルを整える

1　STEP03で記述したセレクタ「main .inner」の次の
行に記述します。main内のh2要素のスタイルを整
えます。marginプロパティの値は上を「40px」、左
右を「0」、下を「15px」に指定します。文字サイズは
「20px」にします。

```
195 @media screen and (max-
    width:767px) {
196     main .inner {
197         width: 100%;
198         padding: 0 20px;
199         box-sizing: border-
            box;
200     }
201     main h2 {
202         margin: 40px 0 15px;
203         font-size: 20px;
204     }
205 }
206
207 /* home */
```

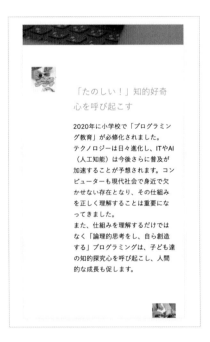

2 main内のdl要素を整えます。dt要素はfloatプロパティによって浮遊
している状態です。「**float: none;**」で浮遊の指定を打ち消します。
paddingプロパティの値を「0」にし、余白も削除します。dd要素の余
白はmarginプロパティで下を「10px」、paddingプロパティで上と左を
「10px」に指定します。

```
205      main dl dt {
206          float: none;
207          padding: 0;
208      }
209      main dl dd {
210          margin: 0 0 10px;
211          padding: 10px 0
             10px 0;
212      }
213  }
214
215  /* home */
```

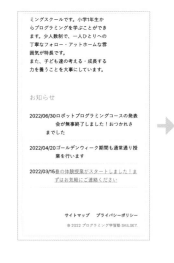

STEP 06　トップページだけの要素のスタイルを整える

1 トップページ特有の記述の下にメディアクエリを記述します。メインビ
ジュアルを囲むdiv要素のサイズを調整していきます。「visual」という
class名がついているので、classセレクタを使って指定します。
「**background-size: cover**」で領域内を覆うように背景画像
のサイズが可変する指定をします。高さは「200px」にし、paddingプ
ロパティの値は上を「40px」、左右を「30px」に指定します。

```
235  .home main section:first-
     child div {
236      padding: 0 0 0 40px;
237  }
238  @media screen and (max-
     width:767px) {
239      .home main .visual {
240          background-size:
             cover;
241          height: 200px;
242          padding: 40px 30px
             0;
243      }
244  }
245
246  /* course */
```

webサイト制作を実践してみよう　Lesson 14 | 15

2 main要素の内側のsection要素について指定します。section要素には「display: flex;」が指定されているため、子要素が横並びになっています。それを打ち消すため「**display: block;**」を記述します。

```
238  @media screen and (max-width:767px) {
239      .home main .visual {
240          background-size: cover;
241          height: 200px;
242          padding: 40px 30px 0;
243      }
244      .home main section {
245          display: block;
246      }
247  }
248
249      /* course */
```

3 section要素の中のdiv要素を調整します。div要素にはpaddingプロパティで余白が指定されています。値を「0」にし、余白の指定を打ち消します。これでトップページのレスポンシブデザインは完成です。

```
238  @media screen and (max-width:767px) {
239      .home main .visual {
240          background-size: cover;
241          height: 200px;
242          padding: 40px 30px 0;
243      }
244      .home main section {
245          display: block;
246      }
247      .home main section div,
248      .home main section:first-child div {
249          padding: 0;
250      }
251  }
252
253  /* course */
```

応用編にチャレンジ

ここまで「トップページ」「コース紹介」「アクセス」の3つのページを作成しました。
「Lesson14」>「完成サイト」には、本Lessonでは手順を解説していないページのHTML・CSSファイルも収録しています。「受講料金」「体験授業お申し込み」「プライ

バシーポリシー」「サイトマップ」ページの計4ページです。
個別の解説はありませんが、内容は本書で学習してきた復習にあたる内容になります。力試しとして、完成サイトを参考にしながらコーディングにチャレンジしてみてください。

webサイトを
公開しよう

An easy-to-understand guide to HTML & CSS

Lesson 15

webサイトは、手元のコンピューターで作成しただけでは誰の目にも触れることはありません。世界中の人に見てもらうには、オンライン上に公開する必要があります。公開するにあたって、記述ミスがないか、リンク切れはないかなどのクオリティをチェックしたり、アクセスしてもらいやすいようにGoogleへの登録を行ったりと、行わなければならないことがたくさんあります。公開に必要な作業を見ていきましょう。

15-1 サーバーとドメインを準備する

webサイトが完成したら、次は公開する準備です。
webサイトをインターネットに公開するためには欠かせない、
サーバーとドメインの役割と種類を見ていきましょう。

webサイトを公開するために必要なもの

webサイトは単に作成しただけではパソコンの中にあるだけで人の目に触れることはありません。webサイトを公開するには、サーバーとドメインが必要です。この2つがそろわないと、webサイトは公開できません。

低額で利用できるサーバー

サーバーとは、webサイトの「データを置く場所」です。もし自分でサーバーを構築・運営する場合は、そのためのコンピューターを購入し、設置する場所も用意しなければなりません。また1日中コンピューターを起動したままにしておく必要もあることが多く、非常に手間がかかります。

そこで、一般的にはレンタルサーバーを利用します。レンタルサーバーとは、サーバーを貸し出し（レンタル）するサービスです。レンタルサーバーは、安いものであれば月額数百円〜数千円程度、高いものでは月額数万円もの費用がかかります。一般的に高額なサーバーは、サーバー自体やディスクを丸ごと貸し切って運用する「専用サーバー」と呼ばれるものです。しかし、本書で取り上げるような規模のwebサイトはそこまで高機能なサーバーは必要なく、安価なレンタルサーバーでも十分に対応が可能です。

世界で1つのドメイン

ドメインとは、インターネット上の住所のようなものです。現実の住所に重複したものが存在しないのと同じように、ドメインにも重複するものは存在しません。そのため、すでに誰かが取得しているドメインは使うことができません。ドメインはURLの「http://」または「https://」以降の文字列です。メールアドレスの「@」以降の文字列もドメインです。

URL	https://sample.com プロトコル　ドメイン
メールアドレス	info@sample.com ドメイン

COLUMN

IPアドレスとドメイン

厳密に言うと、webサイトがどこにあるかを示すのはドメインではありません。ドメインに紐づくIPアドレスです。IPアドレスは「123.45.67.89」のような数字で構成されています。IPアドレスは緯度・経度のようなものです。自分の家の住所は覚えていても、緯度・経度は覚えづらいですよね。同様に、覚えやすいようにIPアドレスをドメインに変換し、webサイトの場所を指定します。

https://sample.com ドメイン	=	https://123.45.67.89 IPアドレス

現実の世界に置き換えると…

日本の 宮城県仙台市青葉区 ○○1丁目1-1	=	緯度　北緯38°16'00" で 経度　東経140°52'00" の場所

ドメインの種類

ドメインは、レンタルサーバーで割り当てられるドメインか独自のドメインのいずれかを利用します。これらの大きな違いは「他人と共有して利用するドメインなのか・自分だけが利用できるドメインなのか」「無料か・有料か」という点です。

レンタルサーバーで割り当てられるドメイン

レンタルサーバーでは、ドメインを無償で提供していることがあります。そのドメインはサブドメインと言い、「サービス提供元のドメインからの株分け」という位置づけになります。他の利用者と共有のドメインを利用している状態です。イメージとしては「大家さんが所有するマンションで、大家さんの表札の下に自分を含め複数人の表札が掲げられている」という状況です。

ロリポップ！の例

ロリポップ！自体が利用
https://www.ciao.jp
　　　　　　サービス元が所有

ユーザーがレンタルして利用
https://akama.ciao.jp
　サービス元からレンタル　サービス元が所有

https://suzuki.ciao.jp
　サービス元からレンタル　サービス元が所有

https://karino.ciao.jp
　サービス元からレンタル　サービス元が所有

独自ドメイン

独自ドメインは「○○.com」「○○.jp」など自分の好きな文字列をつけて運用することが可能です。プロバイダやレンタルサーバーに依存しないため、もし別のサーバーに移転することになった場合でも、webサイトのアドレスはそのまま使い続けることができます。また、独自ドメインを軸としたサブドメインも発行することができます。イメージとしては「自分だけの表札を掲げている」という状況です。

独自ドメインの費用は、一般的には数百円から数千円程度です。「.com」であれば1,500円～3,000円程度の費用で1年間、運用することができます。これはドメインの管理会社によって値段が設定されていますが、どこでもほぼ同じような価格帯です。

https://sample.jp

・文字列を自由に指定可能
・自分の所有物になる

COLUMN

ドメインのしくみ

ドメインは「.（ピリオド）」で区切られています。「.com」など、右側の部分を「トップレベルドメイン」と呼び、その前にあるものを「第2レベルドメイン」と呼びます。トップレベルドメインは、一般的にwebサイトで取り扱う内容に合わせて選びます。たとえば「.com」は会社、「.org」は非営利団体向けです。「.jp」は原則として日本に在籍する人だけが取得できるトップレベルドメインです。「.jp」はさらに複数の種類に分類されます。「.co.jp」「.ne.jp」などです。

https://sample.com
第2レベルドメイン　トップレベルドメイン

.com	会社
.co.jp	日本の株式・有限会社向け
.net	ネットワークに関する企業
.ne.jp	日本のネットワークサービス向け
.org	非営利団体
.or.jp	日本の会社以外の団体向け
.biz	ビジネス
.ed.jp	日本の教育機関向け
.info	情報サイトなど
.name	個人が対象

STEP 01　サーバーとドメインを取得しよう

実際にサーバーとドメインを取得してみましょう。本書の解説では「Xserver（エックスサーバー）」にユーザー登録をし、利用してみます。「Xserver」はエックスサーバー株式会社が運用するレンタルサーバー・ドメインサービスです。webサイトを運用するにあたり、ひと通りの機能を備えているため、個人・法人どちらにも人気のサービスです。お試し期間があるので、まずはユーザー登録をして利用してみましょう。今回は、サーバーとドメインを同時に取得し、ホームページを公開してみます。

1 ドメインサービス「Xserverドメイン」(https://domain.xserver.ne.jp)を開きます。取得したいドメイン名を入力し、[検索する]をクリック❶します。「取得可能です」と書かれているドメインの中から1つ選んでチェックを入れ❷、[取得手続きに進む]ボタンをクリックします。

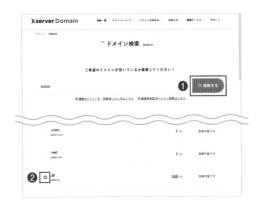

2 同時にレンタルサーバーの利用申し込みもするため「エックスサーバー スタンダード（旧X10）プラン [10日間無料お試し]」にチェックを入れ、[取得手続きに進む]ボタンをクリックします。

3 [Xserverアカウントの登録へ]ボタンをクリックして、次に進みます。

4 申し込み内容の入力ページが表示されました。自分の名前やメールアドレスを入力し、[確認画面へ進む]ボタンをクリックします。

5 メールアドレスの確認があります。先ほど入力したメールアドレス宛てに届いたメールに記載されている確認コードを入力❶します。[確認画面へ進む]ボタンをクリック❷します。

6 申し込み内容の確認ページが表示されます。間違いがないか確認したら［SMS認証・電話認証をする］ボタンをクリックします。

7 SMS・電話による認証があります。携帯電話の電話番号を入力❶し［認証コードを受信する］ボタンをクリック❷します（または音声電話で受信を行います）。

8 受信した認証コードを入力❶し「認証する」ボタンをクリック❷します。画面が切り替わり、認証が完了しました。次に［お支払い方法を選択する］ボタンをクリック❸します。

9 お支払い方法を選択し、［お申込み内容の確認］ボタンをクリックします。

10 申し込み内容の確認ページが表示されます。申し込み内容・利用規約を確認します。利用規約に［同意する］にチェックを入れ❶、［申し込む］ボタンをクリック❷します。

お申込み内容

サービス名	アカウント情報等	契約期間等	金額
ドメイン新規取得／(jp)	skifuel.jp	1年	350 円

合計金額 350 円（税込）

登録情報

Xserverアカウント ID	phrs784309
メールアドレス	magicalremix.capture@gmail.com
ご契約者名	赤間 公太郎

個人情報の取り扱いについて

個人情報の取り扱いについて

エックスサーバー株式会社
個人情報保護管理者　島田　まさお

☑ 同意する ❶

11 申し込みが完了しました。

お申し込み完了 COMPLETE

01 ログイン・アカウント登録 → 02 お支払い情報の入力 → 03 内容の確認・規約への同意 → 04 お申込み完了

お申込み内容

お申込みID：**97982940**

お申込みドメイン

サービス名	アカウント情報等	契約期間等	金額
ドメイン新規取得／(jp)	skifuel.jp	1年	350 円

合計金額 350 円（税込）

webサイトを公開しよう Lesson 15

STEP 02　サーバー側でドメインを追加する

サーバー・ドメインはそれぞれ取得しただけでは、まだ使うことはできません。サーバーとドメインを紐付けてはじめて使えるようになります。今回は「Xserver」でサーバーとド

メインを同時に取得したため、基本的な紐付けは自動で完了しています。あともう1ステップ、サーバー側での設定を行いましょう。

1　「Xserver」のサーバーパネル（https://secure.xserver.ne.jp/xapanel/login/xserver/server/）にログインします。STEP 01で取得したアカウント情報を入力し［ログインする］をクリックします。

2　［ドメイン設定］をクリックします。

3　［ドメイン追加設定］をクリック❶します。STEP1で取得したドメイン名を入力❷し［確認画面へ進む］ボタンをクリック❸します。

4　設定内容の確認画面が表示されます。内容を確認し、［追加する］ボタンをクリックします。

5　サーバー側でのドメイン追加設定が完了しました。

COLUMN

SSLとは

SSL（Secure Sockets Layer）とは、インターネット上でデータを暗号化して送受信する仕組みのひとつです。通信時に情報を盗み取られるのを防ぐため、クレジットカード番号や個人情報などを扱うwebサイトではSSLの使用が推奨されます。SSLを使っていないwebサイトのアドレスは「http://～」、使っている場合は「https://～」で始まります。現在は、webサイト全体をSSL化（常時SSL化）することが主流です。webブラウザの「Chrome」では2018年、「Safari」では2020年から常時SSL化されていないwebサイトの閲覧時に警告が表示されるようになりました。

15-2 FTPソフトで アップロードする

手元のコンピューターで作成したデータは、
サーバーにアップロードしなければ世界中に公開することができません。
ローカル環境にあるデータをサーバーに送ったり、サーバー上のデータを
ローカル環境にダウンロードするために使用するのがFTPソフトです。

FTPソフトとは

FTPソフトとはパソコンの中にあるデータをサーバーへ転送するためのソフトです。
FTP（エフティーピー、File Transfer Protocol）とはデータをサーバーに転送す
るための技術です。本来は「コマンドライン」と呼ばれる、キーボードで入力したテ
キストで命令を出す方式で操作をしますが、難易度が高いために通常はFTPを行
う専用のソフトウェアを利用します。

STEP 01 FTPソフトをインストールする

FTPソフトはさまざまな種類のものがありますが、よく使われるものがFileZilla
（https://filezilla-project.org）かCyberduck（https://cyberduck.io）などです。
どちらも無料で使うことができますので、インストールして試してみましょう。本書では、
Windows・Macの両方に対応しているFTPソフト「FileZilla」を使います。

1 webブラウザの新しいタブまたはウィンドウで、FTPソフト「FileZilla」（https://filezilla-project.org）のページを開きます。Macの場合は［Download FileZilla Client］というボタンをクリックします。

2 ダウンロードページが表示されました。［Download FileZilla Client］というボタンをクリックします。

3 [Download] ボタンをクリックすると、インストーラーのダウンロードが開始します。

4 ダウンロードしたファイルを開き、コンピューターの手順に従ってインストールします。macOSでは、zipファイルを解凍し、アプリケーションフォルダに移動します。

5 macOSはアプリケーションフォルダ内にあるFileZillaアイコンをダブルクリックします。
Windows 10はWindowsメニューの [すべてのプログラム]、Windows 11は [すべてのアプリ] から FileZillaを起動します。

CHECK!

紛らわしいダウンロードボタンに要注意!

ファイルをダウンロードをする際、広告がダウンロードボタンと紛らわしい状態であることがあります。これは不要なソフトへのリンクであったり、スパイウエアのような疑わしいリンクであることも少なくないため、自分がダウンロードするファイルかどうかをきちんと見極めてからダウンロードしましょう。

3つの簡単なステップ

STEP 02 FTPソフトを使用する

📷 Lesson14 ▶ 完成サイト

FTPソフトのダウンロードが完了したら、ソフトを使ってみましょう。15-1で取得したサーバーにアクセスするための必要な情報を設定していきます。まずは、登録したメールアドレス宛てに届いた「サーバーアカウント設定完了のお知らせ」という件名のメールを開きます。

1 メール本文に記載されている「FTP情報」の内容をFTPソフトに入力するため、メールを表示したままにしておきます。

2 FTPソフト「FileZilla」を起動します。起動したら、左上のサーバーのアイコンをクリックします。

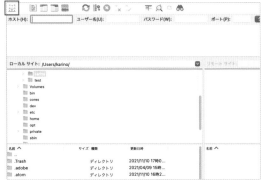

3 「サイトマネージャー」ウィンドウが開きます。左下の［新しいサイト］をクリックしましょう。

4 「新規サイト」が作成されるのでサイトの名前を入力します。ここでは[Lesson14]>[完成サイト]のデータをアップロードするので、「SKILSET」という名前にします。

5 先ほどメールで表示させておいた「Xserver」のサーバー情報の内容を入力していきます。「ホスト」❶は「FTPホスト名」の値を、「ログオンタイプ」❷は［通常］を選択、「ユーザー」❸は「FTPユーザー名」、「パスワード」❹は「FTPパスワード」の値を入力します。入力したら右下の［接続］ボタンをクリック❺しましょう。

6 「パスワードを保存しますか?」と聞かれますので、［パスワードを保存］を選択❶して［OK］ボタンをクリック❷しましょう。

7 信用できるサーバかを確認するため「証明書」というものが確認されます。FileZillaでは、すべての証明書がいったん未知のものとして扱われるため、FTPSでの接続時には「不明な証明書」というウィンドウが表示されてしまいます。「今後は常にこの証明書を信用する」にチェックを入れる❶と、次回からこの画面を省略できます。最後に［OK］ボタンをクリック❷します。

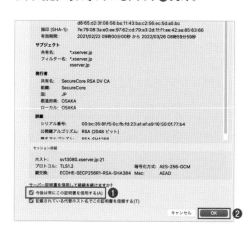

8 いよいよデータをアップロードしてみましょう。画面の左側にはパソコンのデータ、右側にはサーバーのデータが表示されています。左側のパソコンのデータは[Lesson14]>[完成サイト]に収録されたwebサイト「SKILSET」のデータを表示させます。右側のサーバーのデータは[skilset.jp]>[public_html]のデータを表示させます。

9 画面の左側から右側へファイルをドラッグ＆ドロップして、パソコンの中のデータをサーバーにすべてコピーします。サーバー上にindex.htmlが既に存在するため、上書きするか聞かれます。「OK」ボタンをクリックします。これでアップロード完了です。

10 「Xserver」で取得したドメインにwebブラウザからアクセスをし、webページが表示されるかチェックしましょう。

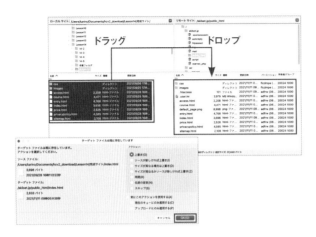

STEP 03 webサイトのリンクをチェックする

webサイトの制作ではパソコン内でいくつもページを作ってリンクを張りますが、そのリンクがwebサーバーにアップロードしたときに崩れていることもしばしばあります。アップロード後は必ず自分でリンクをクリックして、すべてのページが繋がるかどうかをきちんとチェックしましょう。

リンクチェックサービスを利用する

アップロードしたwebページのリンクをリンクチェックサービスでチェックしてみましょう。

1 ブラウザでW3Cが提供するリンクチェッカー「Link Checker」(https://validator.w3.org/checklink)を開きます。入力フォームにURLを入れて❶、[Check]ボタンをクリック❷します。リンクのチェックには少し時間がかかるので、しばらく待ちます。チェックの進行具合がページ下に緑色の横棒で表示されます。

2 リンクをチェックした結果が表示されます。

リンク切れがなくチェックをクリアした状態

リンク切れがあった状態

15-3 webサイトの データをチェックする

webサイトのデータをサーバーにアップロードしたら、次はいよいよ公開です。
一度公開したwebサイトは多くの人の目に触れます。
そのため公開する責任として、間違いのないきちんとした情報であるか、
画像の破損がないかなど、たくさんの確認すべき項目があります。一つひとつ見ていきましょう。

HTMLの文法チェックサービス

作成したHTMLが正しいかどうかを人間の目で判断するのは困難です。ミスがあるかもしれません。そこで機械的に判断する方法があります。W3Cが提供するHTML文法チェックサービス「Markup Validation Service」を利用します。
アップロードしたwebサイトのURLをHTML文法チェッ

カーに入力して、チェックボタンを押しましょう。そうするとタグの間違いや文法の間違い、推奨されていない記述があるかなどを総合的にチェックをしてくれます。
ここでエラーがあってもブラウザがある程度のエラーを吸収して正しく表示をしてくれますが、品質を高めるためにはこういったエラーはしっかりと修正するようにしましょう。

STEP 01 HTML文法チェックサービスを利用する

[完成サイト]フォルダからアップロードしたソースコードを、実際にHTML文法チェッカーでチェックしてみましょう。

1 ブラウザでW3Cが提供するHTML文法チェッカー「Markup Validation Service」(https://validator.w3.org/)を開きます。「Address」に対象のURLを入力❶し、[Check]ボタンをクリック❷します。

2 HTMLの文法をチェックした結果が表示されます。

文法に問題がなくチェックをクリアした状態

文法エラーが出た状態
エラーの原因となっている記述の場所や詳細が表示される

その他のチェック方法　〈 CHECK！ 〉

デフォルトでは[Validate by URI]が選ばれていますが、その他にもコンピューター内のファイルをアップロードして検証する「Validate by File Upload」、ソースコードを直接入力して検証する「Validate by Direct Input」があります。

W3Cとは

W3C (World Wide Web Consortium) とは、World Wide Webで使用される各種技術の標準化 (Web標準) を推進するために設立された団体です。1994年にティム・バーナーズ=リー氏が創設し、率いています。近年、Web標準が実際のニーズに合わない問題が出てきたため、2004年にwebブラウザの会社3社によってWHATWG (Web Hypertext Application Technology Working Group) という団体が設立されました。現在はW3CとWHATWGが共同し、Web標準が決められています。

COLUMN

CSSの文法チェックサービス

W3CのチェックツールにはCSSが正しいかどうかをチェックするものもあります。HTMLと同様に、アップロードしたCSSファイルのURLをチェックツールに入力して、解析を行います。文法の間違いや使ってはいけない記述がある場合にはエラーメッセージが返ってきます。こちらもHTMLと同様に修正をかけましょう。問題がなければ公開に進みます。

STEP 02　CSS文法チェックサービスを利用する

[完成サイト] フォルダからアップロードしたスタイルシートを、CSS文法チェッカーでチェックしてみましょう。

1 ブラウザでW3Cが提供するCSS文法チェッカー「CSS Validation Service」(https://jigsaw.w3.org/css-validator/validator.html.ja) を開きます。「アドレス」に対象のURLを入力❶し、[検証する] ボタンをクリック❷します。

2 CSSの文法をチェックした結果が表示されます。

文法に問題がなくチェックをクリアした状態

文法エラーが出た状態
HTML文法チェッカーと同様、エラーの原因となっている記述の場所や詳細が表示される

webブラウザによって見え方が違う？

インターネットを見るための専用ソフト「webブラウザ」には、いくつもの種類が存在することはLessen01で解説しました。webブラウザはHTMLのファイルを読み込んでソースコードを解釈し、画面に表示しています。その解釈をする部分をレンダリングエンジンといいます。レンダリングエンジンの種類やバージョンによって、HTMLやCSSの解釈が少し異なることがあります。webサイトを公開する前に、複数のブラウザで表示を確認する必要があります。

COLUMN

Google アナリティクスの導入

Google アナリティクスとは、Google が提供しているアクセス解析ツールです。これを導入することによって「web サイトにどのくらいアクセスがあるのか」「どこから web サイ

トにやって来たのか」などの情報を取得できます。無料版と有料版がありますが、無料版だけでも十分に活用できます。

STEP 03　Google アナリティクスのアカウントを作成する

自分が作成した web サイトに実際に導入する準備をしましょう。Google アナリティクスを利用するには Google アカウントが必要です。Google アカウントを持っていない場合は、ブラウザで Google アカウント作成 (https://accounts.google.com/SignUp?hl=ja) のページを開き、アカウントを作成しましょう。

Lesson 14 ▶ 完成サイト

CHECK !

Google アカウントの取得

Gmail を持っていれば、Google アカウントはすでに開設されていることになります。Android スマートフォンやタブレットを持っている人は、利用を始めたときに Google アカウントを登録しているはずです。

1 ブラウザで Google アナリティクス (https://analytics.google.com/analytics/) を開きます。Google アカウントの情報を入力して、ログインします (Google アカウントでログインしている状態の場合は、この手順は必要ありません)。

2 [測定を開始] をクリックします。

3 アカウントを設定します。「アカウント名」❶ は事業名または web サイトの名前を入力します。「アカウントのデータ共有設定」❷ はアクセス解析のデータを Google と共有するかどうかの設定です。基本的には、そのままの設定で問題ありません。入力が終わったら [次へ] ボタンをクリック❸します。

web サイトを公開しよう　Lesson 15

339

4 プロパティを設定していきます。「プロパティ名」❶はwebサイトの名前を入力します。「レポートのタイムゾーン」❷は日本・日本時間を、「通貨」❸は日本円を選択します。［詳細オプションを表示］❹をクリックします。

5 Googleアナリティクスでは2020年10月に「GA4」という次世代バージョンが発表されました。今回は、GA4と従来のユニバーサルアナリティクス（UA）の両方を使用する設定を行います。「ユニバーサルアナリティクス プロパティの作成」のトグルをオン❶にします。「ウェブサイトのURL」❷にwebサイトのURLを入力します。「Googleアナリティクス4とユニバーサルアナリティクスのプロパティを両方作成する」を選択❸し、「Google アナリティクス4プロパティの拡張計測機能を有効にする」はチェックを入れたまま❹にします。

6 ビジネス情報を入力していきます。業種・ビジネスの規模・Googleアナリティクスのビジネスにおける利用目的で該当するものを選択します。［作成］ボタンをクリックします。

7 利用規約が表示されます。初期では「アメリカ合衆国」の利用規約が表示されるため、プルダウンメニューで「日本」に変更❶します。「GDPRで必須となるデータ処理規約にも同意します。」にチェックを入れ❷、［同意する］ボタンをクリック❸します。

8 GA4の設定画面が表示されます。「グローバルサイトタグ (gtag.js)」をクリック❶します。表示されたコードをコピー❷し、テキストエディタに貼り付けて一時的に保存しておきましょう。「ウェブストリームの詳細」の左側にある×をクリック❸します。

9 メール配信の設定画面が表示されます。配信を希望するメールの種類にチェックを入れ[保存]ボタンをクリックします。

10 ユニバーサルアナリティクスの設定画面に切り替えます。web サイト名の右側の三角矢印をクリック❶すると、プルダウンメニューが表示されます。サイト名の後ろに「(UA-」と表記されているほうをクリック❷します。

11 [トラッキング情報] > [トラッキングコード] をクリックします。

12 グローバルサイトタグのコードが表示されます。このうち「config」行のみをコピーし、手順**8**でコピーしたGA4のコードの「config」行の次行に貼り付けます。

```
グローバル サイトタグ (gtag.js)

このプロパティで使用できる Global Site Tag (gtag.js) トラッキング コードです。このコードをコピーして
すべてのウェブページの <HEAD> 内の最初の要素として貼り付けてください。ページにすでに Global Site T
場合は、以下のスニペットの config 行のみを既存の Global Site Tag に追加してください。

   <!-- Global site tag (gtag.js) - Google Analytics -->
   <script async src="https://www.googletagmanager.com/gtag/js?id=UA-212562403-1"></script>
   <script>
     window.dataLayer = window.dataLayer || [];
     function gtag(){dataLayer.push(arguments);}
     gtag('js', new Date());

     gtag('config', 'UA-212562403-1');
   </script>
```

```html
<!-- Global site tag (gtag.js) - Google Analytics -->
<script async src="https://www.googletagmanager.com/
gtag/js?id=G-SLMRP6NJKK"></script>
<script>
  window.dataLayer = window.dataLayer || [];
  function gtag(){dataLayer.push(arguments);}
  gtag('js', new Date());

  gtag('config', 'G-SLMRP6NJKK');
  gtag('config', 'UA-212562403-1');
</script>
```

13 [Lesson14] ＞[完成サイト]フォルダ内のHTMLファイルを開きます。手順**12**のコードを</head>の直前の行に貼り付けます。これをwebサイト内のすべてのHTMLファイルに対して行いましょう。これでGoogleアナリティクスの導入準備は完了です。すべてのHTMLファイルに貼り終えたら、FTPでサーバーに再度アップロードします。

```html
<link rel="stylesheet" href="css/normalize.css">
<link rel="stylesheet" href="css/style.css">
<!-- Global site tag (gtag.js) - Google Analytics -->
<script async src="https://www.googletagmanager.com/
gtag/js?id=G-SLMRP6NJKK"></script>
<script>
  window.dataLayer = window.dataLayer || [];
  function gtag(){dataLayer.push(arguments);}
  gtag('js', new Date());

  gtag('config', 'G-SLMRP6NJKK');
  gtag('config', 'UA-212562403-1');
</script>
</head>
<body class="home">
  〜省略〜
```

15-4 webサイトを管理する

ここまでで web サイトをインターネット上に公開することができました。
しかし、web サイトの運営はこれからが本番です。
完成した web サイトは、実は「孤立無援」の状態です。
あなたの web サイトが存在していることを周りにアピールしなければなりません。

STEP 01 Googleアナリティクスを活用する

web サイトをインターネット上に公開しましたが、どれくらいの人に見られているので
しょうか。現状を把握・管理するために、アクセス解析ツールでチェックしましょう。

Googleアナリティクスとの接続を確認する

前節までで Google が提供しているアクセス解析ツール
「Google アナリティクス」の導入準備を行い、web サイト
をインターネット上で公開しました。現在、自分の web サイ

トのアクセス情報が Google アナリティクスに送信されて
いるはずです。問題なく取得できているか確かめてみましょ
う。

1 ブラウザで Google アナリティクス（https://analytics.
google.com/analytics/）を開きます。Google アカ
ウントの情報を入力して、ログインします（Google ア
カウントでログインしている状態の場合は、この手順
は必要ありません）。

2 Google アナリティクスの管理画面が表示されます。

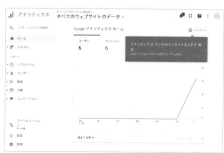

3 ブラウザの新しいタブまたはウィンドウで、**15-2** でデー
タをアップロードした web サイトの URL を開きます。

4
手順2で開いたままにしておいたGoogleアナリティクスの管理画面を確認します。画面左側のメニューから[リアルタイム]＞[概要]の順番でクリックします。この画面では、リアルタイムでwebサイトを閲覧している人数を確認できます。自分自身が閲覧している状態なので、「1」と数字が表示されます。webサイトのアクセスデータをGoogleアナリティクスで取得できていることを確認できました。

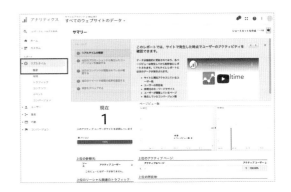

STEP 02　Google Search Consoleを活用する

webサイトを多くの人に見てもらうために、Yahoo！JapanやGoogleなどの「検索エンジン」に自分のwebサイトを表示させましょう。webサイトを検索エンジンに表示させるには、まずは検索エンジンそのものに、webサイトの存在を知ってもらうことが効果的です。そのために「ウェブマスターツール」と呼ばれるwebサイト管理者のためのサービスに登録します。

ウェブマスターツールの代表的なものは2つ、Googleが提供する「Google Search Console」とMicrosoftが運営するBingの「Bing Webマスターツール」です。今回は、一般的に使われることが多いGoogle Search Consoleを使って解説します。

Google Search Consoleに登録する

1
ブラウザでGoogle Search Console（https://www.google.com/webmasters/tools/）を開き、[今すぐ開始]ボタンをクリックします。

2
Google Search Consoleを利用するにはGoogleアカウントが必要です。Googleアカウントの情報を入力してログインします（Googleアカウントでログインしている状態の場合は、この手順は必要ありません）。

3 Google Search Consoleの管理画面が表示されます。まずはプロパティタイプを選択します。今回は「URLプレフィックス」を使用します。URLプレフィックスの下にある入力エリアに登録するwebサイトのURLを入力し、[続行] ボタンをクリックします。

4 所有者の確認が完了しました。[プロパティに移動] をクリックします。

5 Google Search Consoleの管理画面が表示されます。これで登録は完了です。

6 登録したばかりの状態では何もデータは表示されません。Googleにデータが収集されるまでに数日かかるので、後日確認してみてください。

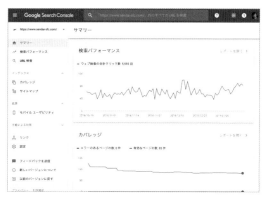

CHECK!

Google Search Console の詳細について

Google Search Consoleではwebサイトに訪れるキーワードやページのインデックス情報などを確認することができます。Google Search Consoleについては専門の書籍などで詳しく解説されていますので、興味がある方はそちらをぜひご覧ください。

webサイトを公開しよう　Lesson 15

STEP 03 Googleアナリティクスと Google Search Consoleを連携する

前ページまでで、アクセス解析ツール「Googleアナリティクス」とweb管理ツール「Google Search Console」の導入が完了しました。さらにこれらを連携させてみましょう。連携することで、webサイトの状態やパフォーマンス、Googleにどのように認識されているのか、Googleからの警告など、webサイトを運営するうえで重要な情報を見ることができます。

1 ブラウザでGoogleアナリティクス（https://analytics.google.com/analytics/）を開きます。Googleアカウントの情報を入力して、ログインします（Googleアカウントでログインしている状態の場合は、この手順は必要ありません）。

2 Googleアナリティクスの管理画面が表示されます。画面左側のメニューから[管理]をクリックします。

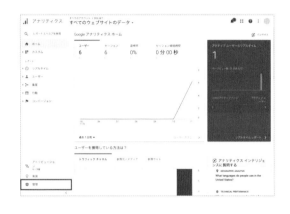

3 画面中央あたりにある[プロパティ設定]をクリックします。

4 プロパティ管理のページが表示されるので、画面を下にスクロールし[Search Consoleを調整]ボタンをクリックします。

5 「Search Consoleの設定」ページが表示されます。[追加]をクリックします。

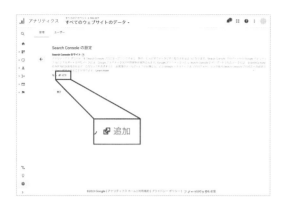

6 Google Search Consoleの画面が表示されます。連携させるwebサイトのURLを選択します。

7 関連付けるプロパティが表示されます。[続行]をクリックします。

8 関連づけの追加確認が表示されるので、[関連付ける]をクリックします。

9 これで、GoogleアナリティクスとSearch Consoleの関連づけが完了しました。今後はGoogleアナリティクスからSearch Consoleの情報を確認できるようになります。

webサイトを公開しよう Lesson 15

INDEX

━ キーワード ━

アートディレクション　山川香愛
カバー写真　川上尚見
カバー&本文デザイン　加納啓善（山川図案室）
本文レイアウト　加納啓善　白石和歌子（山川図案室）
イラスト　伊藤友夏里（マジカルリミックス）
写真撮影　梶田博之（株式会社 Slice）
　　　　　赤間公太郎（マジカルリミックス）
編集担当　橘 浩之（技術評論社）

世界一わかりやすい
HTML＆CSS コーディングとサイト制作の教科書［改訂2版］

2019年 3月15日　初版　　第1刷発行
2022年 2月 4日　改訂2版　第1刷発行
2023年11月10日　改訂2版　第3刷発行

著　者　株式会社マジカルリミックス
　　　　赤間公太郎／狩野 咲／鈴木清敬
発行者　片岡 巌
発行所　株式会社技術評論社
　　　　東京都新宿区市谷左内町 21-13
　　　　電話 03-3513-6150　販売促進部
　　　　　　 03-3513-6185　書籍編集部
印刷／製本　共同印刷株式会社

ISBN978-4-297-12547-9　C3055　Printed in Japan

著者略歴

赤間公太郎（Kotaro Akama）

Lesson 01、02、15

株式会社マジカルリミックス 代表取締役 CEO。ウェブ制作だけにとどまらず、社内向けのセキュリティ・IT 活用トレーニング、セミナー出演、執筆なども意欲的に手がける。全国からの講演依頼も多数。「専門学校デジタルアーツ仙台」の非常勤講師も担当。主な著書に『いちばんやさしい Jimdo の教本』（インプレス）『10日で作るかっこいいホームページ Jimdo デザインブック 改訂新版』（エムディエヌコーポレーション）ほか多数の執筆実績。

狩野　咲（Saki Karino）

Lesson 03、04、05、06、14

web 制作会社「株式会社マジカルリミックス」に所属。web サイトのデザイン・コーディング、リスティング広告の運用が主な担当業務。その他、「専門学校デジタルアーツ仙台」で非常勤講師をしている。

鈴木清敬（Kiyoaki Suzuki）

Lesson 07、08、09、10、11、12、13

web 制作会社「株式会社マジカルリミックス」所属の web デザイナー。web サイト制作業務の他に「専門学校デジタルアーツ仙台」の非常勤講師を担当。また、ホームページ運営や更新を自分で行いたい人向けの個別レッスンやセミナー講師も務める。

■協力

●株式会社アビリティ
　学び studio アビリティの生徒のみなさん
●仙台総合ペット専門学校
　講師・生徒のみなさん

お問い合わせに関しまして